"十三五"国家重点出版物出版规划项目
高分辨率对地观测前沿技术丛书
主编 王礼恒

快速响应卫星集群编队技术

白鹤峰 王峰 张永强 曹喜滨 等著

国防工业出版社

·北京·

内 容 简 介

本书旨在建立一个由卫星集群编队、评估应用、空间支持、运行管理系统等部分组成的快速响应空间系统,并针对卫星集群编队相关技术开展了深入研究。主要包括快速响应空间系统总体设计、卫星标准化模块化研制流程设计、卫星实时任务规划设计、应急观测轨道设计、星载软件构件化设计、卫星集群编队星间网络设计以及卫星集群编队的应用设计等内容。

本书适合从事快速响应卫星研究的工程技术人员,以及从事飞行器设计专业的高等学校教师、研究生阅读参考。

图书在版编目(CIP)数据

快速响应卫星集群编队技术/白鹤峰等著. —北京:国防工业出版社,2021.7

(高分辨率对地观测前沿技术丛书)

ISBN 978 – 7 – 118 – 12344 – 9

Ⅰ. ①快… Ⅱ. ①白… Ⅲ. ①人造卫星—快速响应—编队 Ⅳ. ①V423.4

中国版本图书馆 CIP 数据核字(2021)第 149502 号

※

国防工业出版社出版发行

(北京市海淀区紫竹院南路 23 号　邮政编码 100048)
雅迪云印(天津)科技有限公司印刷
新华书店经售

*

开本 710×1000　1/16　插页 6　印张 21¾　字数 350 千字
2021 年 7 月第 1 版第 1 次印刷　印数 1—2000 册　定价 138.00 元

(本书如有印装错误,我社负责调换)

国防书店:(010)88540777　　书店传真:(010)88540776
发行业务:(010)88540717　　发行传真:(010)88540762

丛书学术委员会

主　　任　王礼恒
副 主 任　李德仁　艾长春　吴炜琦　樊士伟
执行主任　彭守诚　顾逸东　吴一戎　江碧涛　胡　莘
委　　员　（按姓氏拼音排序）

白鹤峰　曹喜滨　陈小前　崔卫平　丁赤飚　段宝岩
樊邦奎　房建成　付　琨　龚惠兴　龚健雅　姜景山
姜卫星　李春升　陆伟宁　罗　俊　宁　辉　宋君强
孙　聪　唐长红　王家骐　王家耀　王任享　王晓军
文江平　吴曼青　相里斌　徐福祥　尤　政　于登云
岳　涛　曾　澜　张　军　赵　斐　周　彬　周志鑫

丛书编审委员会

主　编　王礼恒

副主编　冉承其　吴一戎　顾逸东　龚健雅　艾长春
　　　　　彭守诚　江碧涛　胡　苹

委　员　（按姓氏拼音排序）
　　　　　白鹤峰　曹喜滨　邓　泳　丁赤飚　丁亚林　樊邦奎
　　　　　樊士伟　方　勇　房建成　付　琨　苟玉君　韩　喻
　　　　　贺仁杰　胡学成　贾　鹏　江碧涛　姜鲁华　李春升
　　　　　李道京　李劲东　李　林　林幼权　刘　高　刘　华
　　　　　龙　腾　鲁加国　陆伟宁　邵晓巍　宋笔锋　王光远
　　　　　王慧林　王跃明　文江平　巫震宇　许西安　颜　军
　　　　　杨洪涛　杨宇明　原民辉　曾　澜　张庆君　张　伟
　　　　　张寅生　赵　斐　赵海涛　赵　键　郑　浩

秘　书　潘　洁　张　萌　王京涛　田秀岩

序　言

高分辨率对地观测系统工程是《国家中长期科学和技术发展规划纲要（2006—2020年）》部署的16个重大专项之一，它具有创新引领并形成工程能力的特征，2010年5月开始实施。高分辨率对地观测系统工程实施十年来，成绩斐然，我国已形成全天时、全天候、全球覆盖的对地观测能力，对于引领空间信息与应用技术发展，提升自主创新能力，强化行业应用效能，服务国民经济建设和社会发展，保障国家安全具有重要战略意义。

在高分辨率对地观测系统工程全面建成之际，高分辨率对地观测工程管理办公室、中国科学院高分重大专项管理办公室和国防工业出版社联合组织了《高分辨率对地观测前沿技术》丛书的编著出版工作。丛书见证了我国高分辨率对地观测系统建设发展的光辉历程，极大丰富并促进了我国该领域知识的积累与传承，必将有力推动高分辨率对地观测技术的创新发展。

丛书具有3个特点。一是系统性。丛书整体架构分为系统平台、数据获取、信息处理、运行管控及专项技术5大部分，各分册既体现整体性又各有侧重，有助于从各专业方向上准确理解高分辨率对地观测领域相关的理论方法和工程技术，同时又相互衔接，形成完整体系，有助于提高读者对高分辨率对地观测系统的认识，拓展读者的学术视野。二是创新性。丛书涉及国内外高分辨率对地观测领域基础研究、关键技术攻关和工程研制的全新成果及宝贵经验，吸纳了近年来该领域数百项国内外专利、上千篇学术论文成果，对后续理论研究、科研攻关和技术创新具有指导意义。三是实践性。丛书是在已有专项建设实践成果基础上的创新总结，分册作者均有主持或参与高分专项及其他相关国家重大科技项目的经历，科研功底深厚，实践经验丰富。

丛书5大部分具体内容如下：**系统平台部分**主要介绍了快响卫星、分布式卫星编队与组网、敏捷卫星、高轨微波成像系统、平流层飞艇等新型对地观测平台和系统的工作原理与设计方法，同时从系统总体角度阐述和归纳了我国卫星遥感的现状及其在 6 大典型领域的应用模式和方法。**数据获取部分**主要介绍了新型的星载/机载合成孔径雷达、面阵/线阵测绘相机、低照度可见光相机、成像光谱仪、合成孔径激光成像雷达等载荷的技术体系及发展方向。**信息处理部分**主要介绍了光学、微波等多源遥感数据处理、信息提取等方面的新技术以及地理空间大数据处理、分析与应用的体系架构和应用案例。**运行管控部分**主要介绍了系统需求统筹分析、星地任务协同、接收测控等运控技术及卫星智能化任务规划,并对异构多星多任务综合规划等前沿技术进行了深入探讨和展望。**专项技术部分**主要介绍了平流层飞艇所涉及的能源、囊体结构及材料、推进系统以及位置姿态测量系统等技术,高分辨率光学遥感卫星微振动抑制技术、高分辨率 SAR 有源阵列天线等技术。

丛书的出版作为建党 100 周年的一项献礼工程,凝聚了每一位科研和管理工作者的辛勤付出和劳动,见证了十年来专项建设的每一次进展、技术上的每一次突破、应用上的每一次创新。丛书涉及 30 余个单位,100 多位参编人员,自始至终得到了军委机关、国家部委的关怀和支持。在这里,谨向所有关心和支持丛书出版的领导、专家、作者及相关单位表示衷心的感谢!

高分十年,逐梦十载,在全球变化监测、自然资源调查、生态环境保护、智慧城市建设、灾害应急响应、国防安全建设等方面硕果累累。我相信,随着高分辨率对地观测技术的不断进步,以及与其他学科的交叉融合发展,必将涌现出更广阔的应用前景。高分辨率对地观测系统工程将极大地改变人们的生活,为我们创造更加美好的未来!

2021 年 3 月

前　言

快速响应空间(Operationally Responsive Space,ORS)系统通常以成本低廉、性能良好、应用灵活的微小卫星和小型运载器为核心,以快速研制、快速入轨、快速应用为手段,实现对突发灾害或应急事件的迅速反应,满足各种空间信息应急需求。目前,美国在快速响应空间计划十余年的实施过程中,已通过"战术卫星"(TacSat)的关键技术攻关和在轨演示验证,初步具备了对突发事件的快速响应能力,并开始进行系列"快速响应卫星"的部署和应用。

为应对未来空间技术发展需求,我国针对快速响应空间系统相关概念和内涵进行了深入研究,逐步确立了一条以"省""好""快"为准则的、有中国特色的快速响应空间系统发展之路,重点对快速响应微小卫星、快速响应小运载器以及地面快速应用等技术开展研究,以期早日建成我国的快速响应空间系统。其中,快速响应卫星集群编队是一种研制、发射和运行微小遥感卫星的创新模式和创新机制,能在短期内快速入轨投入使用,实现高分辨率空间信息快速采集和分发,减少信息获取、处理和分发的中间环节,缩短从数据获取到用户得到信息的时间,进一步提高对应急事件的反应速度,可直接为应急事件指挥决策提供急需的信息支援。本书围绕快速响应卫星集群编队展开,在快速响应卫星集群编队的总体设计、标准化模块化研制流程设计、自主实时任务规划、应急观测轨道设计、星载软件构件化设计、星间网络设计以及集群编队的应用设计等方面开展研究,力求为快速响应空间系统的建立提供技术支持。

本书共分为9章。第1章阐述快速响应空间系统的体系架构、快速响应空间技术的发展现状、快速响应空间卫星编队技术概述以及发展趋势。第2章至第5章开展快速响应卫星的技术研究,其中:第2章提出模块化研制流程以及卫星动力学模块化建模方法;第3章针对单星的自主任务规划方法开展研究;第4章针对快速响应卫星快速响应进行设计;第5章开展快速响应卫星的星载软件构件化设计。第6章至第8章开展集群编队技术研究,其中:第6章针对编队卫星的自主任务规划方法开展研究；第 7 章和第 8 章开展快速响应卫星集群编队的星间网络建模与优化设计。第 9 章基于快速响应卫星集群编队的应用模式、编队构型等，结合技术能力、在轨应用能力对典型应用方案进行概述。

本书第 1 章由曹喜滨、白鹤峰执笔，第 2 章由白鹤峰、张永强执笔，第 3 章、第 6 章由王峰、苗悦执笔，第 4 章由曹喜滨、张刚执笔，第 5 章由陈健、王峰、陈雪芹执笔，第 7 章、第 8 章由曹喜滨、王峰、张锦绣执笔，第 9 章由张永强、王峰、常新亚执笔。全书由白鹤峰拟定大纲和统稿。

在本书的编写过程中，我们参考和引用了一些实时通信文章，并查询和参考了大量国内外同行专家的学术论文和专著，在此一并致谢。另外，作者所在研究团队成员以及多次参与技术研讨的中国空间技术研究院（中国航天科技集团公司五院）、中国航天科技集团公司第八研究院、中国科学院电子研究所、中国科学院自动化研究所、中国科学院长春光学精密机械与物理研究所、国防科技大学等单位专家学者，以及负责本书出版工作的国防工业出版社的编辑们对本书提出了许多建设性的宝贵意见，在此向他们表示衷心感谢！

作　者
2021 年 1 月

目 录

第1章 绪论 ············· 1
1.1 快速响应空间系统的体系架构 ············· 2
1.1.1 快速响应空间系统组成设计 ············· 2
1.1.2 快速响应空间信息流程设计 ············· 5
1.1.3 快速响应空间系统间接口设计 ············· 8
1.2 快速响应空间技术的发展现状 ············· 9
1.2.1 各国快速响应空间技术发展现状 ············· 9
1.2.2 我国快速响应空间技术发展现状 ············· 20
1.3 快速响应卫星集群编队技术概述 ············· 21
1.3.1 快速响应卫星集群编队的总体设计思路 ············· 22
1.3.2 快速响应卫星集群编队的空间组网设计 ············· 25
1.3.3 快速响应卫星集群编队的关键技术 ············· 27
1.4 快速响应卫星集群编队技术的发展趋势 ············· 29
1.4.1 快速响应卫星发展趋势 ············· 29
1.4.2 卫星和集群网络互联发展趋势 ············· 30
1.4.3 研产模式升级转型发展趋势 ············· 30

第2章 快速响应卫星的标准化模块化研制流程设计 ············· 32
2.1 快速响应卫星标准规范与研制流程设计 ············· 33
2.1.1 标准规范 ············· 33
2.1.2 快速响应卫星的研制流程 ············· 34
2.2 快速响应卫星模块化体系架构设计 ············· 34
2.2.1 快速响应卫星平台设计 ············· 35
2.2.2 基于即插即用标准总线的硬件测试方法 ············· 38

  2.2.3 快速响应能源系统标准化体系架构设计 ………………… 40
 2.3 快速响应卫星动力学模块化建模方法 ……………………… 44
  2.3.1 刚体卫星模块化建模 ………………………………… 44
  2.3.2 带有柔性附件卫星动力学模块化建模 ………………… 46
  2.3.3 带有柔性簇附件卫星动力学模块化建模 ……………… 51
  2.3.4 带有柔性链附件卫星动力学模块化建模 ……………… 51
 2.4 快速响应卫星快速任务设计流程 ……………………………… 60

第3章 快速响应卫星的自主任务规划算法设计 ……………………… 62
 3.1 任务规划约束条件建模 ……………………………………… 62
  3.1.1 观测时间约束 ………………………………………… 62
  3.1.2 其他观测约束 ………………………………………… 65
  3.1.3 约束条件整理 ………………………………………… 66
 3.2 主星任务规划引导信息处理方法设计 ………………………… 69
 3.3 成员星分层任务规划算法设计 ……………………………… 72
  3.3.1 分层无择优任务规划算法 …………………………… 72
  3.3.2 分层择优任务规划算法 ……………………………… 74
  3.3.3 仿真实例与结果分析 ………………………………… 75
 3.4 成员星成像任务自主规划算法设计 ………………………… 78
  3.4.1 二维机动成像自主任务规划算法设计 ……………… 79
  3.4.2 条带拼接成像自主任务规划算法设计 ……………… 84

第4章 快速响应卫星小椭圆轨道及星下点轨迹
调整优化算法设计 …………………………………………… 92
 4.1 小椭圆轨道回归特性分析 …………………………………… 93
  4.1.1 过顶约束下星下点轨迹分析 ………………………… 93
  4.1.2 任意倾角小椭圆回归轨道设计 Q 值法 ……………… 94
  4.1.3 仿真实例与结果分析 ………………………………… 97
 4.2 小椭圆轨道近地点过顶方法分析 …………………………… 98
  4.2.1 地面分辨率约束与近地点漂移 ……………………… 98
  4.2.2 近地点过顶方法 ……………………………………… 100
 4.3 约束下过顶时刻设计 ………………………………………… 102
  4.3.1 任意时刻地面光照强度计算分析 …………………… 102

		4.3.2 地面光照强度临界时刻计算 ·············· 105
		4.3.3 过顶时刻设计 ······················· 107
		4.3.4 仿真算例 ························· 109
	4.4	星下点轨迹调整的单脉冲数值算法 ················ 112
		4.4.1 星下点轨迹分析 ····················· 112
		4.4.2 单脉冲数值算法设计 ·················· 120
		4.4.3 仿真算例 ························· 122
	4.5	多脉冲遗传算法和非线性规划法双层算法 ············ 129
		4.5.1 多脉冲星下点轨迹调整优化模型 ············ 129
		4.5.2 仿真算例 ························· 131

第 5 章 快速响应卫星的软件构件化设计与评估 ··············· 136

5.1	软件构件化体系架构设计 ······················ 137
	5.1.1 构件化软件体系架构 ···················· 138
	5.1.2 基于构件化软件的接口适配器 ··············· 140
	5.1.3 基于构件化软件的总线路由器 ··············· 141
5.2	基于 PETRI 网的构件化软件在轨运行评估方法设计 ······· 143
	5.2.1 基于 PETRI 网的健康评估模型 ·············· 143
	5.2.2 健康评估 PETRI 网模型参数确定 ············· 147
5.3	构件化软件在轨自主状态评估方法设计 ·············· 155
	5.3.1 自主状态推送及冻结方法 ················· 155
	5.3.2 基于事件驱动的遥测数据处理方法 ············ 159
	5.3.3 基于遥测参数的自主状态评估方法 ············ 161

第 6 章 集群编队的自主实时任务规划设计与分析 ············· 165

6.1	集群编队卫星对目标的筛选过程 ·················· 165
	6.1.1 目标初步筛选 ······················· 166
	6.1.2 多星多目标筛选 ······················ 169
6.2	多星逐级择优自主任务规划算法 ··················· 169
	6.2.1 多星分层无择优自主任务规划算法 ············ 169
	6.2.2 改进的多星分层择优自主任务规划算法 ·········· 194
	6.2.3 改变优化目标的多星自主任务规划算法验证 ······· 198
6.3	基于改进遗传算法的多星实时任务规划方法 ············ 205

6.3.1　遗传算法设计 ·· 205
　　　6.3.2　仿真分析 ·· 210

第7章　快速响应卫星集群编队的星间网络建模与分析 ··············· 217

7.1　集群编队卫星运动模型描述 ·· 217
7.2　集群编队的空间网络描述 ·· 221
　　7.2.1　图论相关理论 ·· 221
　　7.2.2　集群编队的空间网络图结构 ···································· 223
7.3　集群编队卫星数据流描述 ·· 227
　　7.3.1　排队论相关理论 ·· 227
　　7.3.2　集群编队卫星泊松分布数据流 ································ 228
7.4　集群编队网络模型 ··· 230
　　7.4.1　集群编队网络描述 ·· 230
　　7.4.2　快速响应卫星集群编队工作模型 ···························· 233
　　7.4.3　快速响应卫星集群编队数据流模型 ························ 235
7.5　卫星集群编队的数据传输模型 ··· 235
　　7.5.1　内部网络数据传输模型 ·· 235
　　7.5.2　外部网络数据传输模型 ·· 238
7.6　卫星集群编队网络仿真建模 ·· 240
　　7.6.1　仿真模型结构 ·· 240
　　7.6.2　仿真环境搭建 ·· 241
　　7.6.3　仿真主要流程 ·· 245
　　7.6.4　路由算法及性能评价指标 ······································· 245
7.7　仿真结果及性能分析 ·· 247
　　7.7.1　仿真场景 ·· 247
　　7.7.2　仿真结果及性能分析 ·· 248

第8章　快速响应卫星集群编队的星间网络优化与改进 ··············· 256

8.1　卫星集群编队网络容量模型 ·· 256
8.2　有界空间下卫星分布模型 ·· 258
　　8.2.1　有界空间分布模型 ·· 258
　　8.2.2　分布模型特性分析 ·· 261
8.3　容量优化的卫星集群编队数据传输 ································· 263

  8.3.1 多时隙并发传输方法 ·········· 263
  8.3.2 数据多跳传输方法 ·········· 265
8.4 时延约束下的网络容量 ·········· 269
  8.4.1 网络容量模型 ·········· 269
  8.4.2 时延和网络容量的折中关系 ·········· 271
8.5 网络容量模型的数值仿真及结果分析 ·········· 272
  8.5.1 模型特性分析 ·········· 272
  8.5.2 容量模型有效性验证 ·········· 275
8.6 面向任务的卫星集群编队网络拓扑特性分析 ·········· 276
  8.6.1 拓扑可靠性分析 ·········· 276
  8.6.2 网络单跳与多跳能耗分析 ·········· 279
8.7 拓扑优化方法 ·········· 281
  8.7.1 静态拓扑优化方法 ·········· 281
  8.7.2 可靠性优先的动态拓扑优化方法 ·········· 286
8.8 网络拓扑优化仿真结果及性能分析 ·········· 289

第9章 快速响应卫星集群编队的应用设计 ·········· 295

9.1 卫星集群编队的应用模式 ·········· 295
  9.1.1 单星应急观测模式 ·········· 296
  9.1.2 多星综合观测模式 ·········· 296
  9.1.3 多星接力观测模式 ·········· 297
  9.1.4 卫星集群编队协同应用模式可行性分析 ·········· 297
9.2 卫星集群编队的编队构型 ·········· 299
  9.2.1 构型初始化 ·········· 300
  9.2.2 构型维持策略 ·········· 300
  9.2.3 构型重构 ·········· 301
9.3 卫星集群编队的空间网络 ·········· 302
  9.3.1 集群编队内部网络设计 ·········· 302
  9.3.2 集群编队外部网络设计 ·········· 304
9.4 卫星集群编队的信息融合 ·········· 307
  9.4.1 在轨可配置基础软硬件环境 ·········· 307
  9.4.2 在轨数据处理与融合 ·········· 309
  9.4.3 地面运行支撑 ·········· 309

9.5 卫星集群编队系统的任务满足度 ·········· 310
9.5.1 集群编队系统载荷满足度设计 ·········· 310
9.5.2 集群编队系统任务满足度分析 ·········· 311
9.6 快速响应卫星集群编队的试验验证方案设计 ·········· 315
9.6.1 技术能力试验验证 ·········· 315
9.6.2 在轨应用能力验证 ·········· 319
9.6.3 典型应用示范验证 ·········· 320

参考文献 ·········· 323

第1章
绪 论

近二十年来,快速响应空间系统受到各航天大国的重点关注。快速响应空间系统凭借成本低、性能好、应用灵活等优势,在突发灾害或应急事件的空间信息支援与保障方面发挥了不可替代作用,是对现有空间系统的有力补充[1-5]。

快速响应空间系统通常以微小卫星和小型运载器为核心,以快速研制、快速入轨、快速应用为手段,实现对突发灾害或应急事件的迅速反应,满足各种空间信息应急需求。为此,我国针对快速响应空间系统相关概念和内涵进行了深入研究,逐步确立了一条以"省""好""快"为准则的、有中国特色的快速响应空间系统发展之路,重点对快速响应微小卫星、快速响应小运载器以及地面快速应用等技术开展研究,以期早日建成我国的快速响应空间系统。

快速响应空间系统通过空间设施体系间相互联通,实现星间组网、天地联网,进而完成资源共享与调度、数据路由与交互,缩短信息传输链路,提高空间信息保障的时效性和综合应用能力,发挥信息综合集成核心纽带作用,为推动天地一体信息网络建设作出应有的贡献。

卫星集群编队是由多颗自主运行的卫星构成的分布式协同工作系统,通过相互之间信息交互和协同工作,能够发挥单颗卫星难以完成的任务[6]。基于此,以集群编队为核心的快速响应空间系统将具有以下四大优势:

(1)组网协同应用。通过空间设施体系间和集群内部两级网络互联,可实现多星间在轨任务协同、信息共享、信息融合,可有效弥补单星能力不足,进而构建功能完善、性能稳定的空间快速响应服务系统,有效提高获取信息的准确性和时效性。

(2)动态兼容扩展。通过灵活增加集群编队的卫星数量,可实现系统规模自由扩展,功能和服务能力快速拓展,系统性能快速提升。与其他空间系统网络互联,既可及时获取引导信息和任务指令,又可实现实时信息共享。

(3) 系统健壮可靠。通过分布式、多节点布局,可有效提高快速响应卫星集群编队中各个卫星的健康管理和任务管控能力。当部分节点失效时,系统快速自主重构,不降低编队主要能力,有效提供持续的信息服务。

(4) 能力随机应变。采用分布式编队构型,灵活适应不同应用需求。当集群编队中各网络节点聚合时,可同时获取单个目标的多维度信息,提升综合信息获取能力;当网络节点分散时,可同时获取大范围区域多目标信息,提升信息感知能力。

1.1 快速响应空间系统的体系架构

1.1.1 快速响应空间系统组成设计

快速响应空间系统包括卫星集群编队系统、评估应用系统、空间支持系统、运行管理系统四大部分。

1. 卫星集群编队系统

若沿用传统研制模式,试想一颗综合卫星,幅宽近千千米,装载雷达、光学等多种载荷,则卫星重量将达数吨,平台难以承载;体积巨大,超出整流罩包络和运载能力,火箭难以发射;对地观测载荷多,卫星对地安装面受限;卫星系统框架"弹性"不足,可靠性低、健壮性差;应用模式单一,灵活性不足;载荷无法按需分散协同工作。因此,必须探索多星协同、组网应用的系统模式,设计快速响应卫星集群编队。

作为快速响应空间系统的核心,卫星集群编队具备多星在轨自主组网、自主运行管理、星间任务高效协同、在轨自主任务规划、载荷数据在轨处理、信息快速汇聚与融合等功能[7-8]。卫星编队可按需适时转换构型,以适应不同任务需求,用户通过手持/机动/中继/固定站等地面应用系统快速上传任务需求,并可通过空间支持系统快速获取期望的观测信息。

按照功能分布、统筹优化的思路,基于载荷选择卫星平台方案,在同一集群编队中构建配置雷达、光学等不同载荷类型的卫星,分别实现引导、巡检、普查、详查和跟踪等目的[9]。各卫星采用统一硬件体系架构、软件体系架构、通用产品体系、研制标准规范、研制试验流程进行生产,达到控制成本、加快研制速度、推动研产模式转型的目的。

一个典型的快速响应卫星集群编队系统由 n 个($n \geq 1$)集群编队组成,如图 1-1 所示。单个集群编队中各成员星可包括主星(m_1 颗)、广域巡检星(m_2 颗)、区域普查星(m_3 颗)、区域详查星(m_4 颗)、视频跟踪星(m_5 颗),共 5 类卫星。这 5 类卫星/子编队中相同类型的两颗卫星之间能够形成通信链路,可对同一类型数据信息进行交互处理,同一类型的卫星($m_i \geq 1, i = 1,2,\cdots,5$)构成了一个小的集群子编队,这在集群编队星间网络时可具体体现。实际应用中可根据任务不同,适当增减子编队以及集群编队中的卫星数目和卫星类型,本书设想的集群编队为 $n = 1, m_i = 2$。

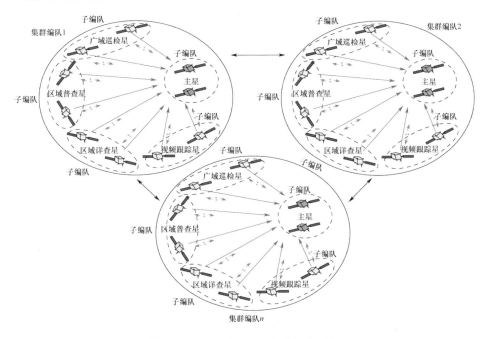

图 1-1 快速响应卫星集群编队系统

1)主星

主星在集群编队内具备快速引导巡检星、普查星、详查星和跟踪星对待观测区域进行精细观测的能力;在集群编队外,与其他集群编队、卫星、空间支持系统相互联系,可实现对集群编队的快速指挥控制和数据分发。随着任务需求的变化,以及编队中各星的在轨表现,主星的角色也可以由编队内其他子编队或单个卫星担任,实现管控卫星集群编队任务,实现目标快速发现、目标快速定位、多星任务规划、在轨信息融合等功能。因此,集群编队中的主星往往需要设置功能备份星。备份星可以与主星同构,也可以由其他功能的成员星替补而成。

2）广域巡检星

一般装载幅宽数百千米甚至 1000km 以上，分辨率适中的载荷。它接收来自主星的命令，对待观测区域进行大范围快速搜索，并将巡检信息通过编队内部网络发送给主星，便于主星规划和安排集群编队其他子编队或者卫星的任务。

3）区域普查星

一般装载分辨率较高的雷达、可见光、高光谱、红外等载荷。区域巡检星用于获取待观测区域的雷达特性、光学特性、光谱特性、红外特性等不同信息，与各自事先掌握的特征库进行匹配，识别出待观测区域中的海啸、地震、洪灾、塌方、建筑物倒塌、油轮原油泄漏、货船海上抛锚、渔船失踪等风险灾害类别，并将识别信息通过编队内部网络发送给主星，便于主星规划和安排集群编队其他子编队或者卫星的任务。

4）区域详查星

一般装载分辨率最高的雷达、可见光、高光谱、红外等载荷。可实现对小范围待观测区域的信息确认，获取信息具有可靠性高、细节分明等特点，是集群编队系统最重要的信息来源，通过配置多颗多种载荷的详查星，可实现对待观测区域全天候全天时的确认信息获取。

5）视频跟踪星

一般装载分辨率适中的视频类型成像载荷，具备对极小范围待观测区域甚至动态目标的凝视、跟踪观测能力，可以为主星提供突发事件和灾害现场空间信息的持续发展趋势。跟踪星的在轨任务执行能力一定程度上决定了集群编队系统的快速响应能力。

2. 评估应用系统

评估应用系统包括任务管控分系统、数据接收分系统、数据预处理分系统、定标与质量评定分系统、机动接收处理分系统、试验支持分系统以及试验评估分系统。

（1）任务管控分系统。实现用户需求受理、观测任务规划、计划制订、载荷控制指令生成等功能。

（2）数据接收分系统。实现卫星跟踪、数据接收及记录等功能。该分系统可以利用现有测控接收站网来实施，由固定站和按需配置的机动接收站组成。

（3）数据预处理分系统。完成原始数据解密、解压缩、辐射校正、几何校正等处理,生产载荷各级基础数据产品。

(4)定标与质量评定分系统。完成卫星载荷的定标处理,为数据预处理提供几何校正、辐射校正等标定参数,并具备质量评定的能力。

(5)机动接收处理分系统。实现机动条件下快速响应评估应用系统的运行管理功能,包括快速响应卫星需求受理、任务管控、数据接收、解密解压缩、数据快速处理、信息共享分发服务等。

(6)试验支持分系统。实现在轨系统地面同步试验,在轨任务规划、在轨数据处理与融合应用等验证,在轨基础数据制作与验证,以及卫星集群编队状态管理等功能。

(7)试验评估分系统。实现快速响应任务应用场景的动态仿真推演,实现快速响应空间系统技术能力、应用能力的试验评估。

3. 空间支持系统

空间支持系统是卫星集群编队与地面系统实现信息全球快速交互的纽带,包括中继卫星、导航卫星以及通信卫星等,实现快速响应卫星指令快速上传和信息准实时回传。

4. 运行管理系统

运行管理系统负责快速响应空间系统卫星集群编队的日常测控管理和应急支持等。

1.1.2 快速响应空间信息流程设计

卫星集群编队通过在轨自主任务规划,引导搜索跟踪、在轨数据处理和多源信息融合,生成高级信息产品后快速分发。其典型工作流程如图1-2所示,用户、地面应用系统、中继卫星以及卫星集群编队之间的具体工作流程如下:

(1)任务提出。地面用户提出信息观测需求。

(2)指令上传。通过地面应用系统直接或通过中继卫星间接向卫星集群编队发出对待观测区域实施观测的任务需求。

(3)任务接收。集群编队中的任意卫星通过星—地、星—星—地指挥控制链路接收任务,通过星间网络将任务指令优先传至主星或指定成员星。

(4)广域搜索。主星或广域巡检星对待观测区域实施广域自主观测,获取待观测区域的初步信息,或者根据外部指引信息重新定位待观测区域,通过区域普查星再次获取待观测区域的初步信息。

(5)任务规划[10]。主星根据目标分布情况和集群编队中各成员星性能,以

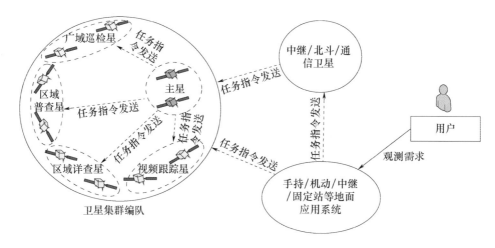

图1-2 快速响应空间系统工作流程

及通过广域搜索获取的初步信息,快速自主完成实时任务规划,通过编队内部网络向各详查星和跟踪星发送任务指令。

(6)目标观测。各成员星接收到主星发出的任务指令,完成快速规划和指令生成,姿态机动到位后对待观测区域进行观测,获取待观测区域的原始数据[11]。

(7)数据处理。各成员星在轨进行数据处理,形成初级信息产品。成员星通过自主任务规划完成相对姿态控制[12-13],将姿态机动至与主星对应的姿态位置,分时通过编队内部网络,快速将初级信息产品全部汇集至主星。

(8)信息融合。主星接收到各成员星发送的初级信息产品后,通过多源信息融合形成高级信息产品。

(9)信息分发。主星形成高级信息产品后,通过星—地、星—星—地等分发路径,将高级信息产品分发给地面。在信息分发过程中:对于突发灾害、应急事件等重大紧急信息,可通过中继、通信等星—星、星—星—地接口快速回传;对于大数据量的原始信息通过各卫星的星地链路下传;对于数据量小的原始信息,可通过北斗短报文等方式实现信息的快速分发。

(10)信息应用。地面用户基于初级/高级信息产品进行应用决策。

集群编队系统既可由各成员星直接生成初级信息,如图1-3所示,也可以通过在轨信息融合,由主星生成高级信息,如图1-4所示。

对卫星集群编队进行指挥控制时,既可采用传统的地面测控站对卫星进行测控,也可采用移动或手持终端通过中继、北斗卫星等链路实现对卫星的实时

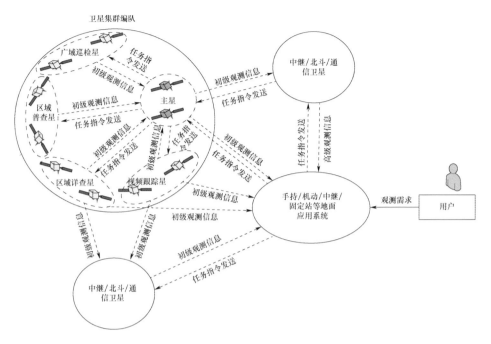

图1-3 初级信息产品信息流程

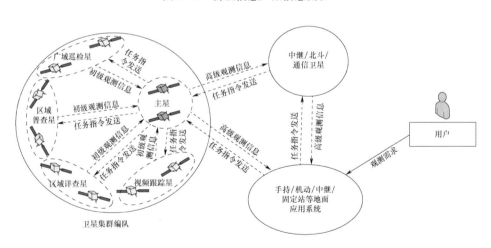

图1-4 高级信息产品信息流程

指控;数据分发时,既可通过星地链路实现原始数据、初步信息或初级信息的传输,也可基于内部网络通过主星将初级或高级信息,通过中继、通信等分发路径发至地面数传站、移动或手持终端等,满足地面用户的应用需求。卫星集群编队指控和数据分发的信息流程如图1-5所示。

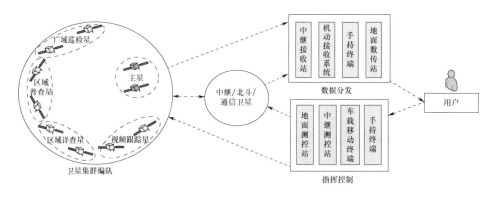

图1-5 指控与数据分发信息流程示意图

1.1.3 快速响应空间系统间接口设计

完整的快速响应空间系统由集群编队系统、评估应用系统、测控系统、广域试验支持系统、应用试验支持系统组成,其相互之间的接口关系如图1-6所示。

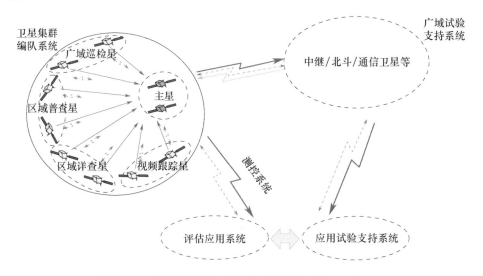

图1-6 快速响应空间各组成系统间接口关系示意图

卫星集群编队对外接口除各卫星的星地测控和数传的星地接口外,还包括与中继卫星的测控和数据接口、与通信卫星的数据接口、与导航卫星的短报文通信接口等星间接口、与地面机动单元的星地接口等。因此,卫星集群编队各成员星可通过主星的空间网络星间/星地接口实现全球任意地点的测控与数传,满足快速响应需求。

(1)卫星集群编队与评估应用系统间接口。卫星集群编队接收地面评估应用系统任务指令;地面评估应用系统根据任务要求接收卫星原始数据、图像信息或文字信息。

(2)卫星集群编队与广域试验支持系统间接口。卫星集群编队利用广域试验支持系统的中继卫星系统、导航卫星系统,接收各类任务和在轨更新数据,快速下传各类信息数据。

(3)卫星集群编队与测控系统间接口。卫星集群编队接收测控系统常规任务指令,下传遥测数据;在集群编队构型建立、维持、重构时,接受测控系统跟踪测量与状态观测等服务。

(4)卫星集群编队与应用试验支持系统间接口。卫星集群编队接收各综合应用系统通过手持终端、机动接收处理系统发送的任务指令,并按需下传各级各类数据信息。

(5)评估应用系统与广域试验支持系统间接口。评估应用系统完成任务需求统筹后,可通过中继卫星系统、导航卫星系统等快速上传任务指令;广域试验支持系统将各类数据快速分发至评估应用系统。

1.2 快速响应空间技术的发展现状

美国、欧洲、俄罗斯、日本以及我国等各主要航天大国和机构都在为能够快速进入空间、利用空间和控制空间,提高空间快速响应能力而积极开展相关技术探索和研究,涉及灵活机动的低成本运载器、快速高效的低成本小卫星等快速响应空间核心技术的攻关和验证。其中,最具代表性的是美国,其在快速响应空间概念、内涵、规划、技术等方面都已取得实质性进展。经过多方努力和攻关,我国也在此领域取得了些成绩。

1.2.1 各国快速响应空间技术发展现状

1. 美国

快速响应起源于20世纪70年代美国提出的"快速发射计划"。1990年4月5日,美国成功发射了"飞马"座小型固体空射火箭[14],首次验证了快速机动发射的可行性。1997年,美国空军在《2020年设想》中把航天快速发射作为实现控制空间作战的4个重要能力之一[15]。1999年,美国空军提出"快速响应运载(Operationally Responsive Spacelift)"计划,重点关注快速响应运载器的研制[16]。

1)美国快速响应卫星

以1999年美国空军提出的快速响应运载计划为基础,美国陆续丰富、扩大和深化在快速响应空间技术方面的研究,使得快速响应空间(Operationally Responsive Space,ORS)计划(简称快速响应计划或ORS计划)经历了萌芽、起步、演示验证和型号验证四个阶段,目前处于第四阶段。

(1)萌芽阶段(1999年3月至2003年3月)。

该阶段是对快速响应空间概念与内涵的探索阶段。从1999年开始,美国就以"快速进入空间"为目标,对快速响应空间的概念进行探讨,为ORS计划的开展奠定基础。在军事转型思想的引导下,美国国防部(DoD)于2001年首次提出战术星TacSat(Tactical Satellite)计划[5,17-20],拟采用小卫星20~80的研制模式,即采用常规卫星20%的研制成本来研制具备常规卫星80%性能的小卫星[21],如图1-7所示,探索以较低成本为战场提供快速响应能力的可行性。

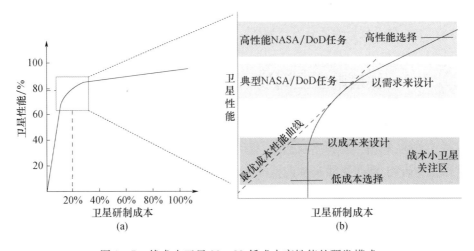

图1-7 战术小卫星20~80低成本高性能的研发模式

2002年初,美国空军航天司令部和美国航空航天局(NASA)就快速响应空间系统进行了研究,并制订了相关发展计划。随后,美军启动"快速响应空间试验""快速响应空间运输替换方案分析"等项目,从有效载荷和发射系统两个方面验证ORS概念及可行性,标志着ORS概念的拓展。

(2)起步阶段(2003年4月至2007年3月)。

该阶段是快速响应空间概念的进一步深化,是快速响应空间卫星、运载器、发射场等关键技术迅速发展的阶段。2003年,美国国防部转型办公室正式提出TacSat概念,构建低成本且具备快速反应能力的空间平台,使得卫星的使用范围由军师级扩展到战区各级指挥员[22]。为了满足战术需要,战术卫星在定位时充分考虑地面无人机和空间传统卫星的特点(见图1-8),使其既具有无人机按需发射、任务载荷和服务区域可裁剪、允许新技术快速应用、成本低廉、便于战术应用等优点,又具有传统卫星全球覆盖、访问区域无障碍、服役时间长、地面接收设施安全等优点。

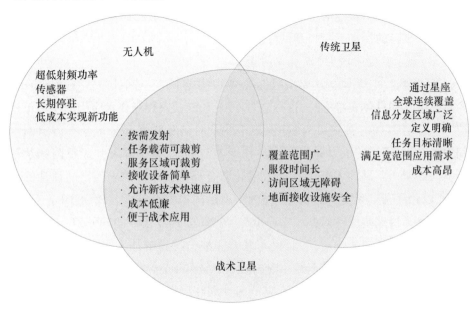

图1-8 战术卫星与无人机、传统卫星共性与区别

2004年,美国空军参谋长提出了"联合作战空间(Joint Warfighting Space,JWS)"的概念,进一步深化了快速响应空间的思想。同时,美国空军航天司令部发布"战略主导计划",指出空间军事力量的"四大任务领域"及发展路线图。其中,"空间力量增强"任务提出了受敌方行动引起的空间能力损失而快速重建的任务需求,"空间力量应用"任务提出了空间军事力量快速投放的任务需求。这标志着美军空间力量建设正在向提高应变能力的战术应用方向转型。

2005年,美国正式提出快速响应空间(ORS)的概念[23]。时任总统布什签署《美国空间运输政策第40号指令》,明确美国应"展示从作战反应角度进入和使用空间的初始能力,包括能够对某些特定作战能力蒙受损失或降低的情况做出反应,以及/或者能够及时提供定制的或新的作战能力,以支持国家安全需要"。同年美国国防部发出了涵盖航天运载器、战术卫星、近空间系统和相应靶场4个领域的《ORS倡议》,提出美国在2010年前应展示初步空间作战响应能力,能进入和利用空间以满足国家安全要求。

2006年10月,美国《2007财年国防授权法案》明确提出,ORS的目标不是构建全面"替补"能力,而是建设一个基于小卫星的新的小型空间系统[24]。为确保计划实施,美国国防部组建"作战及时响应型空间"办公室进行总体协调与监督,筹建"空间发展与试验联队"专门操作ORS计划所属卫星。此外,美国国防部还成立了一个快速响应空间技术孵化基地,并提供巨额资金开发可应用于各类卫星平台的标准化接口和硬件。

(3)演示验证阶段(2007年4月至2011年5月)。

2007年4月,美国国防部向议会提交了"快速响应空间计划"[23],阐述ORS的总体思路和具体实施方法,这标志着ORS系统投入战场战术应用的序幕正式拉开。计划中ORS被定义为"确保集中并及时满足联合部队司令部需求的空间力量,以可承受的成本提供在太空和近太空迅速、精确部署和运行国家及军事资产的能力",并将ORS视为旨在满足联合部队司令部需求的空间活动的一部分,以此提升空间实力的快速响应性,满足国家安全需要。随后于同年5月正式成立了快速响应空间办公室(ORS办公室),其最基本的任务是:①对美国的空间能力需求快速响应;②对美军联合作战指挥官的战术需求快速响应,最终使得美国具备在数天甚至数小时内,以较低廉的成本发射战场指挥官所需的战术卫星。这标志着美国快速响应空间计划在国防部的统一领导下正式全面启动,使快速响应空间技术发展进入了快车道。

美国国防部还指出,ORS计划将建造用于满足特定且关键的作战需求的若干套个性化系统,从而为美军提供一种经济适用的能力。这种能力使在太空、近太空、经由太空/近太空的国家与军方资产,能迅速、准确、决定性地到位并运行。美国国防部强调ORS的远景是提供快速的、量身打造的、聚焦于战役与战术任务的空间力量,从作战和应付突发事件的角度考虑,ORS的响应时间是第一位的。为此,该计划所需要达到的能力包括以下三个等级,如图1-9所示。

1级为直接利用已经存在的设施进行快速响应,响应时间为0.5~24h(传统卫星需要数小时乃至数天),具体可理解为直接利用已经在轨运行的卫星实现快速响应需求的能力。2级为通过已经成熟的技术进行简单替换、扩充和重组,形成设施进行快速响应,响应时间为1~14天(传统卫星需要数月),具体可理解为通过已经存储的卫星平台、载荷、运载等设备,进行快速组装测试发射,

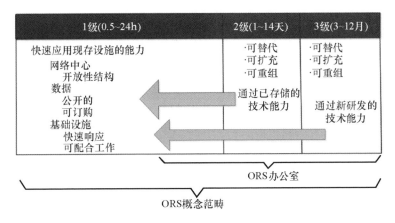

图 1-9 快速响应能力的等级划分

实现快速响应需求的能力。3 级则是通过新技术对部件进行替换、扩充和重组,形成设施进行快速响应,响应时间为 3~12 月(传统卫星需要 2~10 年),具体可理解为采用新技术研发卫星平台和载荷,实现快速响应需求的能力。2 级和 3 级的能力经过技术发展可演变为 1 级,3 级能力也可演变为 2 级。

为了达到上述的军事需求,需要研制出一系列新的、低成本的能快速进入空间的运载器和航天器。此外,美国国防部还持续推进 ORS 技术标准的制订,对有效载荷和卫星平台提出了上千个细化的需求标准,并召开了多次 ORS 科研会议,围绕 ORS 的国家战略定位、ORS 对作战的价值、ORS 卫星与载荷、小型运载系统等问题进行系统探讨。

随着快速响应相关技术的日趋成熟和各国反卫星技术的发展,美国加快了 ORS 相关项目的研发进程。一方面,美国国防部提出 ORS 计划的主要目标是确保空间力量能够及时满足联合部队司令部需求,使作战人员获得所需信息,以及利用现有资产支持空间态势感知和通过新的方法填补信息、观测与侦察缝隙等内容;另一方面,美国加快了相关技术的实际应用,除成功演示了 4h 内装配即插即用卫星,将 Falcon-1 火箭快速空运到发射基地,以及具备 6 天内发射卫星等能力外,ORS 相关部门还参与了美国国防部组织的多次旨在测试 ORS 能力的试验与演习,并先后发射了多颗 TacSat 系列卫星进行技术演示验证。这些演示验证包括:2006 年 12 月成功发射并于 2007 年 12 月退役的首颗 ORS 卫星 TacSat-2,对卫星快速制造、发射和应用等关键技术的优越性进行了充分地演示验证;2009 年 5 月成功发射并于 2012 年 2 月退役的 TacSat-3 卫星,该卫星装载有高分辨率超光谱成像仪(ARTEMTS),是美国国防部第一次具备向美国战略司令部提供在轨信息、观测和侦察,向遍布全球的作战人员提供直接图像支持的能力,并试图建成空间支持军事的全新范例;2011年1月成功发射的TacSat-4卫星,标志着美军的ORS计划进入实用阶段,该卫星能提供动中通服务,可实现士兵的实时移动通信;2013年12月成功发射的卫星TacSat-6,用于发展验证基于3U立方体卫星的超视距通信能力。美国在快速响应空间计划十余年的实施过程中,已通过"战术卫星"系列的关键技术攻关和在轨演示试验,具备了对突发事件快速响应的能力。

(4)型号研制阶段(2011年6月至今)。

为了尽快使作战人员获得所需信息,2008年10月美国中央司令部要求战略司令部帮助其提高战场空间态势感知能力。为满足这一需求,ORS办公室决定研发首颗装备卫星ORS-1,试图直接接收侦察机的信息传输到军队,以增强美国在中东的军事力量,为战区指挥官提供关键性的作战支持,进一步推进ORS计划。ORS-1卫星于2011年6月发射升空[25],基本达到了《ORS倡议》提出的美国在2010年前展示初步空间作战响应能力的目标,标志着美军快速响应空间系统由关键技术验证逐步向装备定型转变。2013年11月19日,ORS-3技术演示验证任务成功执行[26],用于测试新的程序和仪器,旨在降低未来航天飞行成本、缩短响应时间。2015年11月4日,用于发射小卫星的试验性低成本运载系统首次发射,即ORS-4,但任务以发射失败告终。2017年8月26日,发射ORS-5小型侦察卫星,也称为传感器卫星,该卫星携带望远镜用以捕捉地球静止轨道上卫星的图像,增强空间态势感知。原计划2017年11月发射的ORS-6卫星(COWVR)配置了海洋风矢量辐射计[27]。ORS-8卫星计划于2020—2021年发射,提供一种云表征能力。

为了进一步推动与ORS计划相关技术的实际应用,NASA在2010年2月向工业界发布议案征询书,推出包括快速响应型太空工作(RRSW)和模块化航天器平台(MSV)两个方面的研究合同。同年7月,NASA宣布选定千禧工程与集成公司进行RRSW技术工作。该公司将通过设计、开发、建造、运行与RRSW相关的具体工作,确保美国国防部能够快速进出太空。同年11月,NASA又选择了5家公司签署了MSV合同,在5年之内进行模块化航天器平台的技术研究,以适应各种不同性质的任务载荷,实现快速响应卫星的快速研制,同时通过柔性化适应多种不同任务载荷的方式,提高平台效能,降低卫星研制成本。2014年2月,诺斯罗普·格鲁曼公司向ORS办公室交付了首个即插即用MSV。空军计划在MSV的基础上,配置以色列TECSAR卫星的合成孔径雷达(SAR)

载荷,组成 Trinidad 卫星,进行快速响应 SAR 卫星的关键技术演示验证。目前,根据美国《2018 财年国防授权法》进行军事航天改革的要求,ORS 办公室已更名为"太空快速能力办公室",直接由空军航天司令部负责。

此外,美国国防高级研究计划局(Defense Advanced Research Projects Agency,DARPA)于 2012 年 3 月 12 日提出了"服务于战术作战的空间效能验证(SeeMe)"研发项目,提出利用低成本、短寿命、小型成像侦察卫星,通过机载发射方式快速部署组成星座系统,向一线作战人员按需提供实时、持续的战场图像数据。SeeMe 由 24 颗在轨小卫星、运载发射、单兵手持设备三部分组成,单星成本 50 万美元,质量 45kg,寿命 45~90 天,地面分辨率 0.75~1.2m。SeeMe 系统的研制具有很强的作战针对性,具备快速部署、快速形成战斗力、高分辨率以及高响应度等能力。该系统建设部署后,将极大提高美军在太平洋及南中国海地区的基于航天信息的全域战术作战能力。2015 年,DARPA 暂停了对该计划的预算支持。

综上所述,美国快速响应空间计划的发展经历了辉煌以及面临关闭的低谷以后,如今已被赋予了新的历史使命,从最初的概念论证阶段经过演示验证进入型号研制阶段,势必在未来空间应用中发挥更大的作用。

2)美国快速响应小型运载器

2001 年,空军航天司令部(AFSPC)提出"快速响应空间运输任务需求陈述(Operationally Responsive Spacelift Mission Needs Statement,ORS MNS)"报告,首次明确了快速响应空间运载器的定义。2003 年,AFSPC 提出"快速响应空间运输方案分析(Operationally Responsive Spacelift Analysis of Alternatives,ORS/AOA)"计划,旨在寻找有效载荷的快速发射、机动、服务和回收的最优方案。

(1)"飞马座"(Pegasus)火箭是由美国轨道 ATK(Orbital ATK)公司和赫尔克里士航空航天公司合资研制的[28],是美国第一种完全由私营企业投资研制的三级带翼固体燃料小型空射火箭,也是世界上唯一投入商业运营的空射运载火箭。在设计上,"飞马座"火箭充分利用了经过验证的技术和美国在固体推进、材料、电子等领域的最新成果,具有质量小、成本低、简单可靠、使用灵活方便等优点。"飞马座"火箭还可以不受地理条件的限制,从不同的机场起飞并在任何地点上空发射。它从装配到第一级发动机点火的时间为 14 天,遇到紧急情况也可以缩短至 5 天。目前已执行了 40 余次飞行任务。

(2)"金牛座"运载火箭是美国轨道科学公司(Orbital Sciences Corporation,OSC)根据美国国防高级研究计划局(DARPA)的一项"标准小型运载火箭"验证发射合同而开发的[29]。第一级命名为 Castor 120，由 Alliant Techsystems (ATK)公司研发，由 LGM-118A"和平守护者"导弹改造而成，第二级至第四级采用"飞马"运载火箭技术。

(3)"猎鹰"(Falcon)计划是 2003 年 7 月由美国国防高级研究计划局(DARPA)和美国空军联合制定的[30]，在美国本土进行军事力量应用和发射计划，旨在演示验证低成本、快速航天发射的能力。该计划下的低成本快速发射的小型运载火箭(SLV)主要为执行全球精确打击和快速发射进入空间任务而研制，其主要特点是可快速响应、机动发射、成本低(单发成本低于 500 万美元)。在实际作战时，SLV 一般与通用再入飞行器(CAV)组成作战系统，将 CAV 发射至再入点，CAV 再入大气层精确打击地面目标。

根据"猎鹰"计划的要求，SpaceX 公司研制了猎鹰-1 火箭(Falcon-1)，该火箭前三次试飞均失败，2008 年第 4 次试飞成功，但此后未再进行飞行试验。猎鹰-1 是一种小型低成本的两级运载火箭，运载能力 570kg。空中发射公司提出以现役军用运输机为载机，空中发射专用小型运载火箭，命名为"快速抵达(QuickReach)"火箭的工程解决方案，并在现役的 C-17 运输机上完成了 3 次模拟火箭的空投试验和发动机的地面试车。

(4)"超级斯届比"(Super Strypi)火箭是一种快速响应小型运载火箭。2015 年 11 月 4 日，"超级斯届比"火箭从夏威夷考艾岛的太平洋导弹靶场携带夏威夷大学的 HiakaSat 卫星及 12 颗立方体卫星组成的有效载荷模块进行首次飞行，起飞约 1min 后火箭发生爆炸，此次飞行任务即 ORS 计划中的 ORS-4 任务[27]。"超级斯届比"为地基导轨发射的小型三级固体火箭，长 18m，直径 1.32m，起飞质量 24t，LEO 运载能力 300kg。"超级斯届比"火箭设计用途是快速补网发射微型卫星，具有廉价、发射准备时间短等特点。它是美国国防部为实现卫星快速部署而开展的多个快速响应发射技术研制项目之一，由快速响应空间办公室主持研制，发动机的承包商——航空喷气·洛克达因公司称，火箭单次发射成本可低至 1200 万美元。

(5)"经济可承受的快速响应太空运输"(ARES)计划是 2006 年 3 月美国空军和导弹系统中心联合开展的一种低成本、快速响应的混合型部分可重复使用运载器(HLV)，但美国国会于次年削减了该计划的研究经费。

(6)辅助进入空间(ALASA)项目是 2011 年 11 月 DARPA 发布的旨在基于乙炔开展机载卫星发射技术方面的研究项目[31]。2014 年 3 月，项目进入研制阶段，波音公司为主承包商，计划以改进型 F-15 喷气式战斗机作为载机，研制发射准备周期不超过24h,发射成本不超过100万美元的小型空射火箭系统,LEO运载能量为45kg。2016年的飞行试验计划受燃料试验失败的影响而被取消。

(7)快速反应小型货运低成本运载器(RASCAL)项目是2002年3月启动研制的一种由高速飞行器投放的低成本小型运载器。RASCAL预计可将质量为150kg的卫星送入近地轨道,并在24h内发射升空,发射费用为1万美元/kg。2005年,该计划被取消,而后工作重点转向"猎鹰"计划。

(8)"人牛怪"(Minotaur)运载火箭也称为"米诺陶"火箭,是美国发展的一系列固体燃料运载火箭。由于ORS计划中并没有运载器研制计划,因此"人牛怪"运载火箭系统中的"米诺陶"-1火箭就成为了美国ORS计划的关键部分,ORS计划中的ORS-1、ORS-3任务均由"米诺陶"-1火箭发射,ORS-5卫星由"米诺陶-4"火箭发射。

此外,美国还支持开展了SpaceDev公司低成本不可复用小型运载火箭(SpaceDev Streaker)、Microcosm公司"鬼怪"(Sprite)火箭等研究。

2. 欧洲

欧洲国家快速响应技术研究包括小卫星和小运载的研究,主要集中在英国、德国、意大利等。

(1)英国。

英国国家航天中心(BNSC)于1999年12月启动了"微卫星协作应用"(MOSAIC)计划,拟在3年内投资达2100万美元开发"战术光学卫星"和"灾害观测卫星星座"(DMC)等项目。

2000年10月,英国国防部与英国国家航天中心联合投资正式开展"战术光学卫星"(TopSat)计划,英国奎奈蒂克公司、英国萨里卫星技术公司(SSTL)和卢瑟福—阿普尔顿实验室负责卫星研制[32]。2005年10月,首颗TopSat卫星由俄罗斯宇宙-3M火箭发射,卫星可拍摄地面2.5m分辨率的黑白图像和5m分辨率的多光谱图像,同时对使用移动地面站有关的指令和数据管理问题进行了辅助评估验证[33]。

第一代"灾害观测卫星星座"由5颗微卫星组成,包括2002年11月首颗发射的阿尔及利亚ALSAT-1卫星,2003年9月同时发射的尼日利亚Nigeriasat-1卫星、土耳其BILSAT-1卫星和英国DMC卫星[34],以及2005年10月发射的北京一号卫星[35]。2008年,第二代"灾害观测卫星星座"中的4颗卫星也陆续研制发射,包括2009年7月发射的UK-DMC2卫星和Deimos-1卫星[36],2011

年8月发射的尼日利亚 Nigeriasat-2 卫星和 Nigeriasat-X 卫星。相比于第一代"灾害观测卫星星座",新一代的"灾害观测卫星星座"能够提供更高的成像能力、更大的星上存储能力以及更快捷的下行链路,以便更迅速地为用户提供更多的信息,其数据检索量是第一代的10倍。目前,正在进行第三代"灾害观测卫星星座"研究,其中首批三颗"北京2号"卫星于2015年7月11日发射,其全色分辨率达1m,多光谱分辨率4m,可在一天内对全球任一地点进行重复观测,具有极强的快速响应能力[37]。

(2)德国。

德国研制了快速响应空间小卫星群,该卫星群由5颗 RapidEye 卫星组成[38],2008年8月29日成功发射,被均匀分布在高度620km的太阳同步轨道内,每颗卫星重约150kg,工作寿命7年。RapidEye 遥感器图像在400~850nm 内有5个谱段。每颗卫星都携带6台分辨率达6.5m的相机,通过5星星座,能实现快速传输数据、连续成像和短重访周期。该系统一天内可观测地球任何一个地方,5天内可覆盖北美和欧洲的整个农业区。

(3)意大利。

"织女星"(Vega)火箭由意大利牵头研制,它是欧洲航天局(ESA)为适应未来小卫星发射市场的需求和保持独立进入空间能力而研制的新型火箭,采用"三级固体火箭发动机+通用液体上面级"的结构形式,由固体火箭发动机执行主要的上升段任务。2012年2月13日,"织女星"火箭首次发射,填补了欧洲低成本小型运载器的空白。2017年11月8日,"织女星"火箭完成了它的第10次发射任务,将一颗重1.1t的高分辨率地球观测卫星送入既定轨道。截至2017年11月"织女星"火箭已执行了10次发射任务。

3. 俄罗斯

俄罗斯的研究主要集中在快速响应小型运载器上。苏联解体前后,根据美国、苏联两国的削减弹道导弹条约,苏联许多型号的导弹退出战斗序列,一些火箭设计部门将这些导弹改装成小型火箭。这些小型火箭都具有一定的快速响应能力,主要包括"呼啸号"运载火箭、Dnepr 火箭、"创始号"运载火箭等。

"呼啸号"火箭是在 SS-19 洲际弹道导弹基础上研制的一种三级小型液体可储存推进剂运载火箭[39-40]。根据需要,发射时间可压缩至14天,"呼啸号"运载火箭每年的发射总数可以超过10次。1994年12月26日,"呼啸号"运载火箭首次携带卫星发射升空。此后,"呼啸号"运载火箭在俄罗斯的斯沃博德内航天发射场正式投入商业发射。2003年6月,"呼啸号"以一箭多星的方式将8

颗小卫星送入预定轨道[41]。2005 年,"呼啸号"在发射欧洲航天局的"低温星"时第二级主发动机非正常关机,迫使地面人员中止火箭飞行。在这次事故之后,火箭进行了全面停飞和检查,后于 2006 年复飞。2018 年 4 月 26 日,"呼啸号"火箭将欧洲海洋监视卫星"哨兵"- 3B 送入轨道。

Dnepr 火箭由 SS - 18 改装而成[42],在 1999 年首飞成功,是目前俄罗斯积极向国际市场推广的火箭。该火箭采用三级液体火箭发动机,具有可靠性高、发射成本低、能全天候发射等优点。该火箭能够在第一次发射后的 30 天内完成第二次发射,具备一定的快速响应能力。

"创始号"火箭是由 SS - 25 弹道导弹改装而成的四级固体运载火箭,重 60t,直径 1.8m,长 28.9m。"创始号"系列火箭价格低廉,已于 1997 年 3 月和 12 月从斯沃博德内航天发射场分别发射了俄罗斯的"结雅"卫星和美国的"晨鸟"卫星[43]。

"起跑号"固体运载火箭是以"白杨"洲际弹道导弹技术为基础研制的四级固体运载火箭,重约 60000kg,直径 1.8m,长 28.9m,其目的是将小型卫星送入近地轨道。该火箭具有可机动、整箭储存、经济性好等特点,可采用车载发射。

俄罗斯于 20 世纪 90 年代提出了用安 - 124 远程运输机发射空射运载火箭"飞行号"的详细方案,后来却因技术及资金问题被搁置。直到 2013 年 5 月 1 日,俄罗斯预研基金会才宣布计划于 2020 年实施"空中发射"方案。

值得一提的还有俄罗斯的"安加拉"火箭[44],该火箭采用模块化、组合化、系列化设计思想,通过不同模块组合形成不同系列的火箭。2014 年 7 月 9 日,"安加拉"1.2pp 轻型火箭成功进行了亚轨道飞行。

4. 日本

日本为了实现卫星的快速响应,提出了支持在轨展开的航天器模块化结构设计(PETSAT)的概念[45],即:一颗卫星由多个具有特定功能的功能板(Functional Panels)组成,通过可靠的连接机构,以即插即用的方式组装成一颗卫星,使得整星具备一颗卫星的完整功能。功能板以不同的方式组装在一起,可提高整星的灵活性,以应对不同的任务需求。这些功能板在发射时只需要很小的存放空间,入轨后展开,成为一颗具有较大天线、太阳帆板或较大结构杆的卫星[46]。

PETSAT 的设计理念主要从以下两方面改变了传统的卫星研制流程:

(1)功能板可批量生产,因此可进一步提高可靠性,并且已生产的功能板可以集中存放。

（2）对于特定的任务需求,相应的卫星平台可通过即插即用的方式,由一定数量的功能板连接而成,且不需要对整个系统进行大量的地面测试。

这种半定制(Semi – Customizable)卫星生产方式可以大大缩短卫星的生产和测试时间,减少相应的工作量,因此可大大减少单星的费用和研发时间。

在快速响应运载器研制方面,2013年,日本新型小型固体火箭"艾普斯龙(Epsilon)"首发成功[47]。火箭全长24m,为采用固体燃料的三级火箭,成本低、小型化,从第Ⅰ级起竖到完成发射操作仅需6天,具备应急快速发射能力[48-49]。2018年1月18日,"艾普斯龙"火箭3号机成功发射,将小型地球观测卫星"ASNARO – 2"成功送入既定轨道[50]。相比于2号机,此次发射的3号机入轨精度更高。

5. 以色列

以色列曾研制"沙维特"(Shavit)小型三级固体运载火箭,用于发射军事侦察卫星,后来又发展了第二代固体运载火箭"沙维特1"。"沙维特2"(LK – 1)与"沙维特1"非常相似,但装备了更长的第二级,于2007年6月测试并发射了"Ofeq7"卫星。"沙维特3"(LK – 2)开发也已经列入计划,它将使用一部Thiokol Castor 120发动机作为第一级[51]。

6. 巴西

巴西于1976年成功发射了二级固体探空火箭Sonda,在加入导弹技术限制性条约(MTCR)后,研制基于Sonda4火箭技术的捆绑式三级固体运载火箭VSL – 1[52]。尽管首飞失败,但是巴西仍积极寻求国际合作,推进VSL计划。

7. 印度

印度自1973年开始在探空火箭的基础上研制固体小型运载火箭:卫星运载火箭3(SLV – 3)和加大推力卫星运载火箭(ASLV),目前均已退役。

1.2.2　我国快速响应空间技术发展现状

我国在"十一五"期间,有关部门多次组织了"快速进入空间设施"系列研讨会,对快速响应空间系统概念和内涵有了初步了解和研究。在"十二五"期间,国内小卫星主要总体单位和单机产品研制单位联合,按照"产品模块化、接口标准化、应用智能化"的原则,进行深入论证和研究,统一了快速响应卫星的硬件架构、软件架构、标准规范、通用产品、研制流程,形成了相应的标准和规范,并据此开展相应的技术验证。国内研究所和高校也分别对快速响应空间系统相关的技术进行了探索性研究,并取得了不错的成绩,代表性成果包括"快舟"飞行器、"长征"六号和"长征"十一号运载器。

早在2005年9月,哈尔滨工业大学、中国航天科技公司第九研究所和国防科技大学等单位,就集中开展快速响应空间技术的概念探索、可行性分析以及实施方案论证等工作。经过数年攻关,2009年科技部联合相关部门共同批复了"快舟"项目,标志着我国快速响应空间概念的初步形成,并进入核心技术工程验证阶段。2013年9月和2014年11月,"快舟"一号[53]和"快舟"二号[54]飞行器先后成功发射,开创了我国航天设施直接支持灾害应急监测的新模式。据报道,"快舟"飞行器在轨运行期间,先后在云南鲁甸地震、巴基斯坦俾路支省地震、台湾花莲地区地震、尼泊尔地震、"雪龙"号科考船破冰突围等突发事件的空间信息应急支援中发挥了重要作用,在行业内外引起极大关注,标志着我国在快速响应领域占有重要的一席之地。同时,由此项目发展的"快舟"小型运载器,成为我国第一型成功发射的固体运载器,具有成本低、准备周期短、保障条件要求低等诸多优势。在此基础上建造的"快舟"一号甲小型运载火箭,2017年1月采用纯商业发射模式,完成了"商业第一单"任务[55-56]。

在"十一五"期间,上海航天技术研究院开展了具有快速发射能力的液体小型运载火箭"长征"六号的先期研究工作,2009年正式进入工程研制。2015年9月20日,"长征"六号运载火箭首飞成功,创造了1箭20星的纪录,也标志着我国拥有了新一代无毒、无污染、快速响应的小型液体运载火箭[57-58]。

与此同时,"长征"十一号(CZ-11)小型固体运载火箭于2015年9月25日成功飞行,对提升我国快速进入空间的能力具有重要意义[59]。此后,CZ-11又执行了数次发射任务[60-61]。2019年6月5日,CZ-11成功完成"1箭7星"发射任务,这也是我国首次海上发射任务,填补了我国运载火箭领域海上发射的空白[62]。

1.3 快速响应卫星集群编队技术概述

参考国际上快速响应空间技术的发展现状,结合我国航天技术发展现状与特色,本书设计了以卫星集群编队技术为核心的快速响应空间系统,包括集群编队系统、评估应用系统、空间支持系统、运行管理系统等部分,通过系统设计和分析评估,以期提升快速响应空间系统在应对自然灾害或突发事件空间信息应急支援和保障的效率。

具体地讲,卫星集群编队系统具有多星组网、灵活编队特点。它通过运行管理系统,与现有空间支持系统和评估应用系统进行信息和数据交互,提升面向突发事件空间信息支援保障的准确性和时效性。通过单星应急观测、多星综合观测以及多星接力观测等应用能力,以及空间快速响应、空间网络互联等技术能力理论与应用分析、验证与评估,为我国空间设施体系探索、系统创新、技术验证和应用拓展等方面做出一定贡献。

(1) 体系探索:以发展中国特色的快速响应空间技术为契机,探索我国快速响应卫星体系建设和体系应用模式,为实现我国空间系统"网络化、综合化、智能化、弹性化"奠定基础。

(2) 系统创新:突破传统航天系统研制体系和研制流程,基于快速响应卫星统一的硬件体系架构、软件体系架构、通用产品体系、研制标准规范、研制试验流程,适配各类载荷,快速组装集成卫星集群,实现在轨编队飞行[63-69]、组网协同[70-71]、信息融合与分发,兼容联通现有信息获取网、传输分发网,以创新模式和较低成本,形成多星集群编队系统。

(3) 技术验证:验证"快速研制、快速发射、快速应用"等航天产品快速响应技术能力,探索验证多星"自主组网、及时获取、融合分发"等航天信息网络互联技术能力。

(4) 应用拓展:在传统航天应用基础上,分析和试验单星应急观测、多星综合观测以及多星接力观测等应用能力,促进快速响应卫星系统与其他卫星系统的信息共享、协同应用,拓展我国空间设施的应用模式。

1.3.1 快速响应卫星集群编队的总体设计思路

快速响应卫星集群编队系统,总体上将围绕突发事件信息支援和保障的多要素灵活、快速准确的观测需求,从快速响应卫星快速研制、快速响应空间产品研产模式转换等方面进行顶层设计。

1. 多要素灵活信息保障

自然灾害或突发事件发生具有地点不可预见、信息保障高频次、信息类型全方位等特点,因此集群编队系统应具有全方位多要素灵活转换的信息保障能力。具体包括以下3个方面:

(1) 低倾角轨道设计,增加目标观测次数。增强目标地区信息保障频度,同时设计适当的轨道高度,使得星下点轨迹重复,满足天回归特性,使得局部地区信息保障能力由太阳同步轨道的 0~2 次/天提高到低倾角轨道的 3~4 次/天。

(2) 集群编队构型转换灵活,适应不同阶段信息保障需求。编队构型根据空间任务实时灵活转换,适应不同任务要求,确保各项任务高效完成。通过编队集中聚合构型实现对重点目标的多信息识别与确认,通过编队串联构型实现对动态目标的长时间观测,通过编队均匀构型实现对热点地区、突发事件高频次的对地观测。编队系统"可聚可分",执行各种工作模式,保证空间网络资源的合理利用,以适应不同阶段信息保障的需求。

(3) 多载荷配置,获取突发事件多种要素信息。集群编队系统采用多星多载荷配置。通过多星组网,实现一次过顶同时对地形地貌、电磁波、热辐射等多类型目标的观测;通过多种载荷配置,完成对同一目标材质、几何、温度等多特性信息的采集;通过多星多载荷配置,全天时全天候获取多目标多种要素信息,增强对突发事件的信息获取能力。

2. 快速准确综合信息保障

在信息保障过程中,如何形成快速准确信息,并且快速分发至一线用户手中是集群编队系统需要重点考虑的问题。具体包括以下三个方面:

(1) 多手段协同工作,获取目标综合信息。集群编队系统通过任务规划和信息交互,获取目标综合信息。在接收到任务请求后,根据不同卫星载荷的特点,完成任务规划,向编队内成员星发送指令,不同载荷协同工作,实现对目标多种数据信息的开始同时获取。

(2) 融合多源异类信息,生成准确遥感信息。基于多载荷获取的综合信息,编队系统进行多源信息融合,实现对观测目标的状态初步识别和分析。针对不同目标的多源信息进行同类、异类分析处理,采用特征级、决策级等不同融合方法,实现重点可疑场景或目标的多源信息融合。

(3) 适时接入空间网络,实现观测信息快速分发。编队系统适时接入空间系统高轨网、中轨网和低轨网,与地面网融为一体,进而通过中继、北斗等空间网络,实现地面和编队之间实时指控和信息分发,以适应地面各类用户接收信息及实时保障需求。

3. 卫星快速研制能力

对于快速响应空间系统来说,根据事件应急程度不同,可分为下列三个等级的快速响应卫星研制和调用能力:

(1) 第一级为通过在轨执勤卫星的快速应用来满足快速响应的能力,响应

时间优于 1~7 天;

(2) 第二级为通过事先储存的模块化平台和载荷的快速组装或者事先储存的星箭一体化飞行器的快速入轨来满足快速响应的能力,响应时间优于 1~4 周;

(3) 第三级为通过事先储存的标准化货架产品进行新型平台和载荷的快速组装来满足快速响应的能力,响应时间优于 1~6 个月。

从不同的角度对于上述三级响应能力的特点有不同的理解。从任务响应时间上看,第一级最快(1~7 天),第二级次之(1~4 周),第三级最慢(1~6 个月);从适应任务灵活性看,第三级能够根据任务特点配置最合适的任务载荷,完成效果必然最好,而第一级由于在轨卫星的载荷已经确定,因此效果肯定不如第三级"量身定做"的好。

对于第一级能力,我国已经初步具备调用在轨卫星执行特殊任务的能力;而对于第二级能力,"快舟"等项目已验证了这类能力。但对于第三级能力,除了需要完善和改进第一级中的在轨卫星快速应用,以及第二级中运载火箭的快速入轨外,需要攻克的难题是如何在 1~6 个月内,完成满足应急任务需求的卫星组装集成与部署。

4. 快速响应空间产品研产转型

为了实现快速响应空间产品的研产转型,相关部门应制定技术发展与应用的顶层规划和发展战略,优化资源配置,明确发展方向和重点,通过建立市场化的研产用模式和产品采购模式,缩短研制周期,提高研产效率。具体包括以下三个方面:

(1) 统一标准规范,实现即插即用。建立适合快速响应卫星发展的管理机制、研制流程、质量控制、元器件选用标准,制定适用于快速响应卫星的产品体系和标准规范保障。快速响应卫星采用标准化、模块化、产品化设计,实现综合电子系统即插即用,满足空间任务快速响应的需求。

(2) 建立产品体系,降低批产成本。围绕快速响应卫星系统研产转型的迫切要求,开发研制一系列面向快速响应卫星的组部件产品,以工业级和商业级元器件/产品为依托,构建模块化组部件产品体系。充分发挥市场主体的积极性,采用商业化运作模式,降低快速响应卫星的批量生产成本。

(3) 建立技术体系,优化研制流程。建立规范化的快速响应卫星系统技术体系,各卫星研制单位根据技术体系要求进行卫星研制,优化研制流程,缩短研制周期,提高研制效率。

1.3.2 快速响应卫星集群编队的空间组网设计

快速响应卫星集群编队的空间组网设计包括集群编队卫星之间的内部组网设计和与现有空间系统的外部组网设计两部分。

(1) 在内部组网设计中,重点考虑网络自组织管理能力,包括网络节点自由接入与退出、网络主从节点的切换、网络安全性与可靠性等。

(2) 在外部组网设计中,重点考虑与现有网络互联能力,包括与高轨网、中轨网、低轨网以及地面网的信息交互与数据传输等。

空间系统网络互联是空间设施体系发展的主要趋势之一。通过星间网络,可将高、中、低"三网"融为一体(见图 1-10),与地面网互联互通,实现信息和资源共享。

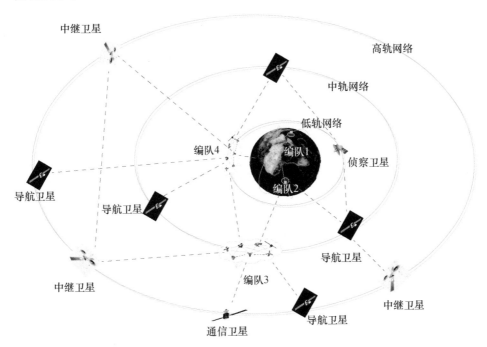

图 1-10 未来空间网络系统体系架构示意图

未来空间网络系统具有规模大、结构复杂、投入高等特点,直接建设难度大、风险高、周期长。通过快速响应空间系统,对网络互联体系架构、关键技术、链路建立等进行试验,可为后续建设积累经验并奠定基础。

网络系统能否稳定高效运行,拓扑结构是其设计的关键。典型的网络拓扑结构包括网状拓扑、星型拓扑、树状拓扑三种基本结构,如图 1-11 ~ 图 1-13 所示。

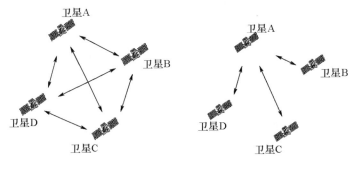

图 1-11　网状网络拓扑结构　　图 1-12　星型网络拓扑结构

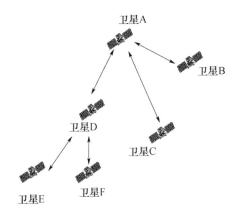

图 1-13　树状网络拓扑结构

(1)网状拓扑无中心节点,任意节点之间可以直接通信,具有高连通性、高可靠性、高可用性、可重构性等特点。适用于网络节点数量少、距离较近,而且需要灵活组网的情况。

(2)星型拓扑有中心节点,所有非中心节点只与中心节点通信,非中心节点间通信须由中心节点中转,具有网络管理简单、非中心节点功能简单等特点。适用于网络构型相对稳定的情况。

(3)树状拓扑有多级中心节点,每级中心节点可看作一个星型拓扑,所有节点通信需通过上级中心节点中转,具有网络管理层次鲜明、分工明确等特点。适用于网络规模大、功能多、距离较远的情况。

1.3.3 快速响应卫星集群编队的关键技术

1. 集群编队自组织网络技术

集群编队内部的自组织网络肩负着内部成员的加入与退出、相互之间的信息交互和数传传输等任务,是实现集群编队多星协同、构型变换、获取目标多种综合信息的前提条件。因此,如何在集群编队成员相对位置姿态变化情况下,实现网络系统的可实现性、安全性、可靠性,是集群编队需要攻克的关键技术。在自组织网络建设中,根据集群编队构型特点和功能需求,将内部网络分为控制网和业务网。

在控制网中,各成员星角色相同,相互交互的信息、数据均等,且数量很少,因此网络可采用网状或星型拓扑结构,通信速率通常可维持在 $1 \sim 1000 \text{kb/s}$,利于网络长期可靠运行。各成员星带有全向天线,可在任意时刻与其他成员进行通信。为了管理整个网络,各成员星可根据策略竞争网络管理员角色,该角色可根据需要自由指定。

在业务网中,考虑数据传送的有向性,以数据融合成员星为主星,其他成员星将需传输的数据汇聚至主星,主星集成对中继、通信卫星的接口和对地面用户终端的接口,可使编队内其他成员星数据借助这些链路实现数据的快速分发,满足应急应用需求。因此,网络采用单向星型拓扑结构,通信速率通常可维持在 $1 \sim 10000 \text{Mb/s}$,利于重要数据快速汇聚和分发。

2. 在轨信息处理与融合技术

在轨信息处理与融合技术是实现整个集群编队系统信息处理和信息产品生产的核心技术,是影响信息准确性和时效性的重要因素之一。该技术是快速获取待观测区域综合信息的核心。考虑到当前卫星在轨信息处理能力有限,该项技术在系统硬件设计、软件开发等方面均具有较大挑战,是卫星集群编队应用效能发挥的关键所在。

在高性能的硬件处理平台设计中,由于卫星载荷需处理不同类型数据,可通过多片不同型号的 DSP、FPGA、GPU、TPU,构建通用化、可扩展的硬件处理平台,支撑数据实时处理的要求;对于单星大范围图像的疑似目标快速观测问题,采用"目标性"理论,实现宽幅遥感图像实时快速特定目标检测,既保证后续特定目标识别的准确性,同时大大减少后续处理的计算复杂度,从而满足星载在线处理的实时性要求;对于重点目标多源信息融合问题,可以根据地质、人群、车辆、路口、城市、港口、岛屿等在各类载荷图像上的目标特性,提取目标几何、颜色、纹理、材质、温度、散射等多维度特征,通过决策级融合和特征级融合方法,实现冗余互补信息的综合,达到对待观测区域中特定目标的辨识、状态分析等目的。

3. 低成本快速研制技术

传统卫星采用定制型研制模式,技术准备复杂,研制周期长,成本居高不下,难以快速提供空间信息应对突发事件的需求。因此,有必要在卫星研制的硬件架构、软件架构、研制流程、标准化产品体系及研制规范等方面展开研究,以适应低成本快速研制的需要。

(1)为实现快速响应卫星快速组装,通过部组件产品模块化、接口标准化,制定即插即用标准规范,实现标准化产品即插即用。

(2)采用构件化的星载软件体系,减小软件间的耦合性。基于软件总线的构件化技术通过已有软件构件的快速集成,实现软件系统快速生成。通过软件产品标准化,实现软件最大化复用,减少重复开发。

(3)通过模块化开放体系架构设计,统一综合电子系统,规划各模块的功能、接口、信息流向等,实现基于数据总线的标准模块即插即用。

另外,快速响应卫星要实现快速研制及发射,应以产业化、开放性为目标建立标准规范,促进低成本、货架式产品的建立。同时具有标准化、模块化特征的通用货架产品,可由不同厂家生产和供应,相互替换,支持卫星集成单位的批量生产。通过批量化生产标准化产品和构件化软件的重复使用,降低研发成本和人力成本。

进一步,快速响应卫星产品设计开发时按低成本、低实验周期(6~12个月寿命设计),取消同构备份,采取重构备份;研究低轨短期使用卫星辐射环境,尽可能采用集成电路降低成本,采用工业级、商用级(Commercial off the Shelf, COTS)和普军级的元器件,降低软硬件成本。同时,批量化、标准化产品能够支持即插即用、自检测,缩短测试时间,以节省人力成本。

4. 系统方案快速生成技术

自然灾害或紧急事件突发时,必须快速确定空间信息保障的系统实施方案。因此,可以在通用货架产品的基础上,采用数字化方法进行快速响应系统的总体方案设计、分析和评估,便于选配硬件产品进行卫星的快速组装和测试,形成满足要求的快速响应卫星系统。

通过形成方案、评估方案、验证方案三大环节快速确定系统实施方案。通过有针对性的系统预案研究,进行适应性调整,快速形成系统方案;借助数字化设计平台,开展卫星虚拟装配、系统性能分析等,快速评估系统方案;借助虚拟试验环境,基于卫星部组件和空间环境等试验模型,开展虚拟试验,快速评估和验证系统方案可行性。同时,通过工程实践和各种条件保障建设,使卫星研制单位具备数字化设计、虚拟化试验的能力,为实现系统方案快速设计奠定基础。

5. 集群编队任务自主规划技术

集群编队卫星在主星引导下,根据获取的待观测区域信息,引导各成员星对待观测区域进行观测。主星获取的待观测区域数量众多,规划好开始实施观测的时机以及各成员星实施观测的顺序,在保证首先对高优先级观测区域实施观测的同时,实现尽可能多的观测次数,减少大范围姿态机动和等待的时间,是任务规划的重要目标。

对主星已确认的局域待观测区域的观测任务规划问题,可转换为对目标路径的寻优规划问题,但考虑到对多目标、多成像卫星的任务分配[72],路径随飞行方向的单向性特征、目标优先级加权特性、卫星飞行及姿态机动时间约束等因素的影响和制约[73],需要选择合理的动态路径规划寻优算法,并在此基础上按照当前应用场景和输入条件进行适当改进。本书将结合星载计算机资源和计算能力,开展此类任务规划算法在快速响应空间系统中的应用研究。

1.4 快速响应卫星集群编队技术的发展趋势

1.4.1 快速响应卫星发展趋势

综合分析国际上快速响应空间技术以及小卫星领域的发展历程,并结合我国基本国情,预计未来我国发展的快速响应卫星将具有如下趋势:

(1)通过载荷和平台标准化、模块化实现任务快速设计。为了满足更加复杂的任务需要,应积极发展载荷和平台标准化、模块化设计技术,通过多种有效载荷和平台的模块化、标准化设计,增强卫星快速集成能力和与任务相匹配的能力。

(2)通过标准化、模块化即插即用技术实现卫星快速研制。为了快速灵活地适应多种任务,快速响应卫星应具备快速组装、快速测试并快速投入使用的能力,特别是发展即插即用标准化电子设备、有效载荷和运载器与卫星的标准接口,实现快速响应空间卫星平台与不同有效载荷的即插即用,适应各种运载火箭快速发射需求。

（3）通过自主任务规划技术提高卫星在轨自主运行能力。为了确保卫星对任务响应时间越来越短的需求，提高自主任务管理和规划的能力，要求其不断降低对地面系统的依赖程度，并且当集群编队系统内个别卫星发生故障或失效时，系统能够及时调整，在轨重构，继续执行预定任务[74]。

（4）通过平台快速机动提高卫星应用效能。为了增加地面可达覆盖范围，缩短对待观测区域的重访周期，快速有效获取信息，快速响应卫星应具有快速姿态和轨道机动能力。进一步讲，通过提高平台机动能力增加卫星工作模式，提高卫星的应用效能。

（5）采用新技术新理念降低研制成本。快速响应卫星针对短期突发事件的信息获取而提出，设计寿命一般不超过1年，其成本必须严格控制。因此，需采用新技术和新理念，通过降低器件等级、删减备份冗余、精简试验内容等方法，达到降低卫星研制成本，缩短研制周期的目的。

1.4.2 卫星和集群网络互联发展趋势

网络互联是快速响应卫星和集群编队总体要求，是信息综合集成的核心，能大幅提高空间信息保障时效性。通过网络互联，实现多星在轨任务协同、在轨信息共享与多源信息融合，有效地弥补单星在轨运行的能力不足，构建一个功能完善、性能稳定的空间服务系统，胜任复杂的空间任务，有效提高获取信息的准确性和时效性。空间网络呈分布式、多节点形态，每颗卫星都可自主运行和维护，在部分节点失效时，系统可快速自组织重构或增补，不影响主体能力，有效增强卫星系统的生存能力。

1.4.3 研产模式升级转型发展趋势

现有卫星研产周期长，流程复杂，成本高。为切实提高快速响应卫星研产能力，须不断统一标准规范、丰富单机产品、创新集成应用等，实现研产模式的升级转型。

（1）统一标准规范。现有的卫星研制标准规范一般建立在传统的研制模式及研制流程上，研制周期长，流程复杂。为适应卫星快速设计、批量生产、规模应用的需求，在卫星研发以及产品配套上引入标准化的发展思路，建立统一的卫星模块化体系构架、集成试验规范和产品机电热接口，加快实现卫星研制生产"省""好""快"目标。

（2）丰富单机产品。在航天产业中引入市场化运作的竞争机制，推进单机、部件的产品化发展,降低单机成本;同时,通过提高批量化生产能力和技术转化能力,合理降低产品的供货门槛以及单机的元器件等级,建立丰富、稳定的模块化货架产品体系。

(3)创新集成应用。在丰富标准化单机产品的基础上,不断推动航天产品研制模式由"定制研制"向"组装集成"转型,提高卫星的研制效率和批量化生产能力;不断降低卫星总体集成的技术门槛,促使卫星研制部门专注于卫星集成创新和应用创新。

第 2 章
快速响应卫星的标准化模块化研制流程设计

对于快速响应卫星集群编队任务，不仅要考虑编队构型、网络构建及优化，还要关注卫星本身的研制流程，需要打破原有的传统设计思路，在研制过程中以"产品模块化、接口标准化、应用智能化"为总体思路，以更"省"、更"好"、更"快"为发展方向，以模块化、标准化、系列化和产品化为技术路线，统一架构，统一通用产品，统一标准规范和研制流程，从而大幅度减少从设计到发射所需要的时间，提升响应速度[75]。对于集群编队快速响应卫星，"省""好""快"的描述如下：

（1）"省"。在研制过程中虽然追求任务速度快和智能程度高，但并不是以增加研制成本为前提，恰恰相反，而是以节省研制成本为前提，达到用得起的目的。

（2）"好"。通过卫星在轨自主任务管理与规划、自主故障检测与处理等技术，减少对地面的依赖程度，提高卫星的智能化水平。

（3）"快"。卫星可以根据任务需要进行快速任务设计与分析、快速集成测试与试验、快速入轨与应用，快速灵活地完成指定的空间任务。

"省""好""快"并不是相互孤立、毫无关联的，而是相辅相成、相互促进的。缩短卫星研制周期本身就是降低研制成本的重要途径；通过硬件产品化、标准化降低研制成本，也是实现快速响应的有效手段；采用多任务模式提高单颗卫星的应用效能，同时也体现了任务成本的降低；自主图像处理等在轨快速应用手段，既实现了快速响应，也体现了应用效能的提高；软件构建化技术可以实现软件快速集成，通过软件复用降低开发成本，利用在轨功能重构提高应用效能。

因此，根据快速响应卫星的设计与发展要求，要在短时间内完成卫星的研制工作，采用传统的理念和方法显然是不可取且不合适的。通过调研其他工业部门理念和方法，在考虑行业特殊性的前提下，梳理快速响应卫星的研制难点，包括标准规范和研制流程、卫星模块化体系架构设计、卫星动力学模块化建模以及快速任务设计流程等。

2.1 快速响应卫星标准规范与研制流程设计

基于快速响应卫星集群编队的标准化设计理念，采用统一的标准规范和研制流程进行设计和研制，涉及的标准规范主要包括管理、工程、技术、应用四大类标准。确定快速响应统一的标准规范后，按该规范研制的卫星经在轨验证，可直接纳入快速响应卫星集群编队中，以补充和扩大卫星集群编队的规模，提升卫星集群编队的能力。

2.1.1 标准规范

快速响应卫星集群编队的标准规范主要包括管理类、工程类、技术类和应用类，具体内容如下：

（1）管理类标准规范主要涉及快速响应卫星项目策划指南、快速响应卫星产品保证规范、共用产品体系运用规范、快速响应卫星研制流程标准、快速响应卫星批量化装备标准、快速响应卫星靶场流程标准、快速响应卫星出厂评审及放行准则、快速响应卫星文件体系规范等。

（2）工程类标准规范主要包括快速响应卫星任务分析与设计规范、快速响应卫星星箭接口规范、快速响应卫星与发射场接口规范、快速响应卫星测控接口规范、快速响应卫星星箭联合操作规范等。

（3）技术类标准规范主要包括快速响应卫星建造规范、快速响应卫星即插即用规范、快速响应卫星减振设计规范、快速响应卫星整星级环境试验规范、快速响应卫星单机单元试验规范、快速响应卫星长寿命存储技术规范、快速响应卫星电子产品（EEE）保证要求、快速响应卫星软件研制规范、快速响应卫星自测试规范、快速响应卫星快速总装规范、快速响应卫星热控设计指南、快速响应卫星综合信息管理技术规范、快速响应卫星星上能源技术规范、快速响应卫星姿轨控技术规范、快速响应卫星数传技术规范、快速响应卫星热控技术规范、快速响应卫星结构机构技术规范、快速响应卫星有效载荷技术规范、快速响应卫星星务与分系统(功能模块)数据约定、快速响应卫星整星遥控遥测约定、快速响应卫星电子产品自测试设计规范、快速响应卫星电子产品单机/单元设计规范等。

(4)应用类标准规范主要包括快速响应卫星应用接口规范和快速响应卫星分发数据协议等。

2.1.2 快速响应卫星的研制流程

依据标准规范内容,可以将卫星研制流程分为"设计与开发验证+系统集成"两个阶段。其中,相应的研制单位负责通用产品的质量保障,卫星总体单位负责由通用单元到单机的集成、卫星组装和测试试验等环节,典型流程如图2-1所示。

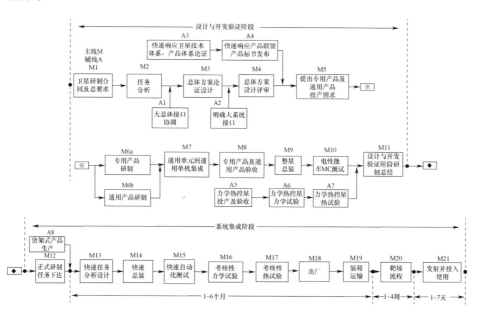

图2-1 卫星研制典型流程

2.2 快速响应卫星模块化体系架构设计

基于标准规范和研制流程,快速响应卫星各功能模块和专用产品及组件均采用模块化体系架构设计,如图2-2所示,以提高各单机设备的生产效率,缩短单机的研制周期和总装周期,提升卫星的快速响应能力。该体系架构以电源母线、即插即用总线为核心,通过即插即用总线,以功能模块及单机为节点,直接挂在总线网络上。模块化开放式体系架构具有终端节点信息化、产品标准化、支持即插即用、支持自主测试、支持健康管理等特点。

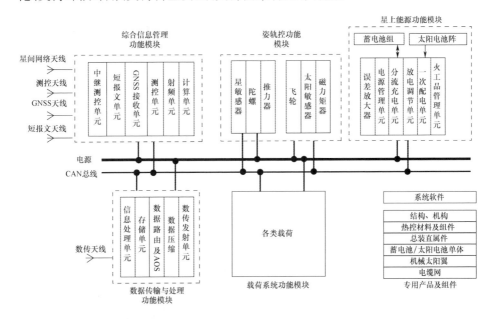

图 2-2 快速响应卫星硬件体系架构

2.2.1 快速响应卫星平台设计

根据快速响应卫星的硬件体系架构设计,除各类载荷外的各单机产品部件组成了卫星平台,并根据所实现的功能归类为卫星的 7 个分系统:可重构综合电子系统、姿态与轨道控制系统、电源与总体电路系统、结构与机构系统、热控系统、构件化软件系统和数传系统。在快速响应卫星平台设计过程中,基于柔性化的设计理念,采用标准化、模块化方法,可以将 7 个分系统再次整合,分为公用模块、可重构模块、构件化软件和专用系统 4 部分,如图 2-3 所示。

1. 公用模块

根据快速响应卫星载荷和飞行任务需求配置适当的公用模块,该类模块包括各类敏感器、执行机构、蓄电池、天线等。公用模块主要集中在姿态与轨道控制系统、电源与总体电路系统和数传系统中。公用模块可分为以下三种类型。

(1)板卡:标准化板卡具有标准化接口,多块板卡通过可重构模块或者直接与系统适配,实现能力的扩展。

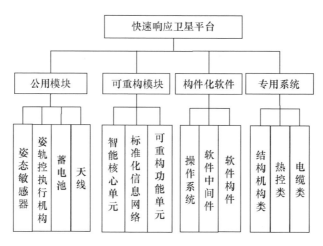

图2-3 快速响应卫星产品体系架构

（2）单机：分为标准化单机和非标准化单机。其中：标准化单机满足快速响应卫星接口标准，可直接连入系统；非标准化单机接口不能直接满足快速响应卫星接口标准，需通过可重构模块与系统适配。

（3）其他部组件：除上述分类外的其他产品化模块，例如蓄电池，通过标准化的蓄电池单体的串并联配置与系统适配，满足不同的容量需求。

2. 可重构模块

可重构模块是在所有快速响应卫星中可以通用的模块。它由智能核心单元、标准化信息网络和可重构功能单元组成，通过接口和功能重构，快速匹配公用模块，进而迅速构成整个卫星的数据信息网络[76]。

（1）智能核心单元是卫星最核心的部分，实现传统中心计算机、控制计算机和测控应答机的星务管理、姿轨控计算、星地测控和星间测控等功能，对星内通过标准化信息网络扩展星内网络，对星外通过无线通道扩展星地和星间的测控网络。

（2）标准化信息网络采用控制器局域网络（CAN）总线的形式，通过标准化接口协议实现部件的即插即用。

（3）可重构功能单元可以在硬件结构保持不变的情况下，通过软件配置实现接口重构和功能重构，进而快速集成各种标准和非标准单机模块，是实现快速响应卫星综合电子系统即插即用的核心所在。可重构功能单元完成星敏感器、平台陀螺、磁强计和太阳敏感器的接口重构，完成电源下位机和载荷下位机的低速功能重构和数据路由的高速功能重构。数据路由具有标准化的高速接口,可灵活选配各类标准高速模块组成数据压缩、存储、处理与传输系统。可重构功能单元还包括无线测试接口,可实现综合电子系统的并行测试和全流程的非侵入式测试,提高测试效率,增强测试的安全性。

3. 构件化软件

构件化软件由基于软件总线的软件构件组合而成,可缩短软件的开发周期,实现软件的重复使用,降低软件开发成本。系统软件在卫星平台中的作用日益凸显,故在快速响应卫星平台中将其与综合电子系统分开,单独设置构件化软件系统。在快速响应卫星研制中,以具有标准接口的软件总线为基础,按需要从预先编写的软件构件库中选择不同功能的构件,实现系统软件的快速生成。软件构件进行分类管理组成构件库,库中包括姿态敏感类构件、姿态计算类构件、模式控制类构件、管理类构件、接口类构件及应用类构件,各构件可分别根据任务要求进行快速重构使用。

(1)姿态敏感类构件:接收敏感器测量数据,完成数据有效性判断,将敏感器测量数据转换为工程值。

(2)姿态计算类构件:提供姿态计算的基本功能,根据各姿态敏感器状态及工程数据计算卫星姿态与轨道信息;根据飞行任务、姿态模式、卫星状态与轨道信息实现卫星姿态与轨道控制。

(3)模式控制类构件:管理各种姿态模式,实现模式之间的切换管理。

(4)管理类构件:管理软件构件,链接任务所需构件,进行卫星时间管理,自主完成给定的飞行程序。

(5)接口类构件:使用系统总线与各系统或单机通信,接收各节点发出的工程数据,接收执行数据注入指令,存储延时数据注入指令,并在指令指定时间执行,组织并下传卫星遥测参数。

(6)应用类构件:进行飞行任务管理,执行注入的飞行程序;对各系统工程数据进行分析,获取卫星健康状态,并对故障部件进行自主处理;监视与分析整星一次母线电压、电流和蓄电池容量变化情况,保证整星飞行安全。

4. 专用系统

专用系统是在不同快速响应卫星中需要专门设计的部分,主要包括结构与机构系统、热控系统以及电源与总体电路系统中的整星电缆网等。

(1)结构与机构系统:设计原则包括支持并行总装集成测试的组装式结构、支持快速裁剪的多功能结构。建立标准件库,包括标准预埋件、灵巧机构与驱动、标准支架等总装直属件等。仪器设备安装板采用铝蜂窝结构,可根据任务需求进行快速裁剪,同时根据任务规划灵活选配,满足发射及在轨刚度与强度要求。

(2)热控系统:基于虚拟试验进行热控方案快速优化设计。根据单机配置情况,采用分布式热控的思想,各分区设置独立的散热面,减少分区间的热耦合,强化分区内部等温设计。建立标准件库,包括标准加热片、标准二次表面镜、标准高导热率材料。采用分布式热控可以提高整星热设计的灵活性,实现散热面智能调温,以适应不同类型和高度轨道的飞行任务需求。

(3)整星电缆网:研制周期较短,可根据不同卫星的电连接器定义及布局设计电缆,组成整星电缆网。

2.2.2 基于即插即用标准总线的硬件测试方法

采用基于即插即用标准总线的硬件测试方法,设计即插即用地面测试系统,对标准化产品体系架构下的各类产品配置进行测试,确认产品状态正确后集成到集群编队各卫星。该测试系统包括4个功能模块:检测模块、控制模块、供电输出模块和数据传输模块[77]。

(1)检测模块负责检测设备连接状态,其工作原理如图 2 - 4 所示。检测信号有 2 个检测点:检测信号 1 和检测信号 2。当星上设备与测试模块未连接或者电连接器连接未到位时,检测信号 1 与检测信号 2 断开,连接状态信号为 0V;当星上设备与测试模块连接正常时,检测信号 1 和检测信号 2 连接,此时连接状态信号为 +5V。控制模块通过采集连接状态信号,来确定星上设备是否与测试模块连接正常。

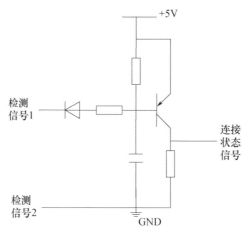

图 2 - 4　检测模块工作原理

(2)控制模块负责整个接口电路的管理与逻辑控制等。当检测到的连接状态信号为 0V 时,表示星上设备未连接或者未连接好检测模块,供电使能信号为低电平,禁止供电输出模块输出电压;当连接状态信号为 5V 时,表示星上设备与测试模块连接正常,供电使能信号为高电平,供电输出模块输出电压,等待数秒后,控制模块对数据传输模块进行读写,控制数据传输模块输出或者接收数据。流程图如图 2-5 所示。

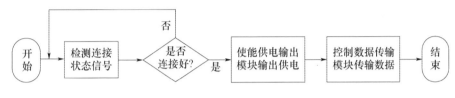

图 2-5 控制模块流程图

(3)供电输出模块负责为设备供电。采用稳压源或者太阳模拟阵列作为供电输出设备。

(4)数据传输模块负责与被测设备进行通信和数据传输,常见的数据通信模块,如 CAN 总线控制器和驱动器以及 RS422/RS485 控制器等。

即插即用测试设备的电连接器为一个标准化的测试接口,包含 3 个信号:检测信号、供电信号和数据传输信号。其中检测信号的连接针比供电信号和数据传输信号短,接口示意图如图 2-6 所示。

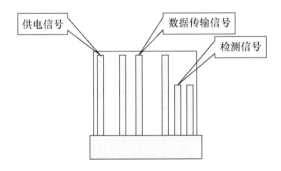

图 2-6 即插即用测试接口示意图

测试设备接入星上被测设备的工作步骤如下:

步骤一:星上设备与测试设备连接,检测信号连接到位后(此时供电信号和数据传输信号都已经连接好),产生连接状态信息传递给控制模块。

步骤二:控制模块为输出模块供电,测试设备输出供电信号至星上被测设备。

步骤三:等待测试设备供电输出稳定后,控制模块控制数据传输模块建立与被测设备的通信链路,并进行数据传输,实现即插即用。

测试设备断开与星上被测设备连接的工作步骤如下:

步骤一:断开检测信号,检测模块产生连接状态分离信号,传递给控制模块,此时供电信号和数据通信信号还未分离。

步骤二:控制模块控制数据传输模块关闭与测试模块的通信链路。

步骤三:控制模块禁止供电输出模块输出供电信号,测试设备停止为星上被测设备供电。

步骤四:供电信号和数据通信信号断开,星上设备与电连接器分离,实现星上设备与测试设备的物理分离。

2.2.3　快速响应能源系统标准化体系架构设计

星上能源功能模块为卫星其他功能模块、分系统及有效载荷正常运行提供安全可靠的电力保障。不同型号卫星的能源设备配置不同,对能源系统的需求也各不相同,卫星研制时能源系统往往是最后才能确定的。因此,能源系统往往约束了卫星研制的周期,设计具有快速集成能力的卫星能源系统成为研制快速响应卫星的前提。

卫星能源系统也称为卫星电源系统,主要包括蓄电池组、太阳电池阵和功率控制与分配单元(Power Control and Distribution Unit,PCDU)。目前,我国卫星能源系统的研制过程大致为:卫星总体单位提出技术需求,由承研单位根据技术需求进行方案论证、方案设计以及产品研制,然而不同承研单位设计的产品具有不同的特点,且往往不能兼容。依据快速响应卫星平台各模块的设计原则,卫星平台的各单机设备承研单位依据快速响应卫星的标准规范建立产品库,省去传统的单机设备由论证到研制的过程。卫星总体可以采用标准化的体系架构,在承研单位的现有产品手册中选择标准蓄电池单体、标准太阳电池单体以及功率控制与分配标准模块,快速集成组装成能够满足多种技术需求的卫星能源系统,满足卫星快速响应需求。

具有快速响应能力的能源系统由蓄电池组、太阳电池阵以及功率控制与分配单元组成[78],如图2-7所示。

1. 蓄电池组

蓄电池组由蓄电池单体串并联而成,如图2-8所示。蓄电池组根据卫星

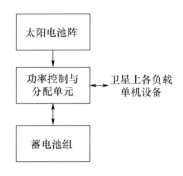

图 2-7 快速响应能源系统体系架构

母线电压、整星功耗、寿命、任务模式以及蓄电池单体的规格,设计蓄电池单体的串并联数量,组合成蓄电池组。

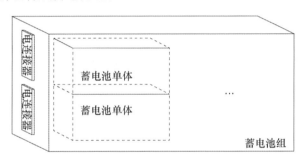

图 2-8 蓄电池组体系架构

2. 太阳电池阵

太阳电池阵由太阳电池单体串并联而成,如图 2-9 所示。根据卫星轨道、整星功耗、寿命、任务模式以及太阳电池单体的规格,计算太阳电池单体的串并联数,组合成太阳电池阵。

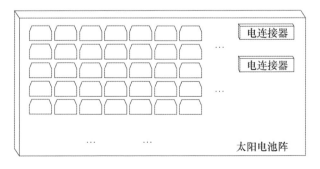

图 2-9 太阳电池阵体系架构

3. 功率控制与分配单元

功率控制与分配单元由不同功能的相同尺寸、相同内部接口的标准模块通过背板组装集成。根据母线是否调节,功率控制与分配单元分为两种类型的标准产品。

1)调节母线

如图2-10所示,基于调节母线的功率控制与分配单元所含标准模块包括主误差放大器模块、串联型顺序开关分流充电调节模块、蓄电池组放电调节模块、配电模块、温控模块、下位机模块、火工品/热刀控制模块,各模块通过标准尺寸的背板集成,其具体功能描述如下。

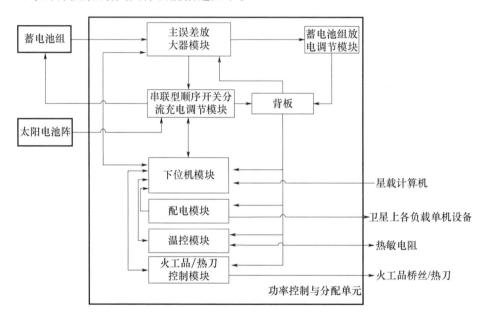

图2-10 基于调节母线的快速响应能源系统体系架构

(1)主误差放大器模块。包括母线电压误差积分放大电路、电池电压误差积分放大电路、一次母线滤波电路。

(2)串联型顺序开关分流充电调节模块。包括分流充电功率拓扑电路、分流充电开关控制电路、分流调节限流驱动电路、充电驱动电路和充电电流采样电路。

(3)蓄电池组放电调节模块。包括输入滤波电路、故障隔离保护开关电路、功率变换电路。

(4)配电模块。包括一次母线限流保护电路、一次母线供电输出电路。

(5)温控模块。包括加热带控制电路、温度采集电路。

(6)下位机模块。包括下位机用电源变换和切换控制电路、下位机控制电路、遥测遥控电路、总线接口电路、蓄电池充电参数设置输出电路。下位机模块中内嵌有内总线主控模块和外总线接口电路。通过外总线接口电路与上位机(星载计算机)通信,实现对卫星各个用电负载提供功率。

(7)火工品/热刀控制模块。包括火工品起爆控制/热刀控制电路。

(8)内总线。以上除下位机模块外的各标准模块中均内嵌有一个内总线从控制模块接入下位机模块。各功能模块作为电源控制与分配系统的基本功能模块,通过在内总线上增加模块数量实现电源控制与分配系统的功能扩展和即插即用。

2)不调节母线

如图 2-11 所示,基于不调节母线的功率控制与分配单元所含标准模块包括电源控制单元(Power Control Unit,PCU)模块、下位机模块、配电模块、温控模块、火工品/热刀控制模块,各模块通过对应尺寸的背板集成。

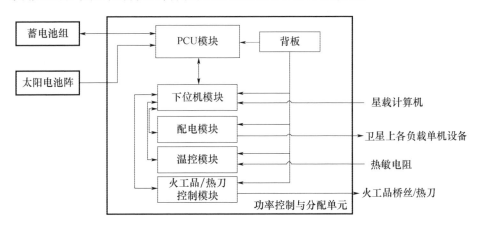

图 2-11 基于不调节母线的快速响应能源系统体系架构

(1)PCU 模块。内部连接内总线和一次母线,外部连接太阳能电池阵和蓄电池;受内总线和直接遥控指令控制,直接遥控指令一般为蓄电池放电开关通断指令和硬件过放保护使能禁止指令。

(2)下位机模块。内部连接内总线和一次母线,外部接口包括整星 CAN 总线接口和直接遥测遥控接口,直接遥控用于 PCDU 的加电和断电,直接遥测为 PCDU 的加断电状态;下位机模块中内嵌有内总线主控模块和外总线接口电路。通过外总线接口电路与上位机(星载计算机)通信,实现为卫星各个用电负载提供功率的目标。

(3) 配电模块。包括一次母线限流保护电路、一次母线供电输出电路。

(4) 温控模块。包括加热带控制电路、温度采集电路。

(5) 火工品/热刀控制模块。包括火工品起爆控制/热刀控制电路。

(6) 内总线。以上除下位机模块外的其他各标准模块中均内嵌有一个内总线,从控制模块接入下位机模块。各标准模块作为电源控制与分配系统的基本模块,通过在内总线上增加模块数量实现电源控制与分配系统的即插即用。

2.3 快速响应卫星动力学模块化建模方法

快速响应卫星平台的公用模块、可重构模块以及构件化软件基于模块化体系架构设计,结构与机构系统、热控系统以及电源与总体电路系统中的整星电缆网等需要专门设计。为了快速进行卫星平台姿态轨道控制用敏感器、执行机构等公用模块和可重构模块的配置和构件化软件算法设计,以及卫星结构与机构专用系统设计,基于前期研究成果[79-87],建立带有柔性附件卫星的动力学模块化模型,并在此基础上设计带有柔性簇状附件的卫星动力学模块化建模方法,获得相应的动力学模型,达到卫星快速设计的目的。其中,柔性簇状是卫星上一种常见的附件形式,卫星太阳能帆板、天线等一次展开锁定的附件可以描述为该类附件[88]。

2.3.1 刚体卫星模块化建模

卫星的中心刚体以及一些不包含展开机构及相关柔性附件的卫星都可以称为无附件刚体卫星。针对这一类无展开太阳能帆板、无大型附件的刚体卫星进行模块化建模,这种方法亦对带有柔性附件卫星的中心刚体建模适用。带有附件的卫星中心刚体又称为中心根体,增加刚性转动附件,将模型变为带有刚性转动附件的卫星,卫星本体坐标系 $Ox_by_bz_b$ 和柔性附件坐标系 $Px_ay_az_a$ 的对应关系如图2-12所示。

考虑根体 B 上安装有转动的刚性附件 A,安装铰接点为 P,得到根体 B 相对质心 O 的运动规律为

$$\begin{bmatrix} \boldsymbol{F}_{\text{ext}} \\ \boldsymbol{T}_{\text{ext},O} \end{bmatrix} = (\boldsymbol{D}_O^A + \boldsymbol{D}_O^B) \begin{bmatrix} \boldsymbol{a}_O \\ \dot{\boldsymbol{\omega}} \end{bmatrix} \qquad (2-1)$$

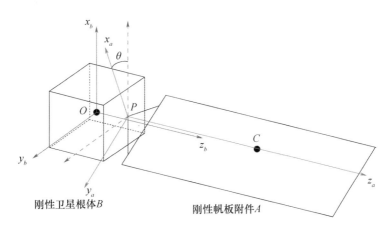

图 2-12 带有刚性转动附件的卫星构型及相关定义

式中：F_{ext} 为作用于卫星根体的外力；$T_{ext,O}$ 为作用于根体质心的外力矩；D_O^B 为主刚体动力学模块；a_O 为 O 点加速度；ω 为整星转动角速度。定义

$$D_O^A = \tau_{PO}^T \begin{bmatrix} R & 0 \\ 0 & R \end{bmatrix} D_P^A \begin{bmatrix} R & 0 \\ 0 & R \end{bmatrix}^T \tau_{PO}$$

式中：τ_{PO} 为铰接点 P 相对于 O 的运动学模块；D_P^A 为刚性附件动力学模块；R 为附件 A 向根体 B 的转换矩阵。若附件如图 2-12 中所示做绕 z_a 轴旋转，且旋转角为 θ，则有

$$R = \begin{bmatrix} \cos\theta & \sin\theta & 0 \\ -\sin\theta & \cos\theta & 0 \\ 0 & 0 & 1 \end{bmatrix} \quad (2-2)$$

模块化建模的计算过程如图 2-13 所示。

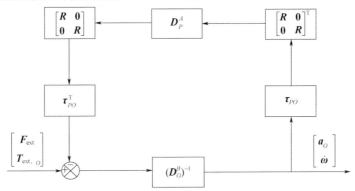

图 2-13 带有刚性附件卫星动力学模块化建模

2.3.2 带有柔性附件卫星动力学模块化建模

带有柔性附件和刚性附件的区别主要在于,柔性附件的弹性振动会在铰接点处对卫星刚性根体产生相应的作用力及力矩,而卫星根体所具有的平动加速度和转动加速度会对柔性附件的振动产生主动力驱动。因而,在柔性附件与刚性根体间存在刚柔耦合。柔性卫星的结构示意图如图 2-14 所示。

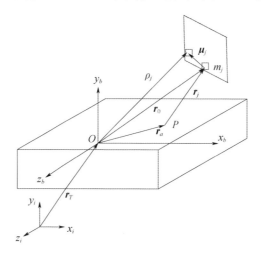

图 2-14 带有柔性附件卫星的结构示意图

1. 卫星平动动力学方程

整星动量为

$$\boldsymbol{P} = m_b \frac{\mathrm{d}\boldsymbol{r}_T}{\mathrm{d}t} + \sum_{j=1}^{N} m_j \frac{\mathrm{d}\boldsymbol{r}_T}{\mathrm{d}t} + \sum_{j=1}^{N} m_j (\boldsymbol{\omega} \times (\boldsymbol{r}_a + \boldsymbol{r}_j)) +$$

$$\sum_{j=1}^{N} m_j (\dot{\boldsymbol{r}}_j + \dot{\boldsymbol{\mu}}_j)_a + \sum_{j=1}^{N} m_j \boldsymbol{\omega}_a \times (\boldsymbol{r}_j + \boldsymbol{\mu}_j) \qquad (2-3)$$

式中:$\boldsymbol{r}_T$ 为惯性系 $o_i x_i y_i z_i$ 至卫星本体质心的位置向量;m_b 为卫星根体部分质量;$\boldsymbol{r}_a$ 为主体质心至附件铰接点 P 的位置向量;$\boldsymbol{\mu}_j$ 为附件质量元 m_j 的弹性位移(附件坐标系下),$j=1,2,\cdots,N$;$\boldsymbol{r}_j$ 为附件质量元 m_j 至铰接点的位置向量(附件坐标系下);$\boldsymbol{\omega}_a$ 为附件相对于主体的转动角速度向量。

基于 $\boldsymbol{\omega}$、$\boldsymbol{\mu}_j$、$\boldsymbol{\omega}_a$ 均为小量的假设,有

$$\boldsymbol{F}_{\mathrm{ext}} = \left(m_b + \sum_{j=1}^{N} m_j\right) \frac{\mathrm{d}\boldsymbol{r}_T}{\mathrm{d}t} + \sum_{j=1}^{N} m_j \ddot{\boldsymbol{\mu}}_j + \sum_{j=1}^{N} m_j (\dot{\boldsymbol{\omega}} \times (\boldsymbol{r}_a + \boldsymbol{r}_j)) + \sum_{j=1}^{N} m_j \dot{\boldsymbol{\omega}}_a \times \boldsymbol{r}_j$$

$$(2-4)$$

2. 卫星转动动力学方程

基于带挠性附件的系统动力学方程[89]，卫星转动动力学可以表示为

$$\begin{cases} I_s\dot{\boldsymbol{\omega}} + J_a A^T \boldsymbol{\omega}_a + \sum_A m_j(\tilde{\boldsymbol{r}}_a A^T + A^T \tilde{\boldsymbol{r}}_j)\ddot{\boldsymbol{\mu}}_j = \boldsymbol{T}_{ext,O} - \boldsymbol{T}_a - \boldsymbol{T}_{a_O} \\ I'_a \dot{\boldsymbol{\omega}}_a + A J_a^T \dot{\boldsymbol{\omega}} + \sum_A m_j \tilde{\boldsymbol{r}}_j \ddot{\boldsymbol{\mu}}_j = A\boldsymbol{T}_a \\ m_j \ddot{\boldsymbol{\mu}}_j + m_j \tilde{\boldsymbol{r}}_j^T \dot{\boldsymbol{\omega}}_a + m_j(A\tilde{\boldsymbol{r}}_a^T + \tilde{\boldsymbol{r}}_j^T A)\dot{\boldsymbol{\omega}} = \boldsymbol{F}_j \\ I_s = I_a + I_b \end{cases} \quad (2-5)$$

式中：主体与挠性附件在主体坐标系下的惯量矩阵 $I_s = I_a + I_b$；A 为中心刚体主体坐标系向附件坐标系的转移矩阵；I_a 为附件在主体坐标系下的惯量矩阵；I'_a 为附件在附件坐标系下的惯量矩阵；I_b 为体坐标系下的惯量矩阵；$\boldsymbol{T}_{ext,O}$ 为外力矩；$\boldsymbol{T}_a$ 为铰链力矩；$\boldsymbol{T}_{a_O}$ 为卫星根体平动加速度产生的力矩；$\boldsymbol{F}_j$ 为附件质量元 m_j 上的弹性应力及阻尼力；$J_a = m_a \tilde{\boldsymbol{r}}_a A^T \tilde{\boldsymbol{r}}_0 A + A^T I'_a A$，上标"~"表示该矢量所对应的叉乘矩阵。

3. 挠性附件位移简化及模态分析

采用集中质量法描述附件中的质量元 m_j 的弹性位移。定义 $\boldsymbol{U}$ 为挠性附件弹性振动的全位移，则附件弹性振动的方程可以扩展到附件的振动全位移上，忽略阻尼力的描述，则 $\boldsymbol{F}_j$ 表现为弹性力，此时有

$$M\ddot{\boldsymbol{U}} + K\boldsymbol{U} + P\dot{\boldsymbol{\omega}}_a + Q\dot{\boldsymbol{\omega}} = 0 \quad (2-6)$$

$$\boldsymbol{P} = \begin{bmatrix} \vdots \\ m_j \boldsymbol{r}_j^T \\ \vdots \end{bmatrix}, \boldsymbol{Q} = \begin{bmatrix} \vdots \\ m_j(A\tilde{\boldsymbol{r}}_a^T + \tilde{\boldsymbol{r}}_j^T A) \\ \vdots \end{bmatrix}$$

式中：M 为质量矩阵，为对角阵；K 为刚度矩阵，为对角阵；$P\dot{\boldsymbol{\omega}}_a$ 为挠性附件转动对集中质量的惯性力；$Q\dot{\boldsymbol{\omega}}$ 为根体转动对集中质量产生的惯性力。进而，主体与挠性附件的转动动力学方程可以表示为

$$\begin{cases} I_s \dot{\boldsymbol{\omega}} + J_a A^T \boldsymbol{\omega}_a + \boldsymbol{Q}^T \ddot{\boldsymbol{U}} = \boldsymbol{T}_{ext,O} - \boldsymbol{T}_a - \boldsymbol{T}_{a_O} \\ I'_a \dot{\boldsymbol{\omega}}_a + A J_a^T \dot{\boldsymbol{\omega}} + \boldsymbol{P}^T \ddot{\boldsymbol{U}} = A\boldsymbol{T}_a \end{cases} \quad (2-7)$$

针对集中参数模型，略去挠性附件的激励项，则附件的自由振动方程可以写为

$$M\ddot{\boldsymbol{U}} + K\boldsymbol{U} = 0 \quad (2-8)$$

求解相应的特征方程得到的 N 个解即为 N 个自然频率，代入固有方程，可以得

到相应的振幅 φ_i,称为模态。将 φ_i 的分量记做 φ_{ij},表示在第 i 阶固有频率下的第 j 个质量元的振动幅值。由 φ_{ij} 组成的矩阵记为 $\boldsymbol{\Phi}$。令模态坐标矢量为 $\boldsymbol{\eta}$(N 维),挠性结构的全位移可以表示为

$$U = \boldsymbol{\Phi}\boldsymbol{\eta} \qquad (2-9)$$

根据振型的归一化和正交的性质,振型矩阵满足

$$\begin{cases} \boldsymbol{\Phi}^{\mathrm{T}}\boldsymbol{M}\boldsymbol{\Phi} = \boldsymbol{E} \\ \boldsymbol{\Phi}^{\mathrm{T}}\boldsymbol{K}\boldsymbol{\Phi} = \boldsymbol{\Lambda}^2 \end{cases} \qquad (2-10)$$

$$\boldsymbol{\Lambda}^2 = \mathrm{diag}(\lambda_i^2)$$

式中:λ_i 为特征根,$i=1,2,\cdots,N$;$\boldsymbol{E}$ 为相应维数的单位矩阵。

4. 混合坐标法描述的动力学方程

针对带有柔性附件卫星的动力学模块化建模,需要研究柔性附件对根体卫星的影响并将二者分别进行分析,故采用欧拉参数坐标和挠性模态坐标混合表示的动力学方程。

根据以上相关推导可以得到在混合坐标下描述的卫星的转动动力学方程,即

$$\begin{cases} \boldsymbol{I}_s\dot{\boldsymbol{\omega}} + \boldsymbol{J}_a\boldsymbol{A}^{\mathrm{T}}\dot{\boldsymbol{\omega}}_a + \boldsymbol{A}^{\mathrm{T}}\boldsymbol{C}\ddot{\boldsymbol{\eta}} = \boldsymbol{T}_{\mathrm{ext},O} - \boldsymbol{T}_a - \boldsymbol{T}_{aO} \\ \boldsymbol{I}'_a\dot{\boldsymbol{\omega}}_a + \boldsymbol{A}\boldsymbol{J}_a^{\mathrm{T}}\dot{\boldsymbol{\omega}} + \boldsymbol{B}\ddot{\boldsymbol{\eta}} = \boldsymbol{A}\boldsymbol{T}_a \\ \ddot{\boldsymbol{\eta}} + \boldsymbol{\Lambda}^2\boldsymbol{\eta} + \boldsymbol{B}^{\mathrm{T}}\dot{\boldsymbol{\omega}}_a + \boldsymbol{C}^{\mathrm{T}}\boldsymbol{A}\dot{\boldsymbol{\omega}} = \boldsymbol{0} \end{cases} \qquad (2-11)$$

式中:$\boldsymbol{C}$ 为主体转动产生的刚柔耦合矩阵;$\boldsymbol{B}$ 为挠性附件转动产生的刚柔耦合矩阵。将 $\boldsymbol{\Phi}$ 的第 j 行记做 $\boldsymbol{\varphi}(j)$,则转动耦合矩阵具体形式为

$$\boldsymbol{Q}^{\mathrm{T}}\ddot{\boldsymbol{U}} = \boldsymbol{Q}^{\mathrm{T}}\boldsymbol{\Phi}\ddot{\boldsymbol{\eta}} = \boldsymbol{A}^{\mathrm{T}}\boldsymbol{C}\ddot{\boldsymbol{\eta}}, \boldsymbol{P}^{\mathrm{T}}\ddot{\boldsymbol{U}} = \boldsymbol{P}^{\mathrm{T}}\boldsymbol{\Phi}\ddot{\boldsymbol{\eta}} = \boldsymbol{B}\ddot{\boldsymbol{\eta}} \qquad (2-12)$$

$$\boldsymbol{C} = \sum_A m_j[\boldsymbol{A}\tilde{\boldsymbol{r}}_a\boldsymbol{A}^{\mathrm{T}} + \tilde{\boldsymbol{r}}_j]\boldsymbol{\varphi}(j), \boldsymbol{B} = \sum_A m_j\tilde{\boldsymbol{r}}_j\boldsymbol{\varphi}(j) \qquad (2-13)$$

假设柔性附件无转动,则 $\boldsymbol{\omega}_a,\boldsymbol{T}_a$ 均为 $\boldsymbol{0}$,上述各式可进行简化,$\boldsymbol{T}_{aO}$ 可表示为

$$\boldsymbol{T}_{aO} = \sum_A (\boldsymbol{r}_a + \boldsymbol{r}_j) \times m_j\boldsymbol{E}\boldsymbol{a}_O = m_A\boldsymbol{E}(\tilde{\boldsymbol{r}}_a + \boldsymbol{A}^{\mathrm{T}}\tilde{\boldsymbol{r}}_o\boldsymbol{A})\boldsymbol{a}_O \qquad (2-14)$$

式中:$\boldsymbol{a}_O$ 为卫星根体质心线性加速度向量。

将模态坐标代入式(2-4)中得到姿态平动动力学方程在模态坐标下的表述为

$$m_{\mathrm{all}}\frac{\mathrm{d}\boldsymbol{r}_T}{\mathrm{d}t} + \sum_{j=1}^N m_j\boldsymbol{A}^{\mathrm{T}}\boldsymbol{\varphi}(j)\ddot{\boldsymbol{\eta}} + \sum_{j=1}^N m_j\dot{\boldsymbol{\omega}} \times (\boldsymbol{r}_a + \boldsymbol{A}^{\mathrm{T}}\boldsymbol{r}_j) = \boldsymbol{F}_{\mathrm{ext}} \qquad (2-15)$$

5. 带有柔性附件卫星的模块化建模

综上所述,带有柔性附件卫星的动力学方程为

$$\begin{bmatrix} \boldsymbol{F}_{\text{ext}} \\ \boldsymbol{T}_{\text{ext},O} \end{bmatrix} = \begin{bmatrix} m_b \boldsymbol{E} & \boldsymbol{0} \\ \boldsymbol{0} & \boldsymbol{I}_b \end{bmatrix} \begin{bmatrix} \boldsymbol{a}_O \\ \dot{\boldsymbol{\omega}} \end{bmatrix} +$$

$$\begin{bmatrix} m_A \boldsymbol{E} & -m_A \boldsymbol{E}(\tilde{\boldsymbol{r}}_a + \boldsymbol{A}^{\text{T}} \tilde{\boldsymbol{r}}_0 \boldsymbol{A}) \\ m_A \boldsymbol{E}(\tilde{\boldsymbol{r}}_a + \boldsymbol{A}^{\text{T}} \tilde{\boldsymbol{r}}_0 \boldsymbol{A}) & \boldsymbol{I}_a \end{bmatrix} \begin{bmatrix} \boldsymbol{a}_O \\ \dot{\boldsymbol{\omega}} \end{bmatrix} +$$

$$\begin{bmatrix} \sum_{j=1}^{n} m_j \boldsymbol{A}^{\text{T}} \boldsymbol{\varphi}(j) \\ \sum_{j=1}^{n} m_j (\tilde{\boldsymbol{r}}_a \boldsymbol{A}^{\text{T}} + \boldsymbol{A}^{\text{T}} \tilde{\boldsymbol{r}}_j) \boldsymbol{\varphi}(j) \end{bmatrix} \ddot{\boldsymbol{\eta}} \qquad (2-16)$$

$$\boldsymbol{I}_a = \boldsymbol{J}_C^A + m_A \boldsymbol{E}(\tilde{\boldsymbol{r}}_a + \boldsymbol{A}^{\text{T}} \tilde{\boldsymbol{r}}_0 \boldsymbol{A})(\tilde{\boldsymbol{r}}_a + \boldsymbol{A}^{\text{T}} \tilde{\boldsymbol{r}}_0 \boldsymbol{A})^{\text{T}}$$

式(2-16)中,等号右侧第一项为卫星刚性根体的动力学方程表达形式,第二项、第三项分别为卫星挠性附件的动力学方程和刚柔耦合动力学表达形式。

将附件对根体质心产生的力与力矩表示为

$$\begin{bmatrix} \boldsymbol{F}_{B/A} \\ \boldsymbol{T}_{B/A,O} \end{bmatrix} = \boldsymbol{\tau}_{PO}^{\text{T}} \boldsymbol{\tau}_{CP}^{\text{T}} \begin{bmatrix} m_A \boldsymbol{E} & \boldsymbol{0} \\ \boldsymbol{0} & \boldsymbol{J}_C^A \end{bmatrix} \boldsymbol{\tau}_{CP} \boldsymbol{\tau}_{PO} \begin{bmatrix} \boldsymbol{a}_O \\ \dot{\boldsymbol{\omega}} \end{bmatrix} + \begin{bmatrix} \sum_{j=1}^{n} m_j \boldsymbol{A}^{\text{T}} \boldsymbol{\varphi}(j) \\ \sum_{j=1}^{n} m_j (\tilde{\boldsymbol{r}}_a \boldsymbol{A}^{\text{T}} + \boldsymbol{A}^{\text{T}} \tilde{\boldsymbol{r}}_j) \boldsymbol{\varphi}(j) \end{bmatrix} \ddot{\boldsymbol{\eta}}_{n \times 1}$$

$$(2-17)$$

将等号两侧同时左乘 $\boldsymbol{\tau}_{OP}^{\text{T}}$,可得

$$\begin{bmatrix} \boldsymbol{F}_{\text{ext}} \\ \boldsymbol{T}_{\text{ext},P} \end{bmatrix} = \boldsymbol{D}_P^A \begin{bmatrix} \boldsymbol{a}_P \\ \dot{\boldsymbol{\omega}} \end{bmatrix} + \boldsymbol{L}_P^{\text{T}} \ddot{\boldsymbol{\eta}} \qquad (2-18)$$

$$\boldsymbol{\tau}_{CP} = \begin{bmatrix} \boldsymbol{E} & \widetilde{\boldsymbol{CP}} \\ \boldsymbol{0} & \boldsymbol{E} \end{bmatrix} = \begin{bmatrix} \boldsymbol{E} & \boldsymbol{A}^{\text{T}} \tilde{\boldsymbol{r}}_0 \boldsymbol{A} \\ \boldsymbol{0} & \boldsymbol{E} \end{bmatrix}, \boldsymbol{\tau}_{PO} = \begin{bmatrix} \boldsymbol{E} & \widetilde{\boldsymbol{PO}} \\ \boldsymbol{0} & \boldsymbol{E} \end{bmatrix} = \begin{bmatrix} \boldsymbol{E} & \tilde{\boldsymbol{r}}_a \\ \boldsymbol{0} & \boldsymbol{E} \end{bmatrix}, \boldsymbol{\tau}_{PO}^{-1} = \boldsymbol{\tau}_{OP}$$

$$\boldsymbol{D}_P^A = \boldsymbol{\tau}_{CP}^{\text{T}} \begin{bmatrix} m_A \boldsymbol{E} & \boldsymbol{0} \\ \boldsymbol{0} & \boldsymbol{J}_C^A \end{bmatrix} \boldsymbol{\tau}_{CP}, \boldsymbol{L}_P^{\text{T}} = \boldsymbol{\tau}_{OP}^{\text{T}} \boldsymbol{L}_O^{\text{T}} = \boldsymbol{\tau}_{OP}^{\text{T}} \begin{bmatrix} \sum_{j=1}^{n} m_j \boldsymbol{A}^{\text{T}} \boldsymbol{\varphi}(j) \\ \sum_{j=1}^{n} m_j (\tilde{\boldsymbol{r}}_a \boldsymbol{A}^{\text{T}} + \boldsymbol{A}^{\text{T}} \tilde{\boldsymbol{r}}_j) \boldsymbol{\varphi}(j) \end{bmatrix}$$

联合柔性附件的振动方程,即

$$\ddot{\boldsymbol{\eta}} + \text{diag}(2\xi_i \omega_i) \dot{\boldsymbol{\eta}} + \boldsymbol{\Lambda}^2 \boldsymbol{\eta} = -\boldsymbol{L}_P \begin{bmatrix} \boldsymbol{a}_P \\ \dot{\boldsymbol{\omega}} \end{bmatrix} \qquad (2-19)$$

可得

$$\begin{cases} \begin{bmatrix} \dot{\boldsymbol{\eta}} \\ \ddot{\boldsymbol{\eta}} \end{bmatrix} = \begin{bmatrix} \boldsymbol{0} & \boldsymbol{E} \\ -\boldsymbol{K} & -\boldsymbol{D} \end{bmatrix} \begin{bmatrix} \boldsymbol{\eta} \\ \dot{\boldsymbol{\eta}} \end{bmatrix} + \begin{bmatrix} \boldsymbol{0} \\ -\boldsymbol{L}_P \end{bmatrix} \begin{bmatrix} \boldsymbol{a}_P \\ \dot{\boldsymbol{\omega}} \end{bmatrix} \\ \begin{bmatrix} \boldsymbol{F}_{B/A} \\ \boldsymbol{T}_{B/A,P} \end{bmatrix} = \begin{bmatrix} -\boldsymbol{L}_P^T \boldsymbol{K} & -\boldsymbol{L}_P^T \boldsymbol{D} \end{bmatrix} \begin{bmatrix} \boldsymbol{\eta} \\ \dot{\boldsymbol{\eta}} \end{bmatrix} + (\boldsymbol{D}_P^A - \boldsymbol{L}_P^T \boldsymbol{L}_P) \begin{bmatrix} \boldsymbol{a}_P \\ \dot{\boldsymbol{\omega}} \end{bmatrix} \end{cases} \quad (2-20)$$

式中：$\boldsymbol{D} = \mathrm{diag}(2\xi_i \omega_i)$ 为挠性附件结构阻尼矩阵；$\boldsymbol{K} = \mathrm{diag}(\omega_i^2)$ 为挠性附件结构刚度矩阵；i 表示模态阶数。进而可得

$$\begin{bmatrix} \boldsymbol{F}_{B/A} \\ \boldsymbol{T}_{B/A,P} \end{bmatrix} = \boldsymbol{M}_P^A \begin{bmatrix} \boldsymbol{a}_P \\ \dot{\boldsymbol{\omega}} \end{bmatrix} \quad (2-21)$$

其中，柔性附件动力学模块的表达式为

$$\boldsymbol{M}_P^A = \boldsymbol{D}_{P_0}^A + \begin{bmatrix} -\boldsymbol{L}_P^T \boldsymbol{K} & -\boldsymbol{L}_P^T \boldsymbol{D} \end{bmatrix} \begin{bmatrix} s\boldsymbol{E} & -\boldsymbol{E} \\ \boldsymbol{K} & (s\boldsymbol{E}+\boldsymbol{D}) \end{bmatrix}^{-1} \begin{bmatrix} \boldsymbol{0} \\ -\boldsymbol{L}_P \end{bmatrix} \quad (2-22)$$

$$\boldsymbol{M}_P^A = \boldsymbol{D}_{P_0}^A + \sum_{i=1}^n \boldsymbol{D}_{P_i}^A \frac{2\xi_i \omega_i s + \omega_i^2}{s^2 + 2\xi_i \omega_i s + \omega_i^2} \quad (2-23)$$

$$\boldsymbol{D}_{P_0}^A = \boldsymbol{D}_P^A - \boldsymbol{L}_P^T \boldsymbol{L}_P = \boldsymbol{D}_P^A - \sum_{i=1}^n \boldsymbol{l}_P^{iT} \boldsymbol{l}_P^i, \boldsymbol{D}_{P_i}^A = \boldsymbol{l}_P^{iT} \boldsymbol{l}_P^i \quad (2-24)$$

进而，根据本节带有刚性附件卫星模块化建模的思想，将刚性附件模块 $\boldsymbol{D}_P^A$ 用柔性附件模块 $\boldsymbol{M}_P^A$ 代替，得到带有柔性附件卫星的动力学模块化模型。该模型中柔性附件模块 $\boldsymbol{M}_P^A$ 是输入为加速度，输出为力的标准化模块，可以实现替换，其安装位置模块 $\boldsymbol{\tau}_{OP}$ 可以实现柔性附件安装位置的变更。所构建的带柔性附件的卫星模块化动力学模型建立过程如图 2-15 所示。

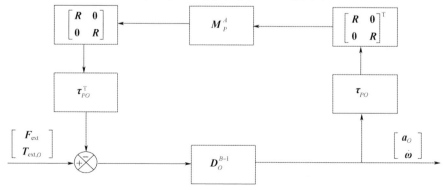

图 2-15 带有柔性附件卫星的模块化建模

2.3.3 带有柔性簇附件卫星动力学模块化建模

将带有柔性附件的卫星分为带有柔性簇附件的卫星和带有柔性链附件的卫星两类,如图 2-16 所示。

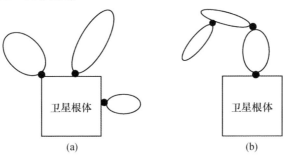

图 2-16 柔性卫星分类示意图
(a)带有柔性簇附件的卫星;(b)带有柔性链附件的卫星。

不同种类的附件,其建模方法及模块化过程是有一定的区别的。其中,柔性簇附件的卫星的模块化建模与带有单一柔性附件的卫星模块化建模是比较相近的。因此,首先对柔性簇附件的卫星模块化建模方法进行研究。根据第 2.3.2 节所描述的针对带有单一柔性附件的卫星的一般化建模方法,可以得到带有柔性簇附件的卫星的动力学模块化建模方法。

将图 2-14、图 2-15 所述的带有柔性簇附件的卫星模型中柔性簇模块进行并联,即可得到图 2-16 所示的柔性簇卫星结构的动力学模型,即更换柔性附件动力学模块 M_P^A 及柔性附件安装矩阵模块 τ_{OP} 为对应的模块 $M_{P_n}^A$ 及 τ_{P_nO},并将相应模块并联可得到模块化建模计算过程示意图如图 2-17 所示,图中实现了柔性簇卫星的模块化划分及组装,其中省略号代表多个柔性附件。这体现了带有柔性簇附件卫星模块化建模方法中各模块的标准化、可替换性、可扩展性。与传统建模方法相比,该方法更高效且易于操作。

2.3.4 带有柔性链附件卫星动力学模块化建模

这里定义的柔性链的概念与多柔体系统动力学中的概念略有区别,此处柔性链概念为单一顺次串联的开放式链式结构,而不包含多柔体系统动力学中所描述的带有回路及多分支的柔性链结构。带有柔性链附件卫星如图 2-18 所示,柔性链附件的特点是顺次连接、没有闭环并具有开放性。这种链式结构也称为串联柔性附件(Interconnected Flexible Appendage,IFA)。

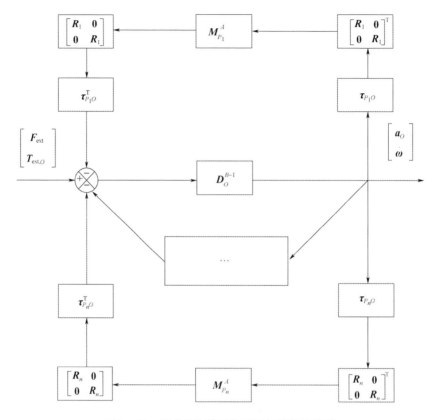

图 2-17　带有柔性簇附件卫星的模块化建模

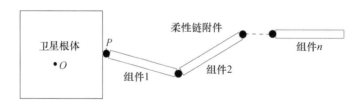

图 2-18　柔性链卫星结构示意图

带有柔性链卫星的动力学模块化建模,其基本思想主要体现在对柔性链组成部件的任意添加而形成新的动力学模型,而模态综合法对于这种组件可以随时更替及变化的建模是适用的,考虑到各组件的解耦问题,采用 Craig – Bampton 固定界面子结构法(以下简称 C – B 方法)进行模块化建模方法的研究。

对于顺次连接的开环柔性链卫星,其柔性链模型的建立主要分为两部分。

(1)对于位于根体和附件子结构间或位于两附件子结构间的子结构进行建

模,称为中间体模块建模;

(2) 对于末端柔性附件子结构,即只有一端通过柔性链连接至根体的子结构进行建模,称为末端体模块建模。

1. 柔性链中间体模块建模

中间体两侧接触界面相互耦合作用,中间体及相关物理量定义如图 2 – 19 所示。

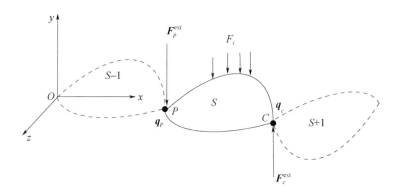

图 2 – 19 中间体及相关物理量定义

图中 S 为所研究的当前中间体,$S-1$、$S+1$ 分别为与其相连的前一个和后一个附件,P 为中间体与前一附件的连接界面,q_p 为该界面的广义坐标矩阵,F_p^{ext} 为作用在该界面的广义力,C 为中间体与后一附件的连接界面,q_c 为该界面的广义坐标矩阵,F_c^{ext} 为作用于该界面的广义力,F_i 为作用在中间体 S 内部节点上的广义力。C – B 方程中对应的矩阵分别为

$$q_j = \begin{bmatrix} q_p \\ q_c \end{bmatrix}, \quad \overline{M}_{jj} = \begin{bmatrix} \overline{M}_{pp} & \overline{M}_{pc} \\ \overline{M}_{pc} & \overline{M}_{cc} \end{bmatrix}, \quad \overline{K}_{jj} = \begin{bmatrix} \overline{K}_{pp} & \overline{K}_{pc} \\ \overline{K}_{pc} & \overline{K}_{cc} \end{bmatrix}, \quad F_j = \begin{bmatrix} F_p \\ F_c \end{bmatrix}$$

(2 – 25)

针对中间体的特点,需要建立其与附近的子结构之间的相互作用关系,将 $\ddot{q}_p$ 及 $F_{s+1/s}$(后一子结构体对该中间体的广义力作用)作为中间体 S 的输入,而 $\ddot{q}_c$ 及 $F_{s/s-1}$(该中间体对前一子结构体的广义力作用)作为中间体 S 的输出。由此形成了以中间体 S 为媒介的加速度与力的相互交换的模型,形成一种双输入双输出的模块,如图 2 – 20 所示。

前后两个界面上的加速度及力在此中间体进行交换,故首先推导加速度在中间体传递的模型,即求得连接界面 C 处的 $\ddot{q}_c$ 的状态空间表达式。

图 2-20　中间体系统模型

根据中间体界面动力学方程有

$$\overline{M}_{jj}\ddot{q}_j + \overline{M}_{jk}\ddot{\eta}_k + \overline{K}_{jj}q_j = F_j + \varphi_{ij}^T F_i \qquad (2-26)$$

根据界面坐标的 P 与 C 区别,假设作用于中间体内部节点上广义力 $F_i = 0$。将式(2-26)改写后,得

$$\begin{bmatrix} \overline{M}_{pp} & \overline{M}_{pc} \\ \overline{M}_{pc}^T & \overline{M}_{cc} \end{bmatrix} \begin{bmatrix} \ddot{q}_p \\ \ddot{q}_c \end{bmatrix} + \begin{bmatrix} K_{pp} & K_{pc} \\ K_{pc}^T & K_{cc} \end{bmatrix} \begin{bmatrix} q_p \\ q_c \end{bmatrix} = \begin{bmatrix} F_p - \overline{M}_{pk}\ddot{\eta}_k \\ F_c - \overline{M}_{ck}\ddot{\eta}_k \end{bmatrix} \qquad (2-27)$$

在式(2-27)中,将模态坐标 $\ddot{\eta}_k$ 对界面的作用视为荷载,将 $\overline{M}_{pk}$、$\overline{M}_{ck}$ 定义为模态耦合矩阵。为了推导 $\ddot{q}_c$,同时为了解耦刚度矩阵 $\overline{K}_{jj}$,首先对 q_c 进行变换,可得

$$\begin{bmatrix} q_p \\ q_c \end{bmatrix} = \begin{bmatrix} E & 0 \\ \Phi_r & \varphi_l \end{bmatrix} \begin{bmatrix} q_p \\ \zeta_l \end{bmatrix} = \Gamma \begin{bmatrix} q_p \\ \zeta_l \end{bmatrix} \qquad (2-28)$$

针对 Φ_r,有

$$\begin{bmatrix} K_{pp} & K_{pc} \\ K_{pc}^T & K_{cc} \end{bmatrix} \begin{bmatrix} E \\ \Phi_r \end{bmatrix} = \begin{bmatrix} R_p \\ 0 \end{bmatrix} \qquad (2-29)$$

可知 $\Phi_r = -\overline{K}_{cc}^{-1}\overline{K}_{cp}$ 为界面约束模态矩阵,对于界面 C 主模态矩阵的 φ_l,可以由 $\overline{K}_{cc}\varphi_l = \omega_l^2 \overline{M}_{cc}\varphi_l$ 得到,进而构成变换矩阵 Γ,可得

$$\begin{bmatrix} \overline{m}_{rr} & \overline{m}_{rl} \\ \overline{m}_{rl}^T & \overline{m}_{ll} \end{bmatrix} \begin{bmatrix} \ddot{q}_p \\ \ddot{\zeta}_l \end{bmatrix} + \begin{bmatrix} 0 & 0 \\ 0 & \overline{k}_{ll} \end{bmatrix} \begin{bmatrix} q_p \\ \zeta_l \end{bmatrix} = \begin{bmatrix} F_p - \overline{M}_{pk}\ddot{\eta}_k + \Phi_r^T F_c - \Phi_r^T \overline{M}_{ck}\ddot{\eta}_k \\ \varphi_l^T F_c - \varphi_L^T \overline{M}_{ck}\ddot{\eta}_k \end{bmatrix}$$

$$(2-30)$$

式(2-30)变换可以解决刚度矩阵的耦合问题,$\overline{m}_{rl}$ 为界面 C 的模态耦合质量矩阵,$\overline{m}_{ll}$ 为界面 C 的模态质量矩阵,$\overline{k}_{ll} = \text{diag}(\omega_l^2)$ 为界面 C 的刚度阵。以上矩阵均与中间体内部模态坐标 η_k 无关,只与连接界面的相关位移有关。

柔性链附件中顺次连接,附件 S 中的 C 界面即为 $S+1$ 附件的 P 界面,故对于一个中间体界面力会被重复计算,又因为另一输入 $F_{s/s-1}$ 的描述需要 F_c,故

$F_p = 0$。根据以上推导及假设,形成以下状态空间方程来描述 $\ddot{q}_c$,即

$$\begin{cases} \begin{bmatrix} \dot{\zeta}_l \\ \ddot{\zeta}_l \end{bmatrix} = \begin{bmatrix} \mathbf{0} & \mathbf{E} \\ -\overline{m}_{ll}^{-1} \overline{k}_{ll} & \mathbf{0} \end{bmatrix} \begin{bmatrix} \zeta_l \\ \dot{\zeta}_l \end{bmatrix} + \begin{bmatrix} \mathbf{0} & \mathbf{0} & \mathbf{0} \\ -\overline{m}_{ll}^{-1} \overline{m}_{rl}^{\mathrm{T}} & \overline{m}_{ll}^{-1} \varphi_l^{\mathrm{T}} & -\overline{m}_{ll}^{-1} \varphi_l^{\mathrm{T}} \overline{M}_{ck} \end{bmatrix} \begin{bmatrix} \ddot{q}_p \\ F_c \\ \ddot{\eta}_k \end{bmatrix} \\ \\ \ddot{q}_c = \begin{bmatrix} -\varphi_l \overline{m}_{ll}^{-1} \overline{k}_{ll} & \mathbf{0} \end{bmatrix} \begin{bmatrix} \zeta_l \\ \dot{\zeta}_l \end{bmatrix} + \begin{bmatrix} \boldsymbol{\Phi}_r - \varphi_l \overline{m}_{ll}^{-1} \overline{m}_{rl}^{\mathrm{T}} & \varphi_l \overline{m}_{ll}^{-1} \varphi_l^{\mathrm{T}} & -\varphi_l \overline{m}_{ll}^{-1} \varphi_l^{\mathrm{T}} \overline{M}_{ck} \end{bmatrix} \begin{bmatrix} \ddot{q}_p \\ F_c \\ \ddot{\eta}_k \end{bmatrix} \end{cases}$$

$$(2-31)$$

同理,可求得中间体 S 的另一输出 $F_{s/s-1}$。

下面进行力在中间体传递的模型的推导,进而得到 $F_{s/s-1}$ 的状态空间表达式,即

$$\overline{M}_{jj}^s \ddot{q}_j^s + \overline{K}_{jj}^s q_j^s + \overline{M}_{jk}^s \ddot{\eta}_k^s = F_j^s \quad (2-32)$$

式中:矩阵及向量上标表示其所在的子结构体编号。根据对中间体 S 的界面广义力的划分有

$$F_j^s = \begin{bmatrix} F_p^s \\ F_c^s \end{bmatrix} = \begin{bmatrix} \begin{bmatrix} \mathbf{0} & -\mathbf{E} \end{bmatrix} \begin{bmatrix} \overline{M}_{jj}^{s-1} \ddot{q}_j^{s-1} + \overline{K}_{jj}^{s-1} q_j^{s-1} + \overline{M}_{jk}^{s-1} \ddot{\eta}_k^{s-1} \end{bmatrix} \\ F_c^{\mathrm{ext}} + \begin{bmatrix} -\mathbf{E} & \mathbf{0} \end{bmatrix} \begin{bmatrix} \overline{M}_{jj}^{s+1} \ddot{q}_j^{s+1} + \overline{K}_{jj}^{s+1} q_j^{s+1} + \overline{M}_{jk}^{s+1} \ddot{\eta}_k^{s+1} \end{bmatrix} \end{bmatrix}$$

$$(2-33)$$

进而得到中间体 S 模型的输入 $F_{s+1/s}$ 为

$$F_{s+1/s} = \begin{bmatrix} -\mathbf{E} & \mathbf{0} \end{bmatrix} \begin{bmatrix} \overline{M}_{jj}^{s+1} \ddot{q}_j^{s+1} + \overline{K}_{jj}^{s+1} q_j^{s+1} + \overline{M}_{jk}^{s+1} \ddot{\eta}_k^{s+1} \end{bmatrix} \quad (2-34)$$

作用于界面 C 的载荷可以描述为

$$F_c = F_{s+1/s} + F_c^{\mathrm{ext}} \quad (2-35)$$

而中间体 S 的另一输出 $F_{s/s-1}$ 可以表示为

$$F_{s/s-1} = \begin{bmatrix} -\mathbf{E} & \mathbf{0} \end{bmatrix} \begin{bmatrix} \overline{M}_{jj}^s \ddot{q}_j^s + \overline{K}_{jj}^s q_j^s + \overline{M}_{jk}^s \ddot{\eta}_k^s \end{bmatrix} \quad (2-36)$$

对 $F_{s/s-1}$ 进行变换,进而可得

$$F_{s/s-1} = \begin{bmatrix} -\mathbf{E} & \mathbf{0} \end{bmatrix} (\boldsymbol{\Gamma}^{\mathrm{T}})^{-1} \left\{ \boldsymbol{\Gamma}^{\mathrm{T}} \overline{M}_{jj}^s \boldsymbol{\Gamma} \begin{bmatrix} \ddot{q}_p \\ \ddot{\zeta}_l \end{bmatrix} + \boldsymbol{\Gamma}^{\mathrm{T}} \overline{K}_{jj}^s \boldsymbol{\Gamma} \begin{bmatrix} q_p \\ \zeta_l \end{bmatrix} + \boldsymbol{\Gamma}^{\mathrm{T}} \overline{M}_{jk}^s \ddot{\eta}_k \right\}$$

$$(2-37)$$

将 $\boldsymbol{\Gamma}$ 代入式(2-37),化简后得

$$F_{s/s-1} = -\left[(T\overline{m}_{ll}^{-1} + \boldsymbol{\Phi}_r^{\mathrm{T}}(\boldsymbol{\varphi}_l^{\mathrm{T}})^{-1})\overline{k}_{ll} \mid 0\right]\begin{bmatrix}\boldsymbol{\zeta}_l \\ \dot{\boldsymbol{\zeta}}_l\end{bmatrix} +$$

$$\left[T\overline{m}_{ll}^{\mathrm{T}}\overline{m}_{rl}^{\mathrm{T}} - G \mid -T\overline{m}_{ll}^{-1}\boldsymbol{\varphi}_l^{\mathrm{T}} \mid T\overline{m}_{ll}^{-1}\boldsymbol{\varphi}_l^{\mathrm{T}}\overline{M}_{ck} - \overline{M}_{pk}\right]\begin{bmatrix}\ddot{\boldsymbol{q}}_p \\ \boldsymbol{F}_c \\ \ddot{\boldsymbol{\eta}}_k\end{bmatrix}$$

$$(2-38)$$

$$T = \overline{m}_{rl} - \boldsymbol{\phi}_r^{\mathrm{T}}(\boldsymbol{\varphi}_l^{\mathrm{T}})^{-1}\overline{m}_{ll}; G = \overline{m}_{rr} - \boldsymbol{\phi}_r^{\mathrm{T}}(\boldsymbol{\varphi}_l^{\mathrm{T}})^{-1}\overline{m}_{rl}^{\mathrm{T}}$$

进而可以得到关于中间体 S 界面的两个输出 $F_{s/s-1}$、$\ddot{q}_c$ 的动力学方程状态空间表达式,即

$$\begin{cases}\begin{bmatrix}\dot{\boldsymbol{\zeta}}_l \\ \ddot{\boldsymbol{\zeta}}_l\end{bmatrix} = \begin{bmatrix}\mathbf{0} & \mathbf{E} \\ -\overline{m}_{ll}^{-1}\overline{k}_{ll} & \mathbf{0}\end{bmatrix}\begin{bmatrix}\boldsymbol{\zeta}_l \\ \dot{\boldsymbol{\zeta}}_l\end{bmatrix} + \begin{bmatrix}\mathbf{0} & \mathbf{0} & \mathbf{0} \\ -\overline{m}_{ll}^{-1}\overline{m}_{rl}^{\mathrm{T}} & \overline{m}_{ll}^{-1}\boldsymbol{\varphi}_l^{\mathrm{T}} & -\overline{m}_{ll}^{-1}\boldsymbol{\varphi}_l^{\mathrm{T}}\overline{M}_{ck}\end{bmatrix}\begin{bmatrix}\ddot{\boldsymbol{q}}_p \\ \boldsymbol{F}_c \\ \ddot{\boldsymbol{\eta}}_k\end{bmatrix} \\ \begin{bmatrix}\ddot{\boldsymbol{q}}_c \\ \boldsymbol{F}_{s/s-1}\end{bmatrix} = \begin{bmatrix}-\boldsymbol{\varphi}_l\overline{m}_{ll}^{-1}\overline{k}_{ll} & \mathbf{0} \\ (T\overline{m}_{ll}^{-1} + \boldsymbol{\Phi}_r^{\mathrm{T}}(\boldsymbol{\varphi}_l^{\mathrm{T}})^{-1})\overline{k}_{ll} & \mathbf{0}\end{bmatrix}\begin{bmatrix}\boldsymbol{\zeta}_l \\ \dot{\boldsymbol{\zeta}}_l\end{bmatrix} + D_{\mathrm{IDM}}\begin{bmatrix}\ddot{\boldsymbol{q}}_p \\ \boldsymbol{F}_c \\ \ddot{\boldsymbol{\eta}}_k\end{bmatrix}\end{cases}$$

$$(2-39)$$

$$D_{\mathrm{IDM}} = \begin{bmatrix}\boldsymbol{\Phi}_r - \boldsymbol{\varphi}_l\overline{m}_{ll}^{-1}\overline{m}_{rl}^{\mathrm{T}} & \boldsymbol{\varphi}_l\overline{m}_{ll}^{-1}\boldsymbol{\varphi}_l^{\mathrm{T}} & -\boldsymbol{\varphi}_l\overline{m}_{ll}^{-1}\boldsymbol{\varphi}_l^{\mathrm{T}}\overline{M}_{ck} \\ T\overline{m}_{ll}^{-1}\overline{m}_{rl}^{\mathrm{T}} - G & -T\overline{m}_{ll}^{-1}\boldsymbol{\varphi}_l^{\mathrm{T}} & T\overline{m}_{ll}^{-1}\boldsymbol{\varphi}_l^{\mathrm{T}}\overline{M}_{ck} - \overline{M}_{pk}\end{bmatrix}$$

$$(2-40)$$

式(2-39)可改写为

$$\begin{cases}\begin{bmatrix}\dot{\boldsymbol{\zeta}}_l \\ \ddot{\boldsymbol{\zeta}}_l\end{bmatrix} = A_{\mathrm{IDM}}\begin{bmatrix}\boldsymbol{\zeta}_l \\ \dot{\boldsymbol{\zeta}}_l\end{bmatrix} + B_{\mathrm{IDM}}\begin{bmatrix}\ddot{\boldsymbol{q}}_p \\ \boldsymbol{F}_c \\ \ddot{\boldsymbol{\eta}}_k\end{bmatrix} \\ \begin{bmatrix}\ddot{\boldsymbol{q}}_c \\ \boldsymbol{F}_{s/s-1}\end{bmatrix} = C_{\mathrm{IDM}}\begin{bmatrix}\boldsymbol{\zeta}_l \\ \dot{\boldsymbol{\zeta}}_l\end{bmatrix} + D_{\mathrm{IDM}}\begin{bmatrix}\ddot{\boldsymbol{q}}_p \\ \boldsymbol{F}_c \\ \ddot{\boldsymbol{\eta}}_k\end{bmatrix}\end{cases}$$

$$(2-41)$$

此时,中间体 S 可以描述为如图 2-21 所示的动力学模型。

图 2-21　中间体 s 界面动力学模型

通过上述推导发现,中间体 S 的界面动力学方程中,含有内部主振动的模态坐标 $\ddot{\boldsymbol{\eta}}_k$ 作为输入,故需推导中间体 S 非界面处的自由振动方程,从而将界面动力学方程与内部动力学方程进行装配,进而形成如图 2-22 所示的中间体模型。

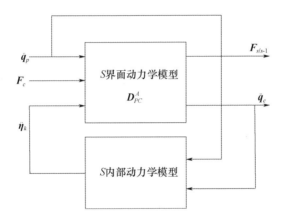

图 2-22　中间体动力学模型

根据 C-B 方法,中间体内部的动力学方程可以描述为

$$\overline{\boldsymbol{M}}_{jk}^{\mathrm{T}} \ddot{\boldsymbol{q}}_k + \boldsymbol{m}_k \ddot{\boldsymbol{\eta}}_k + \boldsymbol{k}_k \boldsymbol{\eta}_k = \boldsymbol{0} \tag{2-42}$$

基于式(2-42),对 $\ddot{\boldsymbol{\eta}}_k$ 进行状态空间描述,有

$$\begin{bmatrix} \dot{\boldsymbol{\eta}}_k \\ \ddot{\boldsymbol{\eta}}_k \end{bmatrix} = \begin{bmatrix} \boldsymbol{0} & \boldsymbol{E} \\ -\boldsymbol{k}_k & \boldsymbol{0} \end{bmatrix} \begin{bmatrix} \boldsymbol{\eta}_k \\ \dot{\boldsymbol{\eta}}_k \end{bmatrix} + \begin{bmatrix} \boldsymbol{0} & \boldsymbol{0} \\ -\overline{\boldsymbol{M}}_{pk}^{\mathrm{T}} & -\overline{\boldsymbol{M}}_{ck}^{\mathrm{T}} \end{bmatrix} \begin{bmatrix} \ddot{\boldsymbol{q}}_p \\ \ddot{\boldsymbol{q}}_c \end{bmatrix} \tag{2-43}$$

$$\ddot{\boldsymbol{\eta}}_k = \begin{bmatrix} -\boldsymbol{k}_k & \boldsymbol{0} \end{bmatrix} \begin{bmatrix} \boldsymbol{\eta}_k \\ \dot{\boldsymbol{\eta}}_k \end{bmatrix} + \begin{bmatrix} -\overline{\boldsymbol{M}}_{pk}^{\mathrm{T}} & -\overline{\boldsymbol{M}}_{ck}^{\mathrm{T}} \end{bmatrix} \begin{bmatrix} \ddot{\boldsymbol{q}}_p \\ \ddot{\boldsymbol{q}}_c \end{bmatrix} \tag{2-44}$$

式中:$\boldsymbol{m}_k$ 为正交化后的模态质量阵,为单位阵。

建立中间体 S 的动力学模型,即以中间体前端界面加速度 $\ddot{\boldsymbol{q}}_p$ 及后端界面荷

载 F_c 为输入，以中间体对前端子结构于 P 处作用力 $F_{s/s-1}$ 及 C 界面处的加速度 $\ddot{q}_c$ 为输出的模型，如图 2-22 所示。其中 $F_c = F_c^{\text{ext}} + F_{s+1/s}$，即将输入 F_c 拆分为柔性链内部耦合部分及外部加载部分。

以上完成了柔性链中的中间体的动力学推导，建立了双输入双输出的中间体动力学模块。为了形成完整的柔性链卫星模块化建模方法，还需对柔性链末端体进行建模，末端体模块与中间体模块的主要区别在于末端体模块是一个单输入单输出模块，只有一个界面与前中间体模块相连。在获得柔性链末端体模块后，进而将卫星根体、柔性链中间体以及柔性链末端体进行装配，形成带有柔性链附件卫星的动力学模型。

2. 柔性链末端体模块建模

下面对柔性链末端体进行建模。柔性链末端体相对于中间体，不存在 C 界面，是一个单输入单输出的模块，即输入为 $\ddot{q}_p$，输出为 $F_{s/s-1}$。此时有

$$\begin{bmatrix} \overline{M}_{pp} & \overline{M}_{pk} \\ \overline{M}_{pk}^{\text{T}} & m_k \end{bmatrix} \begin{bmatrix} \ddot{q}_p \\ \ddot{\eta}_k \end{bmatrix} + \begin{bmatrix} 0 & 0 \\ 0 & k_k \end{bmatrix} = \begin{bmatrix} F_p \\ 0 \end{bmatrix} \quad (2-45)$$

末端体的状态空间表达式为

$$\begin{cases} \begin{bmatrix} \dot{\eta}_k \\ \ddot{\eta}_k \end{bmatrix} = \begin{bmatrix} 0 & E \\ -k_k & 0 \end{bmatrix} \begin{bmatrix} \eta_k \\ \dot{\eta}_k \end{bmatrix} + \begin{bmatrix} 0 \\ -\overline{M}_{pk}^{\text{T}} \end{bmatrix} \ddot{q}_p \\ F_{s/s-1} = -\overline{M}_{pk} \begin{bmatrix} -k_k & 0 \end{bmatrix} \begin{bmatrix} \eta_k \\ \dot{\eta}_k \end{bmatrix} + \begin{bmatrix} \overline{M}_{pk} \overline{M}_{pk}^{\text{T}} - \overline{M}_{pp} \end{bmatrix} \ddot{q}_p \end{cases} \quad (2-46)$$

进而可以得到末端体的动力学模型如图 2-23 所示。

图 2-23 末端体动力学模型

3. 带有柔性链附件卫星模块化建模

通过以上对柔性链附件动力学模型的推导，得到了柔性链附件中中间体及末端体的动力学方程，进而可以对其进行装配得到柔性链附件的动力学模型。

在柔性链附件模块化装配的过程中，任何一个中间体的两路输入，其中 $\ddot{q}_p^s$

来自于其 P 界面连接的中间体的输出 $\ddot{\boldsymbol{q}}_c^{s-1}$,而另一输入 $\boldsymbol{F}_c = \boldsymbol{F}_c^{\text{ext}} + \boldsymbol{F}_{s+1/s}$ 中的 $\boldsymbol{F}_c^{\text{ext}}$ 来自于外界作用于该中间体与后一中间体连接的界面处,$\boldsymbol{F}_{s+1/s}^s$ 为后一中间体在界面处的相应输入,如此每个中间体通过这样的连接方式形成了链,最后一个中间体的输出作为末端体的输入,而末端体的输出又反馈给其作为输入,最终形成开环串联的柔性链式结构的动力学模型。在构造模型过程中亦可增加或删除柔性链中的组成单元,更改或替换柔性链中单元的形态及物理性能,形成了带有柔性链附件卫星的动力学模块化建模方法。同时,也可以加入相关的铰链模块,将铰链简化为双输入双输出的模块,设置相应的刚度矩阵及阻尼矩阵,通过试验修正后即可对带铰的串联式开放链式附件卫星进行模块化建模。模块化建模的具体模型如图 2-24 所示,图中省略号代表中间省略的顺次连接的若干个柔性链附件中间体。

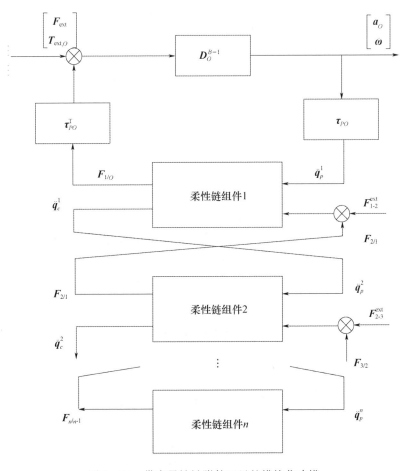

图 2-24 带有柔性链附件卫星的模块化建模

2.4 快速响应卫星快速任务设计流程

快速响应卫星研制需要具有快速响应能力的任务设计与分析系统,能在数天内快速完成卫星总体方案数字化设计与分析。任务设计与分析系统由任务分析与模块构件优选、专用系统设计、虚拟试验、数字化卫星演示、应用效能评估系统以及标准化模块库、构件库组成。其功能包括任务需求分析与指标分解、载荷与卫星轨道确定、平台公用模块确定、平台可重构模块配置方案确定、系统软件构件选配方案确定、专用系统设计、整星力学热平衡虚拟试验等与卫星总体方案设计密切相关的内容。此外,还包括数字化卫星飞行演示和应用效能评估等功能。

其典型设计流程如图 2-25 所示,具体包括:

(1)任务分析与模块构件优选。主要完成任务需求分析和指标分解,确定载荷与轨道方案,进而根据不同优化目标函数确定满足任务要求的公用模块、可重构模块选择方案,同时确定系统所需选择的软件和构件类型。

(2)专用系统设计。将依据总体技术指标要求、系统单机配置清单、各单机参数(体积、质量、功耗)及特殊安装需求等输入条件,基于快速响应卫星标准设计规范及标准件库,通过虚拟设计手段进行整星构型与布局设计、卫星结构设计与虚拟装配,及卫星热控系统优化设计。专用系统设计过程与虚拟试验过程相融合,并通过虚拟试验迭代分析实现专用系统的快速优化设计。

(3)虚拟试验。完成虚拟力学试验、虚拟热平衡试验及虚拟噪声试验。根据虚拟设计结果,首先从模型库中选择标准化单机及非标准结构件有限元模型,并利用虚拟试验环境完成数学模型的快速装配,而后在虚拟试验环境中生成各种试验所需的具体配置文件,并基于该文件生成相应的试验模型。

(4)数字化卫星演示。根据设计完成的数字化卫星性能特点进行真实任务想定的飞行演示,包括全任务周期和关键飞行模式全系统效能演示。

(5)应用效能评估系统。主要进行任务满足度评估、任务扩展性评估、可靠性等指标评估。

(6)标准化模块库、构件库。标准化模块库、构件库是快速任务设计与分析系统的模型库,不具备独立功能,主要与其他软件配合使用。

(7)系统的处理流程。首先从人机界面接收用户输入的任务需求,然后进行任务分析与模块构件优选,形成设备列表和指标参数送给专用系统进行数字

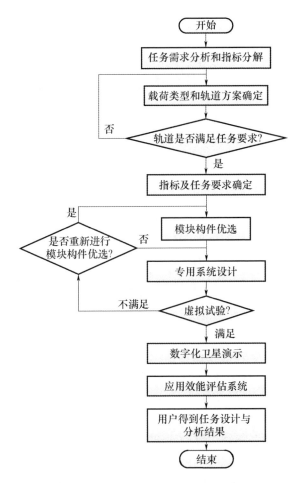

图 2-25　快速响应卫星快速任务设计与分析流程

化卫星的虚拟试验,包括虚拟力学试验、虚拟热控试验和虚拟噪声试验,并对试验结果进行分析。如果数字化卫星通过虚拟试验,则进行数字化卫星飞行演示和应用效能评估,完成卫星任务设计与分析;否则重新进行专用系统设计。在重新设计也无法满足试验要求的情况下,重新进行模块构件优选。

第 3 章
快速响应卫星的自主任务规划算法设计

传统的任务规划由地面根据实际观测需求与卫星状态预估,提前解算观测任务序列并上传给卫星执行。为了实现对紧急任务的快速响应,以及对地面目标的精确观测,由在轨卫星根据任务需求,自主针对某特定时段解算观测序列(包括观测目标、观测时刻、卫星侧摆等),然后进行目标观测的自主任务规划成为一种重要趋势[90-92]。将自主任务规划技术应用于集群编队对地观测卫星,也成为国内外研究的热点之一[93-97]。现有的星载任务规划系统通过在线决策与优化算法,能够针对具体时间、具体任务规划出具体的、多系统配合的动作序列,但一般需要较长的时间进行自主规划、决策与执行,多适用于较长时间的规划而非应急响应,不适用于快速响应空间系统。

本章首先针对任务规划约束条件建模,然后针对包含多等级目标的观测任务,采用适当的信息处理方法和任务规划策略,快速解算包含多个重点目标的对地观测序列,实现编队中各成员星的实时任务规划,最后特别针对搭载成像载荷的成员星进行自主任务规划算法设计。

3.1 任务规划约束条件建模

各类约束条件的存在使得地面被观测目标只能在有限的范围内被观测,这些约束条件包括时间约束(如过顶时间、侧视范围和卫星侧摆时间)、太阳高度角、星上能量与存储,以及包括目标优先级在内的其他类约束。通过对这些约束条件建立数学模型,进一步筛选出满足观测条件的地面目标[98]。

3.1.1 观测时间约束

卫星过顶约束用来判断卫星是否经过目标点上空;卫星侧视范围约束用来

判断目标是否超过卫星的可观测范围;卫星侧摆时间约束用来判断卫星是否有足够的时间进行姿态机动,以保证卫星在期望观测时刻到来之前稳定到相应的期望姿态。

1. 卫星过顶约束

定义快速响应卫星 S 与某地面点目标 T 的连线与 T 所在地平面的夹角,为卫星 S 相对目标 T 的最大高度角,记为 β_{S-T},如图 3-1 所示。

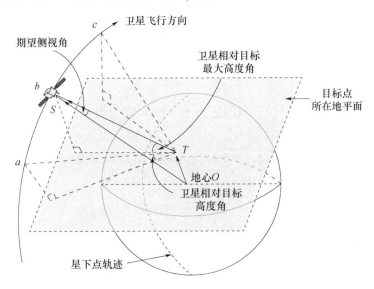

图 3-1 卫星相对地面点目标的高度角示意图

S 过顶 T 时,β_{S-T} 由 $0°$ 逐渐变到最大值,再逐渐减为 $0°$,其计算公式为

$$\beta_{S-T} = \arctan\left(\frac{r_{S-T-x}|_U}{\sqrt{(r_{S-T-y}|_U)^2 + (r_{S-T-z}|_U)^2}}\right) \quad (3-1)$$

式中:r_{S-T} 为 S 相对 T 的位置矢量;$r_{S-T-x}|_U$、$r_{S-T-y}|_U$、$r_{S-T-z}|_U$ 为 r_{S-T} 在天东北(UEN)坐标系下的三个坐标分量。β_{S-T} 大于 $0°$ 的时间集合,为 S 过顶 T 的时间窗口,记为

$$w_{S-T} = \{t \mid t \in (\beta_{S-T} > 0°)\} \quad (3-2)$$

式中:t 为时间。w_{S-T} 内 β_{S-T} 达到最大值对应的时刻,为 S 对 T 的期望观测时刻,记为 v_{S-T}。卫星过顶约束可表示为

$$\begin{cases} w_{S-T} \neq \varnothing \\ v_{S-T} \in (t_s, t_o) \end{cases} \quad (3-3)$$

式中:t_s、t_o 分别为某次任务规划的起始和终止时刻。

2. 卫星侧视范围约束

v_{S-T} 时刻，S 相对地心的位置矢量 r_S 与 r_{S-T} 的夹角为 S 相对 T 的期望侧视角，如图 3-1 所示，记为

$$\alpha_{S-T} = \arccos\left(\frac{r_S|_E r_{S-T}|_E}{|r_S|_E||r_{S-T}|_E|}\right) \quad (3-4)$$

式中：$r_S|_E$ 为 r_S 在地球坐标系下的坐标列阵；$r_{S-T}|_E$ 为 r_{S-T} 在地球坐标系下的坐标列阵。

假设当 S 对 T 观测的横向侧摆方向与 S 相对地心的绝对速度 v_S 符合右手法则时，α_{S-T} 为正，否则为负。α_{S-T} 正负值的判断方法为

$$\begin{cases} \boldsymbol{\xi}_1 = r_S \times v_S \\ \boldsymbol{\xi}_2 = r_T - r_S \end{cases} \quad (3-5)$$

式中：r_T 为 T 相对地心的位置向量；v_S 为 S 相对地心的绝对速度向量；$\boldsymbol{\xi}_1,\boldsymbol{\xi}_2$ 为两个中间变量。当 $\cos\langle\boldsymbol{\xi}_1,\boldsymbol{\xi}_2\rangle \geq 0$ 时，α_{S-T} 取正值；当 $\cos\langle\boldsymbol{\xi}_1,\boldsymbol{\xi}_2\rangle < 0$ 时，α_{S-T} 取负值。卫星侧视范围约束可表示为

$$|\alpha_{S-T}| \leq |\alpha_{\max}| \quad (3-6)$$

其中，$|\alpha_{\max}|$ 为卫星 S 的最大侧视角。

3. 卫星侧摆时间约束

假设 S 不执行观测任务时，其体坐标系 x 轴与 v_S 方向重合，z 轴指向地心方向，与搭载的载荷镜头或天线平行。在 v_{S-T} 时刻，S 通过绕体坐标系 x 轴的转动实现横向侧摆，继而对 T 观测，观测所需的横向侧摆角等于 α_{S-T}。

将 S 从当前 α_{S-T} 机动到下一观测任务 T' 对应的 α'_{S-T} 所需的卫星姿态机动时间记为 m_S，时间与侧摆角速度的对应关系如图 3-2 所示，则 m_S 等于加速段、匀速段、减速段、稳定段、观测段对应的时间之和。

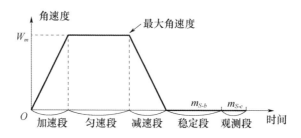

图 3-2 卫星姿态机动时间示意图

设卫星 S 绕体坐标系 x 轴转动的最大角速度为 W_m，平均角加速度为 a_m，稳

定段的时间为 m_{S-b},观测段的时间为 m_{S-c}。

当 $|\alpha_{S-T} - \alpha'_{S-T}| \leqslant W_m^2/a_m$ 时,有

$$m_S = \sqrt{\frac{2|\alpha_{S-T} - \alpha'_{S-T}|}{a_m}} + m_{S-b} + m_{S-c} \quad (3-7)$$

当 $|\alpha_{S-T} - \alpha'_{S-T}| > W_m^2/a_m$ 时,有

$$m_S = \frac{a_m|\alpha_{S-T} - \alpha'_{S-T}| + W_m^2}{a_m W_m} + m_{S-b} + m_{S-c} \quad (3-8)$$

S 进行连续观测的侧摆时间约束为

$$m_S \leqslant |v'_{S-T} - v_{S-T}| \quad (3-9)$$

式中:v'_{S-T} 为 S 对 T' 的期望观测时刻;$|v'_{S-T} - v_{S-T}|$ 为 v'_{S-T} 和 v_{S-T} 对应时刻之间的时间。

3.1.2 其他观测约束

1. 太阳高度角约束

搭载可见光相机的观测卫星无法在太阳高度角过小时执行对地观测任务。设 v_{S-T} 时刻 T 所在位置的太阳高度角为

$$\gamma_T = \arcsin(\sin(\delta_T) \cdot \sin(\varphi_T) + \cos(\delta_T) \cdot \cos(\varphi_T) \cdot \cos(\tau_T)) \quad (3-10)$$

式中:φ_T 为 T 的地心纬度;δ_T 为 T 在 v_{S-T} 时刻的太阳赤纬角;τ_T 为 T 在 v_{S-T} 时刻的太阳时角。搭载可见光相机的 S 对地面观测时,太阳高度角约束为

$$\gamma_T \geqslant \gamma_{\min} \quad (3-11)$$

式中:$\gamma_{\min}$ 为 S 对地观测要求的最小太阳高度角。

2. 能量与存储约束

对于在轨飞行的卫星,其能量与存储空间都是有限的。在时间为 $[t_s, t_o]$ 的某次任务规划中,将 S 的观测序列记为 Q_S,将观测任务个数记为 $|Q_S|$。能量与存储约束为

$$|Q_S| \leqslant |Q_{\max}| \quad (3-12)$$

式中:$|Q_{\max}|$ 为 $|Q_S|$ 的规定最大值。

3. 卫星位置约束

通过轨道递推,给出任务规划时段内每时刻卫星的位置与速度。考虑 J_2 地球引力摄动项的轨道动力学模型为

$$\begin{bmatrix} \ddot{r}_{S-x}|_J \\ \ddot{r}_{S-y}|_J \\ \ddot{r}_{S-z}|_J \end{bmatrix} = -\frac{\mu}{|r_S|_J|^3} \begin{bmatrix} r_{S-x}|_J + \dfrac{\frac{3}{2}J_2 R_e^2\left(1 - \dfrac{5(r_{S-z}|_J)^2}{|r_S|_J|^2}\right)}{|r_S|_J|^2} r_{S-x}|_J \\ r_{S-y}|_J + \dfrac{\frac{3}{2}J_2 R_e^2\left(1 - \dfrac{5(r_{S-z}|_J)^2}{|r_S|_J|^2}\right)}{|r_S|_J|^2} r_{S-y}|_J \\ r_{S-z}|_J + \dfrac{\frac{3}{2}J_2 R_e^2\left(3 - \dfrac{5(r_{S-z}|_J)^2}{|r_S|_J|^2}\right)}{|r_S|_J|^2} r_{S-z}|_J \end{bmatrix}$$

(3-13)

式中：$r_S|_J$ 为 r_S 在 J2000.0 坐标系下的坐标列阵；$r_{S-x}|_J, r_{S-y}|_J, r_{S-z}|_J$ 为 $r_S|_J$ 的 3 个坐标分量；$|r_S|_J|$ 为 $r_S|_J$ 的模长；$J_2 = 1.08264 \times 10^{-3}$ 为地球引力摄动项；$R_e = 6378.140 \text{km}$ 为地球赤道平均半径。

3.1.3 约束条件整理

设置标志量 y_{S-T}，当目标不同时满足卫星过顶约束与侧视范围约束时，$y_{S-T}=0$，表示 S 不具备对该目标的观测条件；当目标同时满足卫星过顶约束与侧视范围约束时，$y_{S-T}=1$，需要通过后续算法进一步判断该目标能否加入 Q_S 之中。

通过对各类约束的描述，将 T_j 是否有可能在 $|Q_S|=0$ 的情况下被 S_i 观测，即 $y_{S_i\_T_j}=1$ 是否成立作为判断条件，对几类典型成员星的观测约束条件总结如下：

（1）对于搭载可见光载荷的卫星 $S_i^o(i=1,2,\cdots,o_S)$，约束条件为

$$\begin{cases} 0 < t_{S_i^o\_T_j} \leq t_o \\ |\alpha_{S_i^o\_T_j}| \leq (\alpha_{S_i^o})_{\max} \\ \gamma_{T_j} \geq (\gamma_{T_j})_{\min} \\ |Q_{S_i^o}| \leq |Q_{S_i^o}|_{\max} \end{cases} \quad (3-14)$$

（2）对于搭载 SAR 载荷的卫星 $S_i^s(i=1,\cdots,s_S)$，约束条件为

$$\begin{cases} 0 < t_{S_i^s\_T_j} \leq t_o \\ (\alpha_{S_i^s})_{\min} \leq |\alpha_{S_i^s\_T_j}| \leq (\alpha_{S_i^s})_{\max} \\ |Q_{S_i^s}| \leq |Q_{S_i^s}|_{\max} \end{cases} \quad (3-15)$$

(3) 对于搭载红外载荷的卫星 $S_i^i(i=1,\cdots,i_S)$,约束条件为

$$\begin{cases} 0 < t_{S_i^i\_T_j} \leq t_o \\ |\alpha_{S_i^i\_T_j}| \leq (\alpha_{S_i^i})_{\max} \\ |Q_{S_i^i}| \leq |Q_{S_i^i}|_{\max} \end{cases} \quad (3-16)$$

对于每个成员星 S_i,对于经过了初步筛选后的多个 T_j,根据 S_i 搭载的观测设备类型,依照式(3-14)至式(3-16)计算 $y_{S_i\_T_j}$。对于每颗 S_i,将 S_i 与所有 T_j 相对应的 $y_{S_i\_T_j}$、$t_{S_i\_T_j}$ 与 $\alpha_{S_i\_T_j}$ 整理为数据和约束处理结果,如表 3-1 所列。

表 3-1 数据与约束处理结果 $P_{S_i\_T_{\text{all}}}$ 的形式

T_j	$y_{S_i\_T_j}$	$t_{S_i\_T_j}$	$\alpha_{S_i\_T_j}$
T_1	0	0	—
T_2	1	08:40:02	-34.16°
T_3	1	08:42:02	-37.05°
T_4	0	0	—
⋮	⋮	⋮	⋮

对于集群编队各成员星 $S_1,S_2,\cdots,S_I$,其 $P_{S_i\_T_{\text{all}}}$ 有 I 组,记为 $P_{S_{\text{all}}\_T_{\text{all}}}$。针对搭载不同观测设备类型的成员星 S_i,图 3-3 和图 3-4 分别为针对搭载红外相机的 S_i^i 与搭载 SAR 成像设备的 S_i^S 的 $P_{S_i\_T_{\text{all}}}$ 结果示意图。图中阴影区域覆盖的目标,是满足被相应的 S_i 观测的约束条件的目标集合。

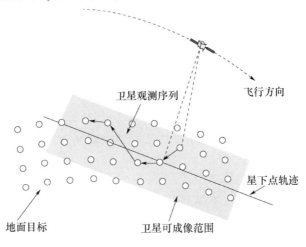

图 3-3 红外卫星 S_i^i 的 $P_{S_i^i\_T_{\text{all}}}$ 示意图

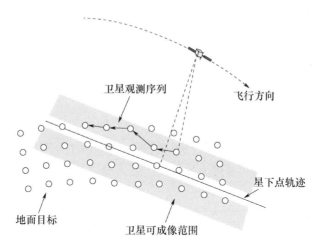

图 3-4 SAR 卫星 S_i^s 的 $P_{S_i^s\_T_{\text{all}}}$ 示意图

在某次任务规划过程中:若 T_j 所在地区的太阳高度角 $\gamma_{T_j} \geqslant (\gamma_{T_j})_{\min}$,则 S_i^o 的 $P_{S_i^o\_T_{\text{all}}}$ 的结果示意图与图 3-3 相同;若 $\gamma_{T_j} < (\gamma_{T_j})_{\min}$,此时搭载可见光相机的 S_i^o 无法完成对地观测任务,无法对任何 T_j 观测。此时 S_i^o 的 $P_{S_i^o\_T_{\text{all}}}$ 的结果如图 3-5 所示。

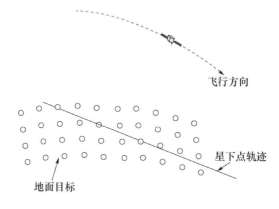

图 3-5 可见光卫星 S_i^o 的 $P_{S_i^o\_T_{\text{all}}}$ 示意图($\gamma_{T_j} < (\gamma_{T_j})_{\min}$)

需要注意的是,并非 $P_{S_i\_T_{\text{all}}}$ 中所有使 $y_{S_i\_T_j} = 1$ 的 T_j 都能够加入 S_i 的 Q_{S_i} 之中,还需考虑侧摆时间约束、星上能源与存储约束和目标优先级约束。图 3-3 和图 3-4 中阴影区域内的箭头为 S_i 的 Q_{S_i} 图,箭头的起始和终止位置对应的 T_j 为 S_i 的观测对象,箭头的指向表示 S_i 的对地观测顺序。

3.2 主星任务规划引导信息处理方法设计

编队中主星作为编队系统的中枢,观测资源极其宝贵,因此任务规划时,主星可以采用一种简单的星上自主方法对成员星给出的目标信息进行处理,挑选少量比较重要的目标点保留下来,用于主星任务规划的输入,并最终将任务规划结果分发给各成员星。设计一种基于多成员星搜索的任务规划主星信息处理方法,该方法针对单个成员星给出的目标信息按时序进行滚动处理,保留一定数量的目标;在主星进行任务规划的时刻,对单星滚动处理的结果,进行多星信息综合处理,生成带有目标重要度信息的目标队列,最终作为任务规划的输入信息。

1. 算法步骤

主星处理各成员星提供的大量目标观测信息,挑选出少量的重要引导目标,用于任务规划和目标分发。信息处理过程主要包括单星观测信息滚动处理和多星观测信息综合处理两部分,处理流程如图 3-6 所示。

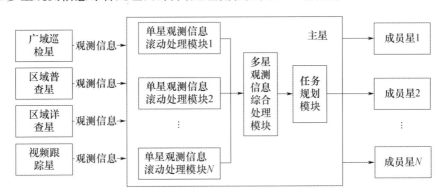

图 3-6 主星信息处理流程图

具体处理步骤如下:

(1)以数据包或其他形式接收成员星搜索发现的观测目标及其目标属性信息,发送过程可以是定时发送或目标触发,由成员星自定。

(2)将收到的各成员星的观测目标信息,按预先制定的单星滚动处理规则进行处理,每次处理后均保留一定数量的重要目标,存放在单星处理目标库中。

(3)到达指定的主星任务规划时刻后,主星调取最新的单星处理目标库,进行多星观测信息综合处理,输出指定数目的综合目标点库,作为主星进行任务规划的目标点输入。

(4)主星经过综合处理后的目标点作为输入进行任务规划,将规划结果分发给各成员星。

单星观测信息滚动处理流程是实时进行的,即主星一旦收到各成员星发来的新的观测信息就会立刻处理,这样既保留了重要目标,又防止了大量目标堆积占用内存,提升了星载计算机处理效率。在主星信息综合处理流程中,主星只需在进行任务规划时刻提取单星滚动处理目标库中的目标,再将不同成员星给出的目标进行综合处理,便可得到观测任务规划的目标点信息输入,极大地简化了多星观测信息综合处理的流程。

2. 处理规则

单星观测信息滚动处理规则主要包括:

(1)以各成员星重复观测为依据对目标数据进行处理。

首先对第一包数据做处理,将其观测分值初始值均设为100(此后所有数据的观测分值初值也同样设为100)。若紧随其后的数据包中有与前一包数据重复的目标点(即连续两次观测到同一目标),则将该目标的观测分值加1,同时剔除重复目标点;若前一包数据的目标点未重复,则其观测分值减1,新目标点的观测分值初值设为100。同时,控制数据包内的目标点个数不超过100,若超出,则按观测分值的大小将目标按重要度进行剔除。

(2)以成员星载荷权重和置信度为依据对目标数据进行处理。

通常来说,成员星携带多种不同的任务载荷,对不同载荷设置不同的权重系数。例如,共携带 M 种载荷,权重系数分别设为 $k_1,k_2,\cdots,k_M$,将观测到的目标的初始观测分值设为100;同时为置信度设置权重系数 k_{M+1}。首先对第一包数据做处理,重要度分值为观测分数和置信度分数与各自的权重相乘再相加得到。然后每隔一秒接收一包,并进行处理:①以经纬度位置为依据,将重复目标点剔除;②按观测分数和置信度分数与各自的权重相乘再相加得到其重要度分数,并按重要度分数进行排序。同时,控制数据包内的目标点个数不超过100,若超出,则将重要度分数低的目标剔除。按重要度分数处于不同的区间设置重要度等级,偏好程度保留原数据。

(3)以观测目标大小为依据对目标数据进行处理。

将目标大小按区间划分,不同的大小区间对应不同的重要度等级,按观测目标大小位于不同的区间为目标设置重要度等级。对引导数据实行实时处理,首先剔除掉重复目标,之后按目标大小排序。同时,控制数据包内的目标点个数不超过100个,若超出,则按观测目标大小将目标小的剔除。最后针对保留的100个目标,根据目标大小位于不同的区间为其设置重要度等级。

多星观测信息综合处理规则主要包括:

(1)对目标数据按事先确定的比例进行综合处理。

假设作为任务规划输入的目标点个数为S,可以按一定的比例(权重)将参与任务规划的目标名额分配给上述N颗成员星。例如按$c_1,c_2,\cdots,c_N$的($c_1+c_2+\cdots+c_N=1$)比例将名额分配给N颗成员星,即第1颗成员星提供$c_1 \times S$个目标名额,第2颗成员星提供$c_2 \times S$个目标名额,第N颗成员星提供$c_N \times S$个目标名额。为保证总的目标名额数目正好为S,名额比例需要保证给每颗成员星的数量正好为整数。

(2)按某成员星信息为主,其他成员星信息为辅对目标数据进行综合处理。

该规则适用于某颗成员星置信度较高或者将某一成员星升级为主星的情况,假设该星处理后得到的数据包为主要目标数据,其他星的目标数据为辅助数据。对于该星观测到的目标,若其他星也都能观测到,则提升该星中目标的重要度等级,最终挑选任务规划输入目标时,以修正后的该星目标重要度等级为依据。

3. 具体实现过程

在成员星发送观测目标信息时往往采取目标触发式的发送方法,即成员星发现目标后,立即打包处理并按协议向主星发送。此外,成员星也可以采用以固定频率向主星发送引导信息。单星星上观测信息滚动处理流程是实时进行的,即主星收到新的数据包后,立即与原有的处理过的数据包合并处理,得到最新的包含一定数目观测目标的目标库。这样做的目的是防止大量观测目标堆积占用内存,提升星载计算机处理效率。该处理流程的示意图如图3-7所示。

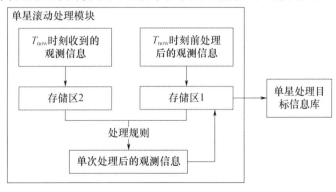

图3-7 观测信息滚动处理流程图

单星星上观测信息滚动处理过程中,由于各成员星给出的目标属性信息不同,判定目标是否重要的标准也因此不同。设计者需要根据任务需求制定相应的规则,对观测目标进行排序,保留其中较为重要的目标。例如,设计者可以根据成员星给出的目标属性信息(目标长度、目标置信度等)进行筛选排序。

当到达任务规划时刻后,主星需要提取来自不同成员星的单星滚动处理目标库中的目标信息,进行多星观测信息综合处理。由于不同成员星所提供的目标属性信息并不相同,且综合处理后保留的目标点数目有限,因此在综合过程中,设计人员需要根据任务需求制定相应的综合处理规则,使综合处理后的目标具有统一的重要度评判标准。

综合处理后的观测信息要作为主星任务规划的目标点输入,因此,两个处理模块的接口必须保持一致。

3.3 成员星分层任务规划算法设计

成员星分层任务规划算法设计思路为:首先将热点区域的多个目标划分为重要、次级和一般三个层次,并为其设置依次降低的观测收益;然后在只考虑通过横向侧摆对地面目标观测的前提下,通过分析卫星与目标数据以及各类约束,将任务规划问题转化为以观测收益为目标的优化问题;最后逐层为观测卫星分配不同层次的地面目标,最终形成卫星的对地观测序列[99-100]。成员星分层任务规划算法包括单星分层无择优与单星分层择优两种形式。

3.3.1 分层无择优任务规划算法

基于目标等级的分层无择优在轨实时任务规划算法是按照目标的重要等级,逐层为卫星筛选目标,最终形成高收益的目标序列。首先,为热点区域内的 N 个地面目标设置 λ 个等级,记为 $T_k^u(k=1,2,\cdots,\lambda;u=1,2,\cdots,u_k)$,其中:$k$ 表示目标等级,k 值越小对应优先级越高,观测收益 ϖ_k 越大;u_k 表示第 k 级目标的个数,并且满足

$$\sum_{k=1}^{\lambda} u_k = N \tag{3-17}$$

算法的优化目标为使 Q_S 的观测收益 J_S 达到最大。J_S 的表示式为

$$J_S = \sum_{k=1}^{\lambda} (\varpi_k * n_k) \tag{3-18}$$

式中:n_k 为 Q_S 中第 k 级目标的个数。

然后为 S 设置虚拟起始任务 T_s 和虚拟终止任务 T_o,其中 T_s 的序号为 0,其期望观测时刻为 t_s,期望侧视角为 0°;T_o 的序号为 $N+1$,其期望观测时刻为 t_o,期望侧视角与传入 T 对应的 α_{S-T} 相同。给出某个地面目标 T 传入 S 时,S 对 T 的筛选过程如下:

(1) 若 Q_S 中只含有 T_s 与 T_o:对于传入 T 的 y_{S-T},若 $y_{S-T}=1$,则判断 S 从 0° 机动到 α_{S-T} 并稳定下来所需的时间 m_s,是否满足

$$m_s \leqslant |v_{S-T} - t_s| \tag{3-19}$$

若式(3-19)成立,则该 T 能够加入 Q_S;若 $y_{S-T}=0$,或式(3-19)不成立,则该 T 无法加入 Q_S。

(2) 若 Q_S 中已含除 T_s 与 T_o 以外的 ϑ 个观测任务:将 Q_S 中的 $(\vartheta+2)$ 个任务按其期望观测时刻的先后顺序排序,记为 $T_s, T'_1, T'_2, \cdots, T'_\vartheta, T_o$。将其对应的 $t_s, v'_{S-1}, v'_{S-2}, \cdots, v'_{S-\vartheta}, t_o$ 作为节点将 Q_S 分成若干段,Q_S 中每个节点对应一个期望侧视角,分别为 0°, $\alpha'_{S-1}, \alpha'_{S-2}, \cdots, \alpha'_{S-\vartheta}, \alpha_{S-T}$。考查传入 T 的 y_{S-T},若 $y_{S-T}=1$,判断 v_{S-T} 是否位于 Q_S 中某两个节点之间,将这两个节点分别记为 v_{S-a}, v_{S-b},其期望观测侧视角记为 $\alpha_{S-a}, \alpha_{S-b}$。判断:

① S 由 α_{S-a} 机动到 α_{S-T} 并稳定时观测所需的时间 m_a 是否满足

$$m_a \leqslant |v_{S-T} - v_{S-a}| \tag{3-20}$$

② S 由 α_{S-T} 机动到 α_{S-b} 并稳定时观测所需的时间 m_b 是否满足

$$m_b \leqslant |v_{S-b} - v_{S-T}| \tag{3-21}$$

若以上两式均成立,则该 T 能够加入 Q_S;若 $y_{S-T}=0$,或以上两式不全成立,则该 T 无法加入 Q_S。这体现了传入的 T 加入 Q_S 要以不影响 Q_S 中已存在的观测任务为前提。S 对传入的 T 的筛选过程示意图如图 3-8 所示。假设传入目标 T 对应的 v_{S-T} 在 Q_S 的 T'_1 与 T'_2 之间,在 T 满足以上两式的情况下,T 加入到 Q_S 之中。

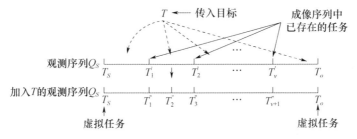

图 3-8 卫星对传入目标的筛选过程示意图

以 S 对 T 的筛选过程为核心，设计分层无择优算法，其步骤为：

(1) 将第 1 级目标 $T_1^u(u=1,2,\cdots,u_1)$ 按某种方式排序，依次传给 S 进行筛选。当 u_1 个 1 级目标均完成筛选过程，或 $|Q_S|$ 达到 $|Q_{max}|$ 时，第一层规划结束。

(2) 对于 $h=2,3,\cdots,\lambda$，在上一层规划结果 Q_S 的基础上，将第 h 级 u_h 个目标按某种方式排序，依次传给 S 进行筛选。当 u_h 个 h 级目标均完成筛选过程，或 $|Q_S|$ 达到 $|Q_{max}|$ 时，第 h 层规划结束。

(3) 当所有目标均完成筛选，或 $|Q_S|$ 达到 $|Q_{max}|$ 时，算法结束。当 $|Q_S|$ 未达到 $|Q_{max}|$ 时，分层无择优算法流程图如图 3-9 所示。

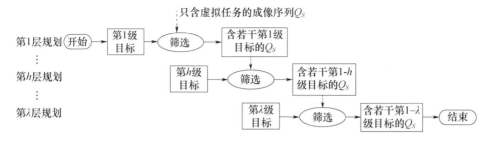

图 3-9 分层无择优算法流程图

在分层无择优算法的每层规划中，由于后传入的目标要在 Q_S 中已存在的某两个观测任务之间被观测，因而越是后传入的目标，可供卫星姿态机动与稳定、观测的时间越少，因此该目标被观测的可能性越小，这体现了"先到先得"的原则，即越是先传入的目标，其得到被观测机会的可能性越大。逐层规划保证了优先级高的目标优先抢占资源，从而保证了较高的观测收益。

该算法中每级目标均以某一种顺序依次传入，经过 λ 级目标传入与筛选后，形成一种 Q_S。算法中无择优过程，无法保证 Q_S 对应的 J_S 达到最大值。

3.3.2 分层择优任务规划算法

分层择优算法是在分层无择优算法的基础上，在每级规划中加入将目标以多种方式传入、逐级保留当前最优规划结果的过程，最终形成对应 J_S 取得最大值的一种或互异的多种 Q_S。算法步骤为：

(1) 将 u_1 个第 1 级目标按序号全排列，形成 $(u_1!)$ 种传入方案。在每种传入方案下依次对每个目标进行筛选，从而形成了 $(u_1!)$ 个 Q_{S-1}。分别计算当前 J_S，从中选出使 J_S 取得最大值的一种或互异的多种 Q_{S-1} 作为第 1 级规划结果，假设共有 f_1 种。

(2)对于 $h=2,3,\cdots,\lambda$,将 u_h 个第 h 级目标按序号全排列,形成 $(u_h!)$ 种传入方案。分别在 f_1 种 Q_{S-1} 的基础上,依次对 $(u_h!)$ 种传入方案下的每个目标进行筛选,从而形成了 $(f_1(u_h!))$ 个 Q_{S-h}。分别计算其当前观测收益 J_S,从中选出使 J_S 取得最大值的一种或互异的多种 Q_{S-h} 作为第 h 级规划结果。

(3)当所有目标均完成筛选,或 $|Q_S|$ 达到 $|Q_{max}|$ 时,算法结束。当 $|Q_S|$ 未达到 $|Q_{max}|$ 时,分层择优算法的流程图如图 3-10 所示。

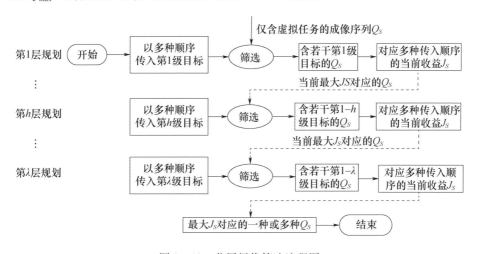

图 3-10 分层择优算法流程图

分层择优算法在保留分层无择优算法先到先得、重要目标优先观测等特点的同时,在每层规划中,均选出了使当前层观测收益达到最大的一种或多种观测序列,以此分别作为当前层的规划结果再进行下一层规划,由此实现了层层择优,保证最后形成的 Q_S 对应的 J_S 取得最大值。

3.3.3 仿真实例与结果分析

下面仿真验证分层无择优与分层择优两种算法的有效性。设置待观测区域为四川省汶川县及其东部地区,分别应用两种算法,为成员星筛选地面观测目标,解算出卫星的观测序列[100]。仿真条件包括:

(1)假设任务星为区域详查或者普查星,搭载可见光相机,卫星最大侧视角为 ±15°,太阳高度角 ≥30°。

(2)姿态机动平均角加速度为 $0.2(°)/s^2$,最大角速度为 $2(°)/s$;姿态机动后稳定段时间为 15s,成像时间为 5s。

(3)规划 2016 年 5 月 2 日 06 时 18 分 40 秒至 2016 年 5 月 2 日 06 时 27 分

00秒卫星的成像序列。在此500s内,卫星最多可以实施对10个目标的成像。

(4)卫星的轨道根数如表3-2所列,轨道根数对应的UTC时刻为2016年5月2日06时18分40秒。

表3-2 卫星轨道根数

半长轴	偏心率	轨道倾角	升交点赤经	近地点幅角	真近点角
6665.232072 km	0.000808	32.953°	350.967°	168.388°	255.320°

假设待观测区域包含四川省汶川县及其东部地区的18个共3个等级的地面目标,其中:第1级目标序号1~6,观测收益为100个;第2级目标序号7~12,观测收益为40个;第3级目标序号13~18,观测收益为10个。目标的位置信息如表3-3所列。

表3-3 地面目标位置信息

目标序号	大地纬度	大地经度	目标序号	大地纬度	大地经度	目标序号	大地纬度	大地经度
1	31.70°N	104°E	7	30.03°N	100.28°E	13	32.30°N	104.44°E
2	31.00°N	100°E	8	31.48°N	106°E	14	29.87°N	104°E
3	30.00°N	100°E	9	32.00°N	114°E	15	32.50°N	115°E
4	33.30°N	117°E	10	33.30°N	124°E	16	30.63°N	103.86°E
5	32.90°N	128°E	11	33.00°N	128°E	17	33.00°N	125°E
6	32.00°N	111°E	12	33.00°N	110°E	18	32.50°N	130°E

采用分层无择优算法,将目标按期望成像时刻的前后顺序传入卫星,得到的卫星成像序列如表3-4所列。

表3-4 采用分层无择优算法的卫星成像序列

目标序号	3	8	6	9	17	5
成像时刻	06:19:45	06:21:10	06:22:18	06:22:58	06:25:26	06:26:06
侧视角度	-7.45°	-1.84°	-4.59°	-10.95°	2.10°	1.90°

表3-4给出的结果表示卫星自任务规划起始时刻(2016年5月2日6时19分45秒)起,依次对序号为3、8、6、9、17、5的地面目标,在对应的期望成像时刻以对应的横向侧摆角对目标成像。对应表3-4中卫星成像序列的示意图如图3-11所示。

第3章 快速响应卫星的自主任务规划算法设计

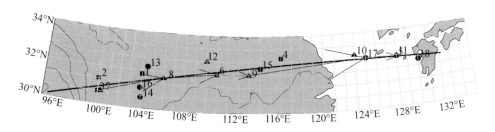

图 3-11 采用分层无择优算法的卫星成像序列示意图

图 3-11 中的背景为四川省汶川县及其以东地区的地形简图,其中:黑色弧线为 2016 年 5 月 2 日 6 时 18 分 40 秒至 2016 年 5 月 2 日 6 时 27 分 00 秒卫星的星下点轨迹;"■""▲""●"图形及其右上方的标号分别表示第 1 级、第 2 级、第 3 级目标;黑色箭头的指向表示卫星的观测顺序,每个箭头的起始和终点所在位置为卫星的成像目标,对应序号依次为 3→8→6→9→17→5。采用分层择优算法得到的卫星成像序列如表 3-5 所列。

表 3-5 采用分层择优算法的卫星成像序列

目标序号	3/2	1	6	9	4	10	5
成像时刻	06∶19∶45/ 06∶19∶49	06∶20∶44	06∶22∶18	06∶22∶58	06∶23∶40	06∶25∶12	06∶26∶06
侧视角度	-7.45°/ 13.63°	11.62°	-4.59°	-10.95°	12.17°	7.43°	1.90°

由表 3-5 可知,分层择优算法给出了两种成像序列,两种序列只有第一个成像目标不同,目标序号分别为 2 和 3,由于二者均为第 1 级目标,因此其观测收益相同。在此仿真背景下,分层择优算法给出了最大观测收益对应的两种互异的成像序列。对应表 3-5 中卫星成像序列的示意图如图 3-12 所示。

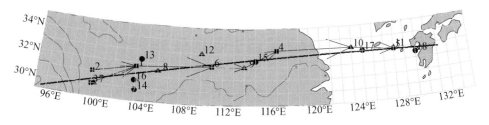

图 3-12 采用分层择优算法的卫星成像序列示意图

图 3-11 的背景与图 3-12 相同,图 3-12 中所示的两种成像序列的观测顺序为 3→1→6→9→4→10→5 与 2→1→6→9→4→10→5。通过观察图 3-11 与图 3-12 可以发现当目标位于示意图中星下点轨迹上方时,目标对应的卫星横向侧摆角为正值;当目标位于示意图中星下点轨迹下方时,目标对应的卫星横向侧摆角为负值,符合假设条件。再利用常规遗传算法计算成像情况,并将三种仿真结果进行对比,如表 3-6 所列。

表 3-6 三种算法结果对比

算法	分层无择优算法	分层择优算法	遗传算法
成像序列	3→8→6→9→17→5 或 2/3→1→6→9→4→10→5	2/3→1→6→9→4→10→5	2→1→6→9→4→17→5 或 2/3→1→6→9→4→10→5
包含目标/个	6~7	7	7
观测收益	390~580	580	550~580
第 1/2/3 级目标/个	3/2/1(390)~5/2/0(580)	5/2/0	4/1/2(550)~5/2/0(580)
算法运行时间	<1s	≤1s	≤4s

由表 3-6 可知,分层无择优算法与遗传算法均无法给出唯一的成像序列。分层无择优算法结果的不唯一性是由于传入目标顺序的不同导致的,不同的目标传入顺序对应不同的成像序列;遗传算法结果的不唯一性是由于其选择、交叉与变异过程均具有一定的随机性,在给定的运行时间内,算法结果不一定是对应观测收益为 580 的最优解。相比于分层无择优算法与遗传算法,分层择优算法以最快(≤1s)的运行速度给出了确定的包含最多第 1 级目标的最优成像序列。这是由于分层择优算法在第 1 级规划时,筛选出了使第 1 级目标最多成像的方案。分层无择优算法的解算时间稍快于分层择优算法,这是由于分层择优算法中加入了择优过程,导致计算量增大。

3.4 成员星成像任务自主规划算法设计

成像卫星使用固定在卫星平台上的载荷,通过滚转、俯仰等机动控制,实现大范围的观测,机动性能比一般卫星更强。相比于传统成像任务通常仅考虑滚动方向的推扫成像模式,快速响应卫星成像功能更加灵活。完成对特定目标进行凝视成像、立体成像等任务时,需要卫星在俯仰、滚转方向进行二维机动,而不同的卫星在不同的任务时刻,二维机动过程也可能不同。有些卫星可以两轴同时机动,有些卫星为了避免偏航方向的耦合,在俯仰、滚转方向的机动不能同时进行。而当任务目标为一较大区域时,卫星使用其推扫工作模式一次无法实现区域目标的完全覆盖,通常将区域目标划分为多个平行的条带,采用多成员星协作完成观测任务。分别针对需要二维机动的单成员星和条带拼接成像的多成员星,设计专门的任务规划算法,以提高任务的效率。

3.4.1 二维机动成像自主任务规划算法设计

针对卫星对单个、多个目标二维机动(含一维机动),设计一种敏捷卫星二维机动成像的在轨自主任务规划算法。二维机动时,滚转轴机动时间需根据目标点过顶时刻和对应的期望成像侧摆角,通过预装订的插值函数计算滚转轴机动时间,判断滚转轴机动时间是否满足要求;俯仰轴机动时间由各成员卫星根据典型成像模式直接提供[101]。因此,在卫星发射前,各成员卫星需要提供:

(1)离散的卫星机动角度和机动时间的对应关系,用于得到姿态机动能力插值函数。

(2)典型二维机动成像模式下的俯仰轴机动时间参数。

(3)在二维机动任务规划前,各成员卫星需要提供卫星当前时刻的轨道参数。

在二维机动任务规划时,利用黄金分割法、牛顿迭代法等算法计算每个目标点的过顶时刻和对应的期望侧摆角;再根据目标重要度,依次判断是否满足二维机动成像条件,并加入到成像序列中,最终完成二维机动成像在轨自主任务规划。

1. 算法步骤

(1)根据卫星平台研制方以离散形式给出的不同机动角度下卫星的机动时间,建立拟合函数,给出可以计算任意机动角度下卫星机动时间的函数。

(2)对于给出初始轨道参数,可利用二体轨道递推模型,计算任意时刻的轨道参数,并得到对应的成像侧摆角(滚转角)。基于二体轨道递推模型时,采用牛顿迭代求解开普勒方程。利用黄金分割法数值计算每个成像目标点的最小侧摆角以及对应的侧摆角。同时,根据卫星的过顶时刻,计算太阳高度角等数据,判断每个目标点是否满足太阳高度角和侧摆角约束条件。对于满足成像条件的目标点,才允许加入卫星成像序列,称为"可成像目标",这一筛选过程称为"一次筛选"。

(3)将步骤(2)筛选出来的 N 个可成像目标按照重要度(若无重要度或重要度相同,则按照目标编号顺序)依次加入成像目标序列 Q_s。Q_s 中的目标点按照过顶时间从先到后的顺序排序。用下标 former 和 later 分别表示上一次成像目标和下一次成像目标。Q_s 的初值为 $\{T_0,T_f\}$,其中 T_0 和 T_f 分别为 t_0 和 t_f 时刻的卫星姿态对应的虚拟目标点。结合步骤(1)得到的卫星机动能力计算函数,判断如果将目标 $T_n(n=1,2,\cdots,N)$ 加入成像序列,卫星从 Q_s 中前一个目标 T_{former} 到 T_n 之间的机动时间和从 T_n 机动到序列中后一个目标 T_{later} 的时间是否满足任务要求。若机动时间满足任务要求,则将 T_n 加入成像目标序列 Q_s,若机动时间不满足任务要求,则 T_n 将不能加入成像目标序列。这一筛选过程称为"二次筛选"。

(4)对任意成员星,成像目标序列 Q_s 中的目标点个数达到最大成像次数,或完成所有目标点的筛选后,分配结束。

本算法流程如图 3-13 所示。卫星机动场景如图 3-14 所示。

用下标 x 表示滚动轴机动时间,下标 y 表示俯仰轴机动时间,下标无 x 和 y 表示俯仰轴和滚动轴总机动时间。对于不同的成像模式,只需改变预装订的 P_1、P_2、P_3、P_4 阶段的俯仰机动时间 dt_{1y}、dt_{2y}、dt_{3y}、dt_{4y},对于只有滚转机动的一维成像任务,也只需令 $dt_{2y}=dt_{3y}=0$。

给出若干个离散的机动角度与机动时间的对应关系,便可近似计算任意机动角度下卫星的机动时间;各成员卫星需要提供典型二维机动成像模式下的俯仰轴机动时间参数。通过二体轨道递推和黄金分割法准确计算各成员星过顶每个目标的时刻、姿态角;在此基础上利用机动时间判断,并最终得到对多个目标的成像序列。

2. 具体实现过程

步骤(1)的拟合可选择多项式拟合、傅里叶级数拟合等方法,得到的机动能力计算函数,输入为单轴机动角度,输出为单轴机动时间。

步骤(2)给出的成员星的初始轨道参数,一般包括 $t(t\leq t_0)$ 时刻卫星在 J2000.0 坐标系下的位置向量 $\boldsymbol{r}_s$、速度向量 $\boldsymbol{v}_s$,此后任意时刻的 $\boldsymbol{r}_s$ 和卫星到目标的向量 $\boldsymbol{r}_{S-T}$ 可由轨道递推得到。为减小计算量,提高运算效率,可以使用牛顿迭代法得到二体轨道递推模式,并采用黄金分割法计算过顶时刻及对应的滚转角。设目标点 T_m 对应的卫星过顶时间为 t_m,滚转角为 ϕ_m,太阳高度角为 γ_m。

第 3 章 快速响应卫星的自主任务规划算法设计

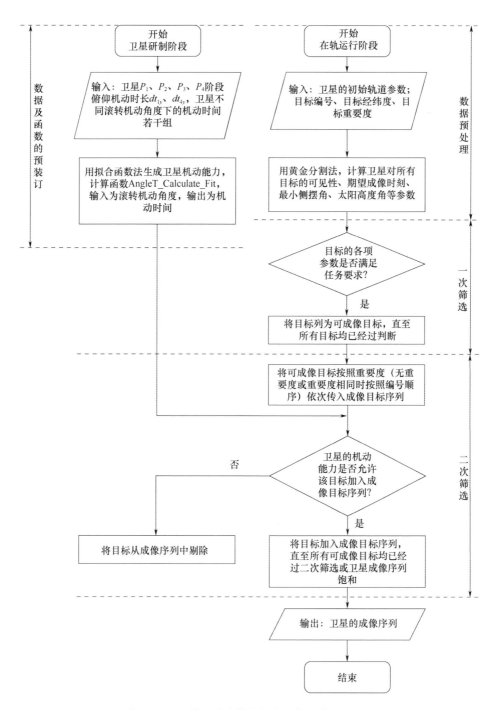

图 3-13 二维机动成像在轨自主任务算法流程图

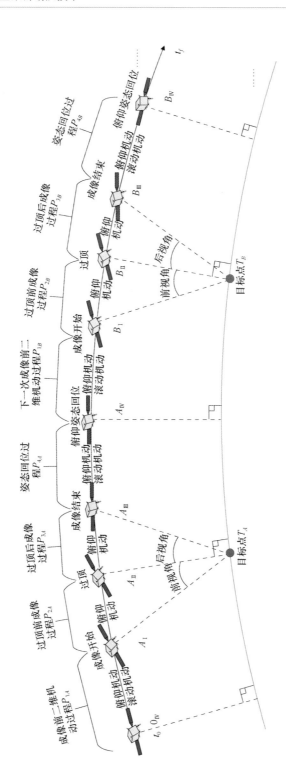

图3-14 卫星机动过程示意图

根据任务规划时段 $[t_0, t_f]$ 判断 T_m 的过顶时间是否满足 $t_m \in [t_0, t_f]$；根据卫星允许的滚转角范围 C 判断 T_m 的滚转角是否满足 $\phi_m \in C$；根据卫星的成像质量要求，判断太阳高度角 γ_m 等数据是否满足成像要求。所有满足上述约束条件的 N 个可成像目标点构成一个目标点集。

步骤(3)的前视角和后视角一般为设定的常值，从而卫星在 P_1、P_2、P_3、P_4 阶段的俯仰机动时间 dt_{1y}、dt_{2y}、dt_{3y}、dt_{4y} 为确定的常值。对于绕滚转轴的一维机动成像任务，有 $dt_{2y} = dt_{3y} = 0$。对于滚转/俯仰两轴不能同时机动的卫星，P_4 阶段只有俯仰机动，滚转机动仅在 P_1 阶段中进行；对于滚转/俯仰两轴可以同时机动的卫星，P_4 阶段的总时间即为俯仰机动时间。

设将可成像目标点 $T_n (n = 1, 2, \cdots, N)$ 加入成像序列 Q_S 后，其前一个目标点 T_{former} 对应的过顶时间为 t_{former}，其后一个目标点 T_{later} 对应的过顶时间为 t_{later}。根据步骤(1)的函数计算得到卫星在 $P_{4\text{former}}$ 阶段所需的滚转角机动时间为 $dt_{4x\text{former}}$；卫星本次目标 P_1 阶段所需的滚转角机动时间为 dt_{1xn}；卫星本次目标 P_4 阶段所需的滚转角机动时间为 dt_{4xn}；卫星下一次目标 P_1 阶段所需的滚转角机动时间为 $dt_{1x\text{later}}$。

设 $P_{3\text{former}}$、$P_{4\text{former}}$、P_{1n}、P_{2n}、P_{3n}、P_{4n}、$P_{1\text{later}}$、$P_{2\text{later}}$ 每一段阶段的总时间为 $dT_{3\text{former}}$、$dT_{4\text{former}}$、dT_{1n}、dT_{2n}、dT_{3n}、dT_{4n}、$dT_{1\text{later}}$、$dT_{2\text{later}}$，每一段阶段中的卫星机动时间为 $dt_{3\text{former}}$、$dt_{4\text{former}}$、dt_{1n}、dt_{2n}、dt_{3n}、dt_{4n}、$dt_{1\text{later}}$、$dt_{2\text{later}}$。

对于滚转/俯仰两轴需独立机动的卫星，有

$$\begin{cases} dt_{4\text{former}} = dt_{4y\text{former}} = dT_{4\text{former}} \\ dt_{1n} = dt_{3xn} + dt_{1yn} \\ dt_{2n} = dt_{2yn} = dT_{2n} = dT_{2\text{later}} \\ dt_{3n} = dt_{3yn} = dT_{3n} = dT_{3\text{former}} \\ dt_{4n} = dt_{4yn} = dT_{4n} \\ dt_{1\text{later}} = dt_{1x\text{later}} + dt_{1y\text{later}} \\ dT_{1n} = t_n - t_{\text{former}} - dT_{3\text{former}} - dT_{4\text{former}} - dT_{2n} \\ dT_{1\text{later}} = t_{\text{later}} - t_n - dT_{3n} - dT_{4n} - dT_{2\text{later}} \end{cases} \quad (3-22)$$

式中：dt_{1xn} 为步骤(1)中函数计算所得两个侧摆角(滚转角)之间的机动时间；$dt_{1x\text{later}}$ 同理。

对于滚转/俯仰两轴可以同时机动的卫星，有

$$\begin{cases} dt_{4former} = dt_{4yformer} = dT_{4former} \\ dt_{1n} = \max\{dt_{1xn}, dt_{1yn}\} \\ dt_{2n} = dt_{2yn} = dT_{2n} = dT_{2later} \\ dt_{3n} = dt_{3yn} = dT_{3n} = dT_{3former} \\ dt_{4n} = dt_{4yn} = dT_{4n} \\ dt_{1later} = \max\{dt_{1xlater}, dt_{1ylater}\} \\ dT_{1n} = t_n - t_{former} - dT_{3former} - dT_{4former} - dT_{2n} \\ dT_{1later} = t_{later} - t_n - dT_{3n} - dT_{4n} - dT_{2later} \end{cases} \quad (3-23)$$

设步骤(1)中函数计算所得两个侧摆角(滚转角)之间的机动时间为 Δt_x。若 $dt_{4xformer} \leq \Delta t_x$,即 $dt_{4xformer} = dt_{4yformer}$,则 $dt_{1xn} = \Delta t_x - dt_{4xformer}$;若 $dt_{4xformer} \geq \Delta t_x$,即 $dt_{4xformer} \leq dt_{4yformer}$,则 $dt_{1xn} = 0$;$dt_{1xlater}$ 同理。

无论卫星是否可以两轴同时机动:对于虚拟目标点 T_0 都有 $dT_{30} = dT_{30} = dT_{40} = dT_{40} = 0$;对于虚拟目标点 T_f 都有 $dT_{3f} = dT_{1f} = dT_{2f} = 0$。于是,若要使目标点 T_n 能够加入成像序列 Q_S,只需满足

$$\begin{cases} dt_{1n} \leq dT_{1n} \\ dt_{1later} \leq dT_{1later} \end{cases} \quad (3-24)$$

对于多星对多目标/单目标的二维/一维机动成像任务,只需重复上述过程即可。

3.4.2　条带拼接成像自主任务规划算法设计

各成员星性能存在一定差异,对地幅宽有所不同,即视场角不同,在将区域目标分解成条带时,各条带宽度也会因此存在差异。对于每个成员星,假设其载荷的视场角固定,当卫星侧摆不同角度时,对地观测的幅宽会随着侧摆角增大而增大。因此在任务规划时,应根据卫星的视场角及侧摆角计算观测条带的宽度,从而更准确完成拼接,充分利用各卫星的观测能力。同时,由于地球表面为椭球面,使用矩形条带分割会存在一定误差,传统的解决办法是利用高斯投影,将矩形边界点通过计算投影到地球表面上,这会导致实际观测的区域与规划的区域之间存在一定误差。此外,传统做法中,通常将卫星的星下点轨迹近似看作一条直线,并据此绘制与星下点平行的矩形条带。然而星下点轨迹通常存在一定曲率,划分成矩形条带不是很准确[102]。

因此,设计一种面向区域目标的编队飞行敏捷卫星条带拼接成像自主任务

规划方法,克服现有条带划分方法中实际观测区域与理论划分区域存在误差的问题,利用卫星实时位置速度信息和侧摆角以及卫星视场角计算观测目标点,从而更为准确地完成区域目标观测任务的规划,算法设计思路如图3-15所示。

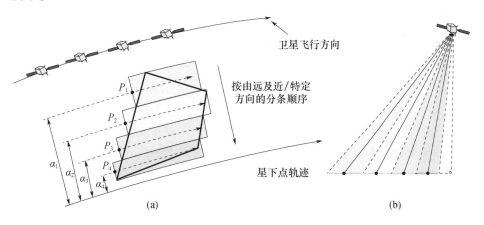

图3-15 条带拼接成像任务规划示意图
(a)条带拼接俯视图;(b)条带拼接侧视图。

1. 方法步骤

(1)由给定区域目标的边界点确定多边形区域。由给定卫星速度位置信息计算得到观测任务时间内的卫星飞行轨迹,进而求得区域边界点被观测所需最小侧摆角及对应观测时间。

(2)规划观测条带顺序,并计算各成员星侧摆角度 γ。考虑卫星侧视角范围及太阳高度角范围等约束由外至内依次划分观测条带的顺序,并由卫星视场角 θ_{fov} 计算条带内外边界曲线对应侧视角 $\gamma \pm \theta_{fov}$。通过使相邻条带边界曲线对应侧视角相等,实现各条带的无缝拼接。

(3)利用求得的条带边界对应侧视角,求解条带内外边界曲线与多边形目标区域边界的交点的位置及对应观测时间。比较每条条带内各点的观测时间,确定各成员星开关机时刻 t_0、t_f,及观测时长 $\Delta t = t_f - t_0$。

(4)利用观测时刻卫星的速度位置信息及侧视角度,计算卫星观测点的经纬度。

利用卫星观测点的经纬度,准确地在地球表面上划分观测条带,节省了各成员星的总观测时间及成像面积。

2. 具体实现过程

在步骤(1)中,使用多边形的顶点描述目标区域时,点的位置应按一定顺序(顺/逆时针)给出。同时目标区域面积不宜过大,应在执行任务时间内实现完全观测。目标区域形状应较为简单,若边界点过多会导致程序运行时间较长。

在步骤(2)中,若目标区域离卫星星下点轨迹过远,考虑到卫星机动能力有限(如最大滚转角 $\gamma_{max} = 45°$),则无法观测过远部分。此种情况下,应使最外侧条带对应卫星的滚转角 $\gamma = \gamma_{max}$,即最远观测点对应侧视角为 $\gamma_{max} + \theta_{fov}/2$。若目标区域面积过大或成员星数目较少,则在全部成员星划分条带后结束此次任务规划,不考虑目标区域剩余部分。

为了尽可能调用较少的成员星完成观测任务,优先使用搭载载荷视场角较大的卫星,从最大侧视角处按视场角由大到小依次安排卫星进行观测。考虑到各成员星搭载相机侧视角范围存在差异,若规划某卫星所观测条带不满足其侧视角、太阳高度角等约束条件,则跳过该卫星使用下一颗成员星,直至实现区域的完全覆盖或所有成员星均被使用时完成条带的划分。各成员星观测条带划分流程如图3-16所示。

在步骤(3)中,利用步骤(2)求得的侧摆角及各成员星载荷的视场角,可以得到一组近似平行于星下点轨迹的平行线,即各条带的内外边界。为确定卫星的开关机时刻,需要求得条带的起止位置。对于每个条带,其起始由多边形区域边界确定。对于每个成员星,在观测自己的条带内部中目标区域边界上各点所需的最早时刻即为开机时刻,最晚时刻为关机时刻。由于给定目标区域为多边形,故只需判断条带的两条边界线与多边形交点处及处于两条边界线之间的多边形顶点的观测时刻,即可求得每个卫星开关机时刻,条带边界确定如图3-17所示。

按顺序连接给定的目标区域多边形顶点,可以得到多边形的各边。利用步骤(2)求得的条带边界侧视角,可以求得与多边形各边与条带边界线的交点。若某条带边界线对应侧视角在多边形相邻两点对应侧视角之间,则认为该条带边界与多边形的这条边有交点,此点的侧视角刚好与条带边界对应侧视角相等。可以这条边的两顶点经纬度为初值,由数值解法求得交点的经纬度,进而求得对应的观测时间。

在求得观测多边形顶点及曲线与多边形交点的侧视角的同时,可得到对应的观测时间。对于每一条带,两条曲线与多边形相交的时间,以及位于两条曲线之间的顶点的观测时间,其中最小值为开机时刻,最大值为关机时刻。开关机时刻之差为观测时长。

第3章 快速响应卫星的自主任务规划算法设计

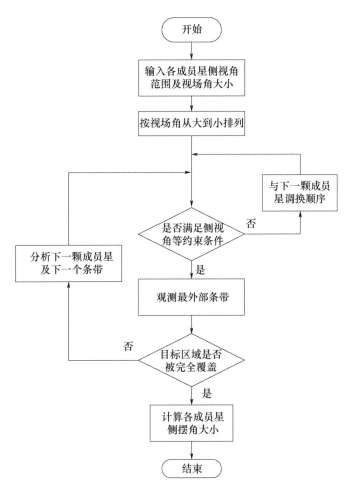

图3-16 条带划分流程图

如图3-17所示,此条带内外两条边界线分别与多边形区域相交于 P_1 点、P_2 点和 P_3 点、P_4 点,对应观测时刻记为 t_1、t_2、t_3、t_4。而多边形顶点 Q_1 处于两条边界线之间,记其对应观测时刻为 t_5。则此卫星相机开机时刻 $t_0 = \min\{t_n\}$,关机时刻 $t_f = \max\{t_n\}$。

在步骤(4)中,考虑卫星执行观测任务时需输入观测点的经纬度,需根据步骤(3)中求得的观测时刻、卫星速度位置信息及侧摆角计算观测点的经纬度。观测点经纬度的数值解法具体过程如下。

假设卫星初始姿态状态为对地定向,速度方向与地心矢量垂直,侧摆方向与速度方向垂直。由卫星速度及位置向量可确定卫星侧摆平面,并根据侧视角

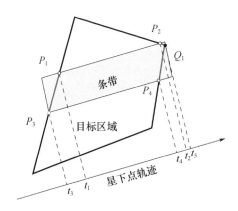

图 3-17 条带边界确定示意图

度作射线,其与地球表面交点即为实际观测点。如图 3-18 所示,O 为地心,S 为卫星,T 为目标点,α 为侧视角,P 为卫星位置矢量 $\boldsymbol{OS}$ 与地球表面的交点(即星下点)。由 J2000.0 坐标系下卫星位置矢量转化到地心固连椭球坐标系(大地坐标系)可得 S 点大地经度、纬度和高度,而 P 点与 S 点经纬度相同,高度为零。大地坐标系下 P 点位置转化到 J2000.0 坐标系下,可得 P 点位置矢量 $\boldsymbol{OP}$。将 $\boldsymbol{OP}$ 绕地心 O 旋转角 β,使 $\boldsymbol{OP}_1$ 与直线 TS 相交于点 P_1。在 ΔSOP_1 中,由正弦定理可求得

$$\beta = \arcsin \frac{\|\boldsymbol{OS}\| \cdot \sin\alpha}{\|\boldsymbol{OP}\|} - \alpha$$

由于卫星速度矢量垂直于此平面,因此在 J2000.0 坐标系下,将 $\boldsymbol{OP}$ 绕速度矢量旋转 β 角,即可求得矢量 $\boldsymbol{OP}_1$。设 $\boldsymbol{OP}_1$ 与椭球面交于点 T_1,则在大地坐标系下,T_1 与 P_1 经纬度相同,高度为零。T_1 点经纬度为目标点 T 经纬度的近似解。

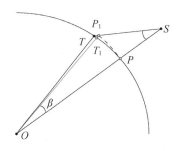

图 3-18 旋转矢量示意图

绕地心旋转 β 角的方向余弦矩阵为

$$\boldsymbol{M}_{ba} = \cos\beta \boldsymbol{E} + (1 - \cos\beta)\boldsymbol{e}\boldsymbol{e}^{\mathrm{T}} - \sin\beta \boldsymbol{e}^{\times}$$

$$= \begin{bmatrix} \cos\beta + e_x^2(1-\cos\beta) & e_xe_y(1-\cos\beta) + e_z\sin\beta & e_xe_z(1-\cos\beta) - e_y\sin\beta \\ e_xe_y(1-\cos\beta) - e_z\sin\beta & \cos\beta + e_y^2(1-\cos\beta) & e_ye_z(1-\cos\beta) + e_x\sin\beta \\ e_xe_z(1-\cos\beta) + e_y\sin\beta & e_ye_z(1-\cos\beta) - e_x\sin\beta & \cos\beta + e_z^2(1-\cos\beta) \end{bmatrix}$$

(3 – 25)

式中：$\boldsymbol{E}$ 为适当维数的单位阵；$\boldsymbol{e}$ 为转轴方向单位矢量；$\boldsymbol{e}^{\times}$ 为 $\boldsymbol{e}$ 的叉乘矩阵。由于卫星绕滚转轴方向旋转，即速度方向垂直于该平面，$\boldsymbol{v}$ 为旋转 $\boldsymbol{OP}$ 到 $\boldsymbol{OP}_1$ 的转轴方向，有 $\boldsymbol{e} = \boldsymbol{v}/\|\boldsymbol{v}\|$。位置矢量 $\boldsymbol{OP}$ 绕地心旋转 β 角后，$\boldsymbol{OP}_1$ 满足

$$\boldsymbol{OP}_1 = \boldsymbol{M}_{ba} \cdot \boldsymbol{OP} \quad (3-26)$$

从图 3 – 18 可以看出 T_1 与 T 位置相近，但仍存在一定差，设计迭代算法求得 T 点经纬度的精确值。将 $\boldsymbol{OT}_1$ 绕 O 点旋转角 β_1，使 $\boldsymbol{OP}_2$ 与直线 TS 相交于点 P_2。在 ΔSOP_2 中，由正弦定理可求得

$$\beta_1 = \arcsin\frac{\|\boldsymbol{OS}\| \cdot \sin\alpha}{\|\boldsymbol{OT}_1\|} - \alpha - \beta \quad (3-27)$$

则矢量 $\boldsymbol{OP}_2$ 满足 $\boldsymbol{OP}_2 = \boldsymbol{M}_{b_1b} \cdot \boldsymbol{OP}_1$，将其转化到大地坐标系中可求得 $\boldsymbol{OP}_2$ 与地面交点 T_2 的经纬度。

重复上述过程，每次将上一次得到的位置矢量 $\boldsymbol{OT}_n$ 绕地心 O 旋转的角度，有

$$\beta_n = \arcsin\frac{\|\boldsymbol{OS}\| \cdot \sin\alpha}{\|\boldsymbol{OT}_n\|} - \alpha - \beta - \sum_i^{n-1}\beta_i \quad (3-28)$$

由于 $\angle SOT = \beta + \sum_i^{\infty}\beta_i$，利用此方法可逐步逼近 T 点实际经纬度。

考虑到实际参与编队飞行的成员星轨道参数并不完全相同，为了使卫星能够更为准确地完成观测任务，需要对其侧摆角及开关机时间进行修正。利用求得的观测点信息及成员星位置速度信息，可以计算卫星观测该点的最小侧摆角度及观测时间，作为修正后的结果。

对目标区域的条带划分是在理想情况下进行的，在实际情况下，由于输入以及计算误差可能导致条带之间产生缝隙，因此在使用视场角计算时，需要考虑一定裕度，使条带相接部分可以进行观测。

3. 仿真分析

选取 6 颗成员星搭载不同成像载荷对多边形区域进行观测任务规划，假设入轨时间为 2020 年 1 月 1 日 04：00：00 UTC，运行 MATLAB 软件计算并用卫

星工具包(STK)软件进行验证,轨道参数如表 3-7 所列。

表 3-7 成员星轨道参数

卫星	半长轴/km	离心率	轨道倾角/(°)	近心点角距/(°)	升交点赤经/(°)	真近点角/(°)	视场角/(°)
Sat1	6863.14	0	35	0	0.4366	0.8946	10
Sat2	6863.14	0	35	0	0.4366	0.3937	16
Sat3	6863.14	0	35	0	0.4366	0.14325	20
Sat4	6863.14	0	35	0	0	0.25045	12
Sat5	6863.14	0	35	0	0	0	6
Sat6	6863.14	0	35	0	0	359.75	8

假定任务区域目标为四边形区域,其边界点经纬度如表 3-8 所列。

表 3-8 区域目标边界点经纬度

经度/(°)	128.933	133.96	134.089	129.582
纬度/(°)	-25.2626	-24.8148	-29.5615	-30.8134

任务开始时间为 2020 年 1 月 1 日 05:18:00 UTC,任务规划计算结果如表 3-9 所列。

表 3-9 任务规划计算结果

卫星	滚转角/(°)	开机时间/s	关机时间/s
Sat1	-17.0953	52.7877	130.2667
Sat2	7.7713	69.9503	154.4130
Sat3	25.7089	80.3448	162.5372
Sat4	-8.1479	73.5417	153.5250
Sat6	-27.8129	75.8710	148.8299

如表 3-9 所列,目标区域仅用 5 颗卫星完全覆盖,视场角最小的成员星 Sat5 可以不参与观测任务。使用 MATLAB 绘制观测区域如图 3-19 所示。

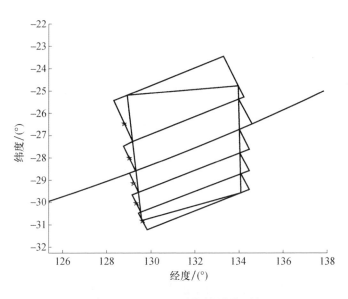

图 3-19 MATLAB 绘制观测区域

图 3-19 中星号表示每个成员星开机点。将 MATLAB 计算结果输入 STK 软件中,所得仿真结果如图 3-20 所示。

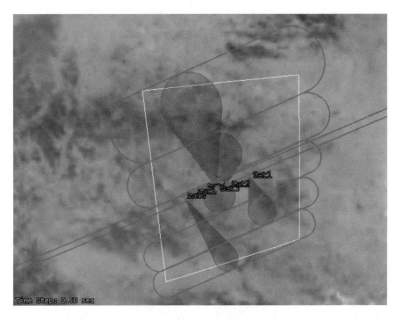

图 3-20 STK 仿真结果

第4章

快速响应卫星小椭圆轨道及星下点轨迹调整优化算法设计

为了提高快速响应卫星的观测质量,一般要求观测时轨道高度尽可能低,但是低轨道大气阻力较大[104]。而目前对地观测卫星多采用太阳同步圆轨道,这种轨道在一定程度上改善了星下点光照条件,但是由于轨道高度低,长期不执行任务会浪费大量的轨道维持能量[105-106]。此外,传统轨道设计方法通过选择升交点(降交点)地方时来控制目标点光照强度,并不能准确保证目标地面的光照强度,纬度越高误差越大。

考虑上述传统轨道设计方案的缺陷,本章针对快速响应卫星进行小椭圆回归轨道设计,根据星下点光照情况引进相应约束对轨道进行优化[107]。一方面,这类轨道只在目标上空设计较低的轨道高度,而抬高非工作段,从而大幅度降低大气阻力对轨道寿命的影响。在实际应用中,由于近地点的不断漂移影响了真实的地面分辨率,在轨道设计过程中也需要设计相应的控制方法,使这种漂移在一段时间内保持在一定高度范围内。另一方面,通过分析地面任意一点的光照强度变化规律,进而在进行轨道设计时考虑过顶时刻约束,从而能够使星下点太阳高度角满足相机拍照的要求。如何尽量降低成本,提高空间响应能力,是近几年轨道机动研究领域的一个热点。

设计小椭圆轨道,在一段时间内不仅能提供较高的地面分辨率,也能节省轨道维持燃料,提高获取快速响应观测目标的准确度,特别是对于只需进行短时精确观测的快速响应任务需求而言,这种方法是十分可取的。同时,以星下点轨迹模型为基础,设计变轨控制参数优化算法,实现快速响应卫星星下点轨迹精确调整。

第 4 章 快速响应卫星小椭圆轨道及星下点轨迹调整优化算法设计

4.1 小椭圆轨道回归特性分析

为了能在数天内对目标进行重访,需要对快速响应小椭圆轨道的回归特性进行分析。

4.1.1 过顶约束下星下点轨迹分析

星下点与目标的位置关系直接体现了对地观测卫星与地面点的联系,将目标作为卫星的星下点,可确定过顶时刻的卫星参数。如图 4-1 所示,在地心惯性坐标系下,星下点轨迹赤经 α 和赤纬 δ 为

$$\alpha = \begin{cases} \arctan(\cos i \tan u) + \Omega & u \in \left[0, \dfrac{\pi}{2}\right) \cup \left(\dfrac{3\pi}{2}, 2\pi\right) \\ 180° + \arctan(\cos i \tan u) + \Omega & u \in \left(\dfrac{\pi}{2}, \dfrac{3\pi}{2}\right) \end{cases} \quad (4-1)$$

$$\delta = \arcsin(\sin i \sin u) \quad (4-2)$$

式中: u 为纬度幅角,且 $u = \omega + f$。

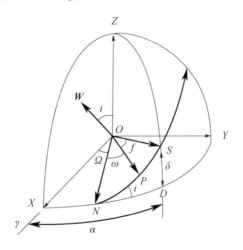

图 4-1 卫星在惯性坐标系的位置

图 4-1 中: $OXYZ$ 为地心惯性坐标系, X 轴指向春分点方向; S 表示卫星; ON 为轨道节线, N 为升交点; P 为轨道近地点; Ω 表示升交点赤经; ω 表示近地点幅角; f 表示真近点角; W 表示卫星轨道面法线方向的单位向量。

在地心地固坐标系下,星下点地心经纬度为

$$\lambda = \begin{cases} \arctan(\cos i \tan u) + \Omega - \theta_{\text{GMST}} & u \in \left[0, \dfrac{\pi}{2}\right) \cup \left(\dfrac{3\pi}{2}, 2\pi\right) \\ 180° + \arctan(\cos i \tan u) + \Omega - \theta_{\text{GMST}} & u \in \left(\dfrac{\pi}{2}, \dfrac{3\pi}{2}\right) \end{cases}$$
(4-3)

$$\varphi = \delta \tag{4-4}$$

由此可见，(α,δ) 只与 i,u,Ω 有关，(λ,φ) 只与 $i,u,\Omega,\theta_{\text{GMST}}$ 有关。反过来给定观测点 $(\lambda_{\text{tgt}},\varphi_{\text{tgt}})$，令

$$\begin{cases} \lambda = \lambda_{\text{tgt}} \\ \varphi = \varphi_{\text{tgt}} \end{cases} \tag{4-5}$$

这就建立起了快速响应卫星的两个过顶约束。

4.1.2 任意倾角小椭圆回归轨道设计 Q 值法

回归轨道是指星下点轨迹经过一段时间后出现重复的轨道，可表示为

$$NT_\Omega = DT_e \tag{4-6}$$

$$T_\Omega = \frac{2\pi}{n + \dot{\omega}_{J2} + \dot{M}_{J2}} \tag{4-7}$$

$$n = \sqrt{\frac{\mu}{a^3}} \tag{4-8}$$

$$T_e = \frac{2\pi}{w_e - \dot{\Omega}_{J2}} \tag{4-9}$$

式中：N、D 为正整数，分别表示轨道圈数和天数；T_Ω 为轨道交点周期；n 为轨道的平均转速；T_e 为轨道相对于地球旋转一周所需要的时间。

回归轨道只与 a,e,i 三个轨道参数有关，如何选取合适的 N、D 是本节的主要内容。为方便计算，取回归周期 $D=1$，此时只需分析 a,e,i 和 N 的关系。回归系数 Q 可以表示为

$$Q = \frac{N}{D} = \frac{2\pi}{T_\Omega(w_e - \dot{\Omega}_{J2})} = \frac{2\pi}{\Delta\lambda} = I + \frac{C}{N} \tag{4-10}$$

式中：I,C,N 均为正整数，C 和 N 互质，并有 $C<N$。

进一步有

$$Q = \frac{n + \dot{\omega}_{J2} + \dot{M}_{J2}}{w_e - \dot{\Omega}_{J2}}$$

第4章 快速响应卫星小椭圆轨道及星下点轨迹调整优化算法设计

$$= \frac{a^2\sqrt{\mu} + C'_{J2}(2 - 2.5\sin^2 i) + C'_{J2}(1 - 1.5\sin^2 i)(1-e^2)^{\frac{1}{2}}}{w_e a^3 \sqrt{a} + C'_{J2}\cos i} \quad (4-11)$$

$$C'_{J2} = \frac{3}{2} J_2 R_e^2 \sqrt{\mu} \quad (4-12)$$

由式(4-11)易知，回归系数 Q 可以表示为 a、e 和 i 的函数。固定 e、i 不变，a 越大，回归系数 Q 越小，即轨道越高，卫星每天绕地球的圈数越少。固定 a、i 不变：当 $i < 54.7°$ 或 $i > 125.3°$ 时，e 越大，回归系数 Q 越小；当 $54.7° < i < 125.3°$ 时，e 越小，回归系数越小。

由轨道几何易知，a 和 e 可用近地点高度 h_p 和远地点高度 h_a 表示为

$$\begin{cases} a = \dfrac{h_p + h_a}{2} + \mathrm{Re} \\ e = \dfrac{h_a - h_p}{2a} \end{cases} \quad (4-13)$$

即回归系数 Q 也可表示为 h_a、h_p、i 的函数，可进一步得出结论：

(1) 当 i 选定且 $i < 54.7°$ 或 $i > 125.3°$ 时，固定 h_p，h_a 越大，则 a、e 也越大，Q 越小；反之，h_a 越小，则 a，e 也越小，Q 越大。

(2) 当 i 选定且 $54.7° < i < 125.3°$ 时，固定 h_p，h_a 越大，则 a 越大且 e 越小，Q 越小；反之，h_a 越小，则 a 越小且 e 越大，Q 越大。

由于卫星轨道高度允许的范围事先确定，i 选定时，可以根据上述两种情况，将关于 h_p、h_a 的二元函数 Q 的最值问题，转化为仅关于 h_p 或者 h_a 的一元函数的最值问题。假设卫星轨道允许的最小高度为 $h_{\min}$，最大高度为 $h_{\max}$，则 $h_p \in [h_{\min}, h_{\max}]$，$h_a \in [h_{\min}, h_{\max}]$，那么可以得出以下结论：

(1) 当 $i < 54.7°$ 或 $i > 125.3°$ 时，由于对任意 $h_p \in [h_{\min}, h_{\max}]$，$Q$ 的最小值总在 $h_a = h_{\max}$ 时出现，故 Q 一定在 $h_a = h_{\max}$ 时取得最小值，即 Q 的最小值只与 h_p 有关，是 h_p 的一元非线性函数。同理，Q 一定在 $h_a = h_p$ 时通过调整 h_p 取得最大值，是 h_p 的一元非线性函数。

(2) 当 $54.7° < i < 125.3°$ 时，由于对任意 $h_a \in [h_{\min}, h_{\max}]$，$Q$ 的最小值总在 $h_p = h_a$ 时出现，故 Q 一定在 $h_p = h_a$ 时取得最小值，即 Q 的最小值只与 h_a 有关，是 h_a 的一元非线性函数。同理，Q 一定在 $h_p = h_{\min}$ 时通过调整 h_a 取得最大值，是 h_a 的一元非线性函数。

由于对地观测卫星的轨道高度范围一般为 200～1000km,如果取轨道倾角 $i=28°$,根据上面的分析,可以得到回归轨道的回归系数与轨道高度之间的定量关系,用 MATLAB 计算的结果如图 4-2 和图 4-3 所示。

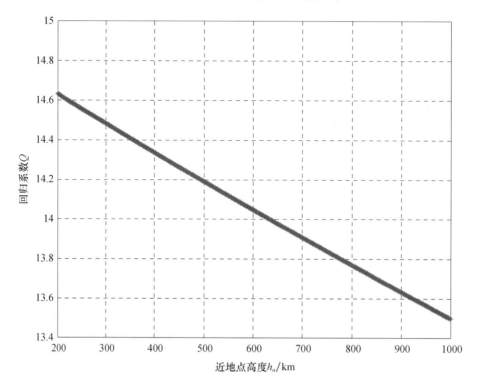

图 4-2 回归系数与轨道高度的关系($h_a=1000$km)(见彩图)

回归系数 Q 的取值范围为

$$13.4989 \leqslant Q \leqslant 15.9318 \quad (4-14)$$

即轨道倾角 $i=28°$,高度在 200～1000km 范围内的轨道,如果卫星采用回归轨道,那么 Q 只能取 14 和 15。

基于前面的分析,小椭圆回归轨道设计方法总结如下:

(1)根据任务要求选定轨道倾角 i;

(2)由轨道倾角和轨道高度范围选定回归系数 Q,进一步确定圈数 N 和天数 D;

(3)根据地面分辨率要求选择近地点高度 h_p,计算远地点高度 h_a;

(4)根据式(4-13)计算得到卫星的轨道半长轴 a 和离心率 e。

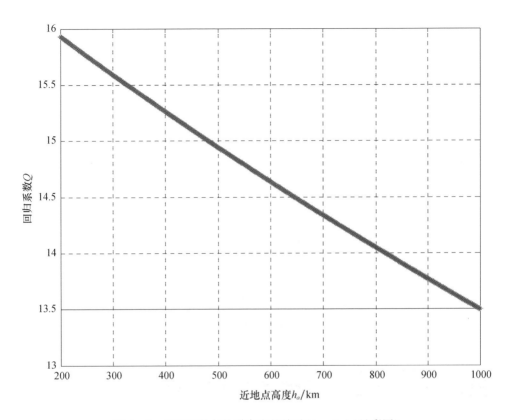

图4-3 回归系数与轨道高度的关系($h_a = h_p$)(见彩图)

4.1.3 仿真实例与结果分析

设计参数:$h_p = 270\text{km}$,$i = 42°$,$D = 1$,观测目标为北京(116.388°E,39.7396°N),当前世界时为2015年10月1日7:00:00。

计算并取$Q = 15$,用MATLAB仿真可得$a = 6867.7805\text{km}$,$e = 0.0320$,依次求出纬度幅角u和升交点赤经RAAN分别为$u = 72.8271°$,RAAN = 163.6667°。

用STK验证,卫星经过目标点的时刻为2015年10月07:00:00.000,星下点地心纬度为39.687°,地心经度为116.532°,与目标(116.388°E,39.7396°N)相差不到0.2°,考虑到截断误差等各种因素的影响和地球模型、地心经纬度的定义等可能存在差异,该误差是允许的。从图4-4中可以直观地看出,回归轨道准确地经过了北京。

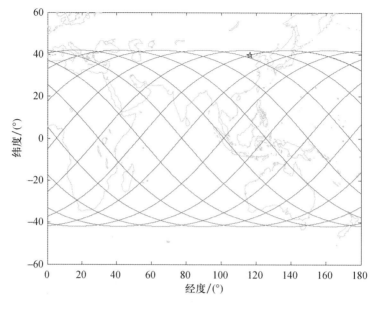

图 4-4 小椭圆回归轨道星下点轨迹仿真结果

4.2 小椭圆轨道近地点过顶方法分析

虽然小椭圆回归轨道能使卫星每天经过目标点上空,但卫星每次经过目标点上空时,地面分辨率各不相同,无法保证观测精度。以快速响应成像卫星为例,影响成像质量的因素有地面分辨率和地面光照强度。因此,设计一种近地点过顶方法,使数天内观测卫星对目标的地面分辨率能够满足任务需求。

4.2.1 地面分辨率约束与近地点漂移

设计对地观测卫星轨道时,轨道高度是十分重要的参数。在实际的对地观测活动中,相机一般是已经设计好的,可以根据需要的地面分辨率选择轨道高度。假设相机的参数:焦距为 f,分辨率为 W_n,像元大小为 P_d。地面分辨率要达到 ρ,则卫星要求的高度为

$$h_\rho = \frac{\rho \cdot f}{P_d} \tag{4-15}$$

为了减少轨道维持的浪费,本章设计的小椭圆轨道,只在目标上空设计较低的轨道高度,因此近地点高度可以由要求的地面分辨率参照式(4-15)选择。

对于二体问题来说只要满足初始条件,回归轨道上的卫星每次经过目标上空时都位于近地点。实际中,由于各种摄动因素的影响,近地点存在漂移,这时需要分析这种漂移和地面分辨率的关系。

在 J_2 长期摄动的影响下,平均轨道的拱线以 $\dot{\omega}_{J_2}$ 为速率,围绕地心做匀速圆周运动,如图 4-5 所示。假设在一段时间 Δt 内,拱线转过的角度为 $\Delta\omega_{\Delta t}$,有

$$\Delta\omega_{\Delta t} = \dot{\omega}_{J_2}\Delta t \qquad (4-16)$$

拱线运动周期为

$$T_{\dot{\omega}_{J_2}} = \frac{2\pi}{\dot{\omega}_{J_2}} \qquad (4-17)$$

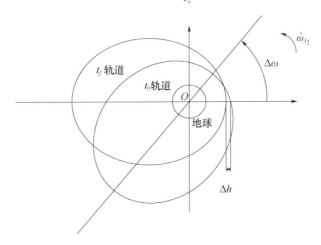

图 4-5 拱线旋转规律

随着拱线的匀速转动,在每个拱线周期内,总有一段时间回归轨道上的卫星每次运动到目标上空时,都处于近地点附近。只要在近地点附近选择合适的高度,就能使卫星在一段时间内满足分辨率要求。令 h 表示卫星高度,则可以定义如果卫星处在近地点附近,卫星高度均满足

$$h \leqslant h_{up} \qquad (4-18)$$

式中:h_{up} 为根据地面分辨率要求观察目标时不应超过的最大高度。

回归轨道上的卫星每次到达目标上空时,相对于前一次经历的时间为一个回归周期 DT_e,拱线转过的角度为

$$\Delta\omega = \dot{\omega}_{J_2}DT_e \qquad (4-19)$$

以卫星第一次到达目标上空为起点,第 j 次经过目标上空时,拱线转过的角度为

$$\Delta\omega_j = (j-1)\dot{\omega}_{J_2}DT_e \qquad (4-20)$$

由几何关系($t=0$),近地点幅角为

$$\omega_j = \omega_1 + \Delta\omega_j \qquad (4-21)$$

式中:ω_1 为卫星第一次到达目标上空时的近地点幅角。

由轨道公式,真近点角为

$$f_j = u - \omega_j \qquad (4-22)$$

式中:u 为纬度幅角,由地面目标的位置和回归轨道的设计共同决定,在卫星运行过程中大小保持不变。

卫星的位置 r_j 为

$$r_j = \frac{a(1-e^2)}{1+e\cos f_j} \qquad (4-23)$$

由几何关系,卫星高度 h_j 为

$$h_j = r_j - Re \qquad (4-24)$$

由前面的定义式(4-18)可知,如果 h_j 满足

$$h_j \leqslant h_{up} \qquad (4-25)$$

则回归轨道上的卫星第 j 次到达目标上空时,位于近地点附近。如果存在两个正整数 j_{min} 和 j_{max},使 $j \in [j_{min}, j_{max}]$,h_j 均满足式(4-25),则说明在 $t \in [(j_{min}-1)DT_e, (j_{max}-1)DT_e]$ 的时间段内,卫星每次运动到目标上空时,都处在近地点附近。

4.2.2 近地点过顶方法

在轨道坐标系 POQ 中,当卫星位于目标位置上空时,如果真近点角在(f_{min}, f_{max})范围内,显然就满足式(4-18),这表明在这个范围内,小椭圆轨道对目标点的分辨率都比轨道高度为 h_{up} 的圆轨道的高。则 f_{min}、f_{max} 是满足式(4-18)的两个临界值,式(4-18)取等号,计算可得

$$\begin{cases} h = h_{up} \\ h = r - Re \\ r = \dfrac{a(1-e^2)}{1+e\cos f} \end{cases} \qquad (4-26)$$

式中:f_{min}、f_{max} 分别为距原点最近的两个根,大小相等,符号相反。

假设第一次经过目标上空时,近地点幅角为 ω_1,真近点角为 f_1。第 k 次经过目标上空时,近地点幅角为 ω_k,真近点角为 f_k,则有

$$\begin{cases} u = \omega_1 + f_1 \\ \vdots \\ u = \omega_k + f_k \end{cases} \qquad (4-27)$$

有

$$f_k = f_1 - (\omega_k - \omega_1) \qquad (4-28)$$

由式(4-20)有

$$\omega_k - \omega_1 = (k-1) \cdot \Delta\omega \qquad (4-29)$$

代入式(4-28),得

$$f_k = f_1 - (k-1) \cdot \Delta\omega \qquad (4-30)$$

当倾角 $i \leqslant 63.4°$ 时,近地点漂移率 $\dot{\omega}_{J_2} \geqslant 0$,拱线转角 $\Delta\omega \geqslant 0$,则有

$$f_k - f_1 = -(k-1) \cdot \dot{\omega}_{J_2} DT_e \leqslant 0 \qquad (4-31)$$

$$f_k \leqslant f_1 \qquad (4-32)$$

由此可以看出,当倾角 $i \leqslant 63.4°$ 时,随着时间的推移,卫星每次经过目标上空,真近点角逐次减小(以逆时针方向为正)。

假设连续 m 次经过目标上空时,目标都满足光照要求。于是可以考虑两种临界情况:第一天真近点角为 $f_{\max}$;最后一天真近点角为 $f_{\min}$。在讨论这两种情况前,可以先判定假设第一天分辨率满足要求,经过 m 天后,是否满足分辨率要求,即存在排除无论第一天真近点角和近地点幅角如何取值,第 m 天都不能满足分辨率要求的可能性。

显然由式(4-32)易知

$$f_m \leqslant f_1 \qquad (4-33)$$

令 $f_1 = f_{\max}$,如果 $f_{\min} > f_{\max} - (m-1)\dot{\omega}_{J_2} DT_e = f_m$,即 $f_{\max} - f_{\min} < (m-1)\dot{\omega}_{J_2} DT_e$,则无论第一天真近角 f_1 取多少,第 m 天都不能满足分辨率要求。故仅当 $f_{\max} - f_{\min} \geqslant (m-1)\dot{\omega}_{J_2} DT_e$ 时,才有可能使卫星连续 m 次经过目标上空时,都满足分辨率条件。而如果该条件不满足,则需要降低分辨率要求或者减小期望的 m。

假设存在

$$f_{\max} - f_{\min} \geqslant (m-1)\dot{\omega}_{J_2} DT_e \qquad (4-34)$$

下面讨论两种临界情况。

(1)第一天真近点角为 f_{a1},且 $f_{a1} = f_{\max}$。由前面的结论知,随着时间的推移,每次经过目标上空,卫星的真近点角逐次减小。令第 m 天真近点角为 f_{am},由于 $f_{\min}$ 和 $f_{\max}$ 满足式(4-34),故有

$$f_{am} = f_{max} - (m-1)\dot{\omega}_{J_2} DT_e \qquad (4-35)$$

且 $f_{am} \geqslant f_{min}$，满足要求。

(2) 第 m 天真近点角为 f_{bm}，且 $f_{bm} = f_{min}$。同理，与第一种情况正好相反，如果时间往前推，每次经过目标上空，卫星的真近点角逐次增大。假设第一天真近点角为

$$f_{b1} = f_{min} + (m-1)\dot{\omega}_{J_2} DT_e \qquad (4-36)$$

由于 f_{min} 和 f_{max} 满足式(4-34)，故有 $f_{b1} \leqslant f_{min}$，满足要求。

综上所述，只有当 f_{min} 和 f_{max} 满足式(4-34)，卫星才有可能在连续 m 次经过目标上空时都满足分辨率要求。由前面分析可知，此时上述两种临界情况均满足分辨率要求，于是当第一天的真近点角 f_1 满足

$$f_{b1} \leqslant f_1 \leqslant f_{max} \qquad (4-37)$$

时，或者第一天的近地点幅角 ω_1 满足

$$u - f_{max} \leqslant \omega_1 \leqslant u - f_{b1} \qquad (4-38)$$

时，就能使卫星连续 m 经过目标上空时，都满足分辨率条件。即要使卫星连续 m 次达到目标上空时都满足分辨率要求，需要先用式(4-34)进行判定，如果该条件不满足，则需要降低分辨率要求或者减小期望的 m，然后用式(4-37)或式(4-38)对相关轨道要素进行设计。

4.3 约束下过顶时刻设计

卫星要对地面目标观测，多数载荷对星下点阳光照明都有较高的要求，光照条件满足时才具备观测条件。目前多采用设计升交点(降交点)地方时的办法来控制星下点光照强度，但是这种方法并不能准确地反映目标的真实光照情况，对于高纬度目标来说，误差非常大。

与太阳同步轨道相比，本章设计的小椭圆轨道太阳不仅南北方向随季节运动，每天东西向相对轨道面的位置情况也不同，本节提供地球上任意一点光照强度的计算方法，并以此对目标的过顶时刻进行设计。

4.3.1 任意时刻地面光照强度计算分析

描述地面光照情况，通常可以用该时刻的地面太阳高度角表示。一般说来，地面太阳高度角为 0° 代表了日出(日落)，考虑到实际中相机等因素的影响，假设要求的星下点太阳高度角不小于 30°，下面给出地球表面任意一点在给

定时刻的太阳高度角计算方法。

(1)太阳高度角与地心夹角的换算关系。

为了方便在地心天球上计算太阳高度角,将太阳高度角转换为地心夹角。用 γ 表示太阳高度角,ζ 表示目标观测点与太阳之间的地心夹角,r_{sun} 表示日地之间的距离,Re 表示地球半径,易得

$$\cos\gamma = \frac{\sin\zeta}{\left[\left(\frac{Re}{r_{sun}}\right)^2 + 1 - 2\frac{Re}{r_{sun}}\cos\zeta\right]^{\frac{1}{2}}} \quad (4-39)$$

当 $r_{sun} \gg Re$ 时,有

$$\cos\gamma = \sin\zeta = \cos(90° - \zeta) \quad (4-40)$$

则有

$$\gamma = 90° - \zeta \quad (4-41)$$

该式表明太阳高度角与地心夹角互补,要求地面太阳高度角不小于30°,就是要求地心夹角 ζ 不大于60°。

(2)太阳位置计算。

为了计算某时刻的地面太阳高度角,先需要确定该时刻的太阳位置。文献[104]介绍了一种由当前时刻 UT1 计算太阳位置的方法。

首先,计算当前时刻基于 J2000.0 的儒略世纪 T_{UT1}。于是太阳的平经度为

$$\lambda_{M_{sun}} = 280.460° + 36000.771 T_{UT1} \quad (4-42)$$

平近角 M_{sun} 为

$$M_{sun} = 357.5277233° + 35999.05034 T_{TDB} \quad (4-43)$$

式中:$T_{TDB} \cong T_{UT1}$。

太阳的黄经 $\lambda_{ecliptic}$ 和黄纬 $\phi_{ecliptic}$ 为

$$\lambda_{ecliptic} = \lambda_{M_{sun}} + 1.914666471°\sin M_{sun} + 0.019994643(2M_{sun}) \quad (4-44)$$
$$\phi_{ecliptic} = 0°$$

黄赤夹角 ε_{sun} 为

$$\varepsilon_{sun} = 23.439291° - 0.0130042 T_{TDB} \quad (4-45)$$

式中:$T_{TDB} \cong T_{UT1}$。

由此得到太阳的位置向量为

$$\boldsymbol{r}_{sun} = \begin{bmatrix} r_{sun}\cos\lambda_{ecliptic} \\ r_{sun}\cos\varepsilon_{sun}\sin\lambda_{ecliptic} \\ r_{sun}\sin\varepsilon_{sun}\sin\lambda_{ecliptic} \end{bmatrix} AU\varepsilon_{sun} \quad (4-46)$$

式中：AU 为地球与太阳之间的平均距离。

太阳的赤经 α_{sun}、赤纬 δ_{sun} 满足

$$\begin{cases} \sin\alpha_{sun} = \dfrac{\cos\varepsilon_{sun}\sin\lambda_{ecliptic}}{\cos\delta_{sun}} \\ \cos\alpha_{sun} = \dfrac{\cos\lambda_{ecliptic}}{\cos\delta_{sun}} \end{cases} \qquad (4-47)$$

(3) 太阳时角。

为了进一步计算当前时刻的太阳高度角,还需要建立太阳位置与地面太阳高度角的关系。

将格林尼治恒星时记为 θ_{GMST},太阳时角是指当地(经度为 λ)所在的时圈与真太阳所在的时圈的经度差,故用太阳时角可以表示地面目标与真太阳的位置关系。该时刻的地方恒星时为太阳时角与太阳赤经之和,可得当前时刻太阳时角 LHA_{sun} 与太阳赤经 α_{sun} 的关系式为

$$\theta_{GMST} + \lambda = LHA_{sun} + \alpha_{sun} \qquad (4-48)$$

整理得

$$LHA_{sun} = \alpha_{sun} - \theta_{GMST} - \lambda \qquad (4-49)$$

(4) 方位-仰角球面三角形。

图 4-6 为目标点与真太阳、北极的球面三角关系,建立太阳时角和地面太阳高度角(仰角 El)之间的联系。其中,β 表示当地的方位角,LHA_o 表示地方太阳时角,ζ 表示当地与太阳的地心夹角,φ 表示当地的地心纬度,δ_o 表示真太阳赤纬。

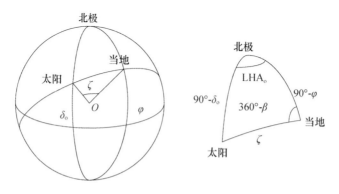

图 4-6 方位-仰角球面三角形

由球面三角形边的余弦定理有

$$\cos\zeta = \cos(90° - \delta_{sun})\cos(90° - \varphi) + \sin(90° - \delta_{sun})\sin(90° - \varphi)\cos\text{LHA}_{sun} \tag{4-50}$$

将式(4-41)代入式(4-50),整理可得

$$\gamma = \arcsin(\sin\delta_{sun}\sin\varphi + \cos\text{LHA}_{sun}\cos\delta_{sun}\cos\varphi) \tag{4-51}$$

于是,已知太阳赤纬 δ_{sun} 和地方太阳时角 LHA_{sun},由式(4-51)就可求得当前时刻的太阳高度角。

综上,已知时刻计算地面太阳高度角的步骤可总结如下:

(1)假设需要计算地球上一点(λ,φ)在已知时刻 t_{00}(UT1)时的地面太阳高度角,首先计算此时的儒略日,即

$$\text{JD}_t = \text{JD}_0 + t/24 - \lambda/360 \tag{4-52}$$

式中:JD_0 为当日世界时 0^h 时刻的儒略日;λ 为当地的地心经度,东经取正号,西经取负号。式(4-52)表示地方时为 t^h 时,该时刻的儒略日。

(2)计算该时刻的儒略世纪。根据 JD_{t00} 计算 T_{UT1}。

(3)将 T_{UT1} 代入式(4-42)~式(4-47)中,计算此时的太阳位置$(\alpha_{sun},\delta_{sun})$。

(4)计算 T_{UT1} 时刻的格林尼治平恒星时。根据经验公式可以计算 T_{UT1} 时刻的格林尼治平恒星时为

$$\theta_{GMST} = 67310.54841^s + (876600^h + 8640184.812866^s)T_{UT1} + 0.093104T_{UT1}^2 - 6.2 \times 10^{-6}T_{UT1}^3 \tag{4-53}$$

(5)将 θ_{GMST} 和 α_{sun} 依次代入式(4-49)中,计算太阳时角 LHA_{sun}。

(6)再将 θ_{GMST}、α_{sun} 和 LHA_{sun} 代入式(4-51)中,就可以计算出 t_{00} 时刻的太阳高度角。

利用上述方法,计算 2015 年 10 月 1 日 7:00:00 北京(116.388°E,39.7396°N)处的太阳高度角为 31.2317°。用 STK 仿真可得世界时为 2015 年 10 月 1 日 07:00:00.000 时,北京的太阳高度角为 31.118°,与上述结果相差不超过 0.2°,考虑到截断误差等各种因素的影响和地球模型、地心经纬度的定义等可能存在差异,该误差是允许的。

4.3.2 地面光照强度临界时刻计算

本节计算被观测点太阳高度角恰好为 $\gamma = \gamma_0(\gamma_0 \in [0,90°])$ 时,当地的地方时和世界时(UT1)。

图4-7为地球上一点随地球自转时地面太阳高度角变化的示意图。在$t=t_{rise}$时,地面太阳高度角$\gamma=\gamma_0$,然后随着地球自转太阳高度角不断增大,当其增大到90°时,又逐渐减小,当$t=t_{set}$时,地面太阳高度角重新变为$\gamma=\gamma_0$,随后太阳高度角继续减小并消失,直至第二天太阳升起时,太阳高度角逐渐增大,又重新进行上面的过程。那么t_{rise}和t_{set}就是每天当地太阳高度角为γ_0的临界时刻,类似于生活中的日出和日落。确定临界时刻的问题就是确定日出和日落时刻的问题。

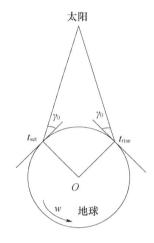

图4-7 临界太阳高度角

假设某天地方时t时刻(t未知)当地的太阳高度角为γ_0。下面建立关于t的一元非线性方程。

(1)由式(4-52)计算此时的儒略日。

(2)计算该时刻的儒略世纪。根据JD_t得到T_{UT1}关于t的表达式。

(3)将T_{UT1}代入式(4-42)~式(4-47)中计算此时的太阳位置(α_{sun},δ_{sun})。

(4)由式(4-53)计算此时的格林尼治平恒星时θ_{GMST}。

(5)将θ_{GMST}和α_{sun}依次代入式(4-49)中,得到太阳时角LHA_{sun}关于t的表达式。

(6)再将θ_{GMST}、α_{sun}和LHA_{sun}代入式(4-51)中,建立太阳高度角关于t的表达式。

(7)令太阳高度角满足

$$\gamma=\gamma_0 \tag{4-54}$$

建立关于地方时 t 的一元非线性方程,对于每个太阳日,该方程都有两个解——$t=t_{rise}$ 和 $t=t_{set}$。为了解该一元非线性方程,首先需要研究它的初解。

晨昏线的太阳高度角一般是 $0°$,对于赤道上的居民来说,生活中日出和日落的时间是当地时间 6:00:00 和 18:00:00。赤道上太阳高度角的变化规律是先随日出由 $0°$ 增大为 $90°$,午后逐渐减小直到日落时刻又变为 $0°$,在太阳升起的 12h 内,角度变化 $180°$,平均每小时变化 $15°$。

当临界太阳高度角 $\gamma=\gamma_0$ 时,相当于赤道上日出时间推迟$(\gamma_0/15°)$h、日落时间提前$(\gamma_0/15°)$h,即计算临界时刻 t_{rise} 的初值为

$$t = 6 + \frac{\gamma_0}{15} \qquad (4-55)$$

计算临界时刻 t_{set} 的初值为

$$t = 18 - \frac{\gamma_0}{15} \qquad (4-56)$$

上面讨论了两个初值的选取后,就可以解关于 t 的一元非线性方程,使用 MATLAB 的 fsolve 函数求解。得到的地方时 t 可进一步转化为世界时,即

$$UT1 = t - \lambda/15 \qquad (4-57)$$

利用上面的方法,计算 1996 年 3 月 23 日,(30°E,40°N)处日出日落(取晨昏线上地心夹角 90°50′)的时间分别为世界时 $5^h58^m22.0906^s$ 和 $18^h15^m18.4064^s$,与年历上的相符。

临界太阳高度角 30°相当于赤道上日出时间推迟 2h,日落时间提前 2h,即计算临界时刻 t_{rise} 和 t_{set} 的初值分别为当日 8h 和 16h。假设目标地点为北京(116.388°E,39.7396°N),利用上面提出的算法,可计算出 2015 年 10 月 1 日进出地面临界太阳高度角的世界时依次为当日 1h0m19.9294s 和 7h7m48.5977s。2015 年 30°地面太阳高度角的临界时刻(UT1)如图 4-8 所示。由图中可以看到,北京的 30°地面太阳高度角的临界时刻随时间变化,其中季节性变化尤其明显,在夏季光照充足,春秋季光照时间相对较短,越靠近冬天缩短得越快,冬季有一段时间地面太阳高度角均小于 30°。图中纵坐标为负数的点,例如 -0.2h,表示该天该事件发生在前一天的(24-0.2)h,即 23.8h。上下曲线重叠的部分,表示该地当天没有高于 30°太阳高度角的时间。

4.3.3 过顶时刻设计

为了使卫星到达目标上空,且地面分辨率满足要求时,能够顺利获取地面

图像,还需要此时地面有良好的光照条件。如前所述,假设卫星在目标上空执行任务时,地面太阳高度角不小于30°。由于一年四季中,目标地面的光照情况相对于卫星来说,是独立变量,不考虑其他摄动的影响,它只与目标地面在地球上的位置和太阳的位置有关。而在惯性参考系中,目标地面的位置和太阳的位置都是时间的函数,因此目标地面的光照情况也是时间的函数。前面用北京为例,计算了2015年每天它的地面光照情况,如图4-8所示。

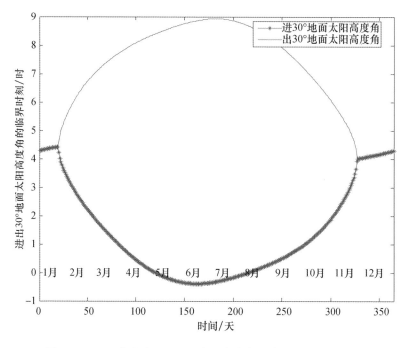

图4-8 2015年北京30°地面太阳高度角的临界时刻(见彩图)

为了使对地观测卫星在目标上空执行任务时,地面能有良好的光照条件,需要设计合适的过顶时间。恒星日比太阳日短,即地球在惯性空间中旋转一周的时间比相对于太阳光线方向旋转一周的时间短。卫星在实际运行过程中会受到各种摄动力的作用,对于回归轨道的卫星来说,主要是利用地球形状摄动的 J_2 项作用,轨道相对于地球旋转一周所用的时间为 T_e,比恒星日短,卫星第二次回到目标点所用的时间为一个回归周期 DT_e,比 D 个恒星日短。故回归轨道的卫星到达目标上空的时间间隔 T_t 为

$$T_t = DT_e < DT_s \tag{4-58}$$

式中:T_s 为一个太阳日。

回归轨道的卫星回到目标上空时,较前一次到达目标上空时的时刻(UT1)会提前,提前的时间 Δt_{ahead} 为

$$\Delta t_{ahead} = D(T_s - T_e) \qquad (4-59)$$

利用这一规律,参考任务期内目标地面对选定太阳高度角的临界时刻变化曲线图(见图 4-8),可以为设计的轨道参数选取对应的时间。

基于前面的讨论,小椭圆轨道的设计流程如图 4-9 所示。

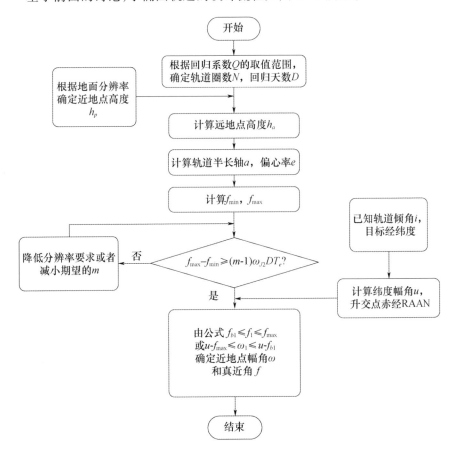

图 4-9 小椭圆轨道设计流程图

4.3.4 仿真算例

设计参数:$i = 40°$,在 2015 年 10 月对北京(地心经、纬度为 116.388°E,39.7396°N)进行 10 天精确观测,观测时,根据地面分辨率要求,轨道高度需在 270~500km 范围内,相机要求地面太阳高度角不小于 30°。

用 MATLAB 仿真得到初始时刻为 2015 年 10 月 1 日 7：00：00 的轨道参数为

$a=6866.4178\text{km}, e=0.0318, i=40°, \Omega=148.8627°, \omega=54.0283°, f=30°$

未来 10 天内卫星在北京上空时的高度如图 4-10，图中 10 个点分别表示 10 次卫星在北京上空的情况，横坐标表示到达北京的时间（以一年计），纵坐标表示高度。可以看出，卫星前 10 次到达北京上空时的高度均不超过 400km，满足地面分辨率要求。

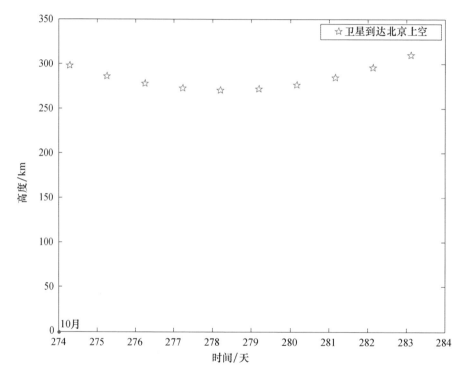

图 4-10　未来 10 天内卫星在北京上空的高度（见彩图）

卫星前 10 次到达北京上空的时刻，如图 4-11 所示。卫星每次到达北京的时刻较前一次提前了，且只要这 10 次北京的地面太阳高度角不小于 30°即可满足要求，如图 4-12 所示。

由图 4-12 可以看出，2015 年 10 月 1 日起未来 10 天内，卫星每次到达北京的时刻下降程度，比北京出 30°地面太阳高度角的临界时刻下降程度高，并且第 10 天仍然在该日临界时刻限定的范围内。故轨道的初始时间选为 2015 年 10 月 1 日 7 点整符合要求。

第4章 快速响应卫星小椭圆轨道及星下点轨迹调整优化算法设计

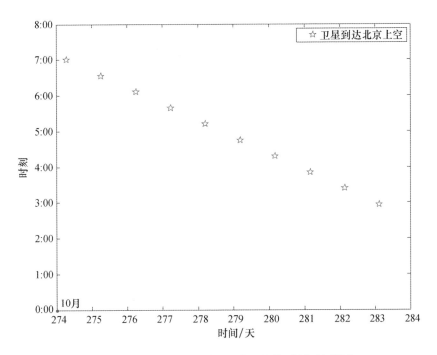

图4-11 卫星前10次到达北京上空的时刻(见彩图)

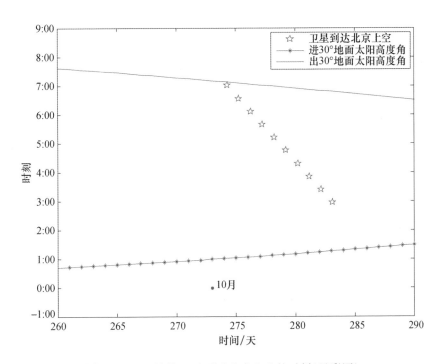

图4-12 卫星前10次到达北京上空的时刻(见彩图)

4.4 星下点轨迹调整的单脉冲数值算法

对于快速响应任务,除了设计快速响应轨道,在某些情况下需要利用在轨卫星轨道机动,使得星下点轨迹经过指定目标上空,从而完成快速响应对地观测任务[8-11]。本节从星下点轨迹与卫星运动关系出发,建立新目标点与轨道参数的联系,通过在初始时刻作用不同大小的切向单脉冲,对卫星的运动进行了仿真,得到了不同的星下点轨迹,以期求得星下点轨迹经过新目标点的单脉冲大小。

4.4.1 星下点轨迹分析

由于地球自转运动和 J_2 摄动,卫星轨道面每绕旋转地球一周,地面上任意一点总要经过轨道面两次(升轨段和降轨段)。

假设新目标位置为 $(\lambda_{tgt}, \varphi_{tgt})$,卫星在初始时刻进行轨道机动,可以通过在有限时间内星下点轨迹经过 φ_{tgt} 纬度时,星下点所在的经度 λ_f 与目标所在经度的经度差 $\Delta\lambda_f$ 来判断是否经过目标,即

$$\Delta\lambda_f = \lambda_f - \lambda_{tgt} \tag{4-60}$$

根据式(4-2),如果轨道倾角已知,那么星下点经过目标纬度时的纬度幅角也可以确定下来。为了简化计算,将目标纬度 φ_{tgt} 换算成对应的纬度幅角 u_{tgt},有

$$升轨段:u_{tgtA} = \arcsin\left(\frac{\sin\varphi_{tgt}}{\sin i}\right) \tag{4-61}$$

$$降轨段:u_{tgtD} = \pi - \arcsin\left(\frac{\sin\varphi_{tgt}}{\sin i}\right) \tag{4-62}$$

判断目标纬度幅角 u_{tgt} 处,星下点与目标的经度差 $\Delta\lambda_f$ 是否满足要求,也可以转换为星下点与目标的距离来判断,地面上两点间距离用 Haversine 公式计算,即

$$\text{Distance} = 2Re \arcsin\left(\sqrt{\sin^2\left(\frac{\varphi_2 - \varphi_1}{2}\right) + \cos\varphi_1\cos\varphi_2 \sin^2\left(\frac{\text{abs}(\lambda_2 - \lambda_1)}{2}\right)}\right)$$

$$\tag{4-63}$$

下面给出本节算法主要步骤:

第4章 快速响应卫星小椭圆轨道及星下点轨迹调整优化算法设计

（1）根据新的目标点（$\lambda_{tgt}, \varphi_{tgt}$）和初始轨道的轨道倾角 i，利用式（4-61）或式（4-62）计算目标纬度 φ_{tgt} 对应的目标纬度幅角 u_{tgt}。

（2）在初始时刻对卫星进行单脉冲变轨，脉冲大小为 Δv_1，卫星开始随时间进行轨道递推。

（3）当卫星第一次运行到 $u = u_{tgt}$ 时，记录此时的经度差 $\Delta \lambda_{fl}^1$，重复此过程直到卫星总运行时间超过规定的时间。

（4）用 $\Delta v_j (j = 2,3,4,\cdots)$ 重复步骤（2）和步骤（3）的操作，并记录相应的经度差 $\Delta \lambda_{fl}^k$（其中：$j = 2,3,4,\cdots; k = 1,2,3,\cdots$）。

（5）根据记录的 $\Delta \lambda_{fl}^k (j = 1,2,3,\cdots; k = 1,2,3,\cdots)$ 来判断相应单脉冲能否在有限时间内将星下点轨迹调整至经过新目标。

卫星的初始参数为：2015年10月1日7：00：00 位于北京（116.388°E, 39.7396°N）上空，轨道六根数为：$a = 6867.7805 \text{km}, e = 0.0320, i = 42°, \Omega = 163.6667°, \omega = 102.8271°, f = -30°$。现利用上述数值方法进行单脉冲星下点轨迹调整，目标地点为汶川（103°E,31°N）。

图4-13显示了在初始时刻作用不同大小的切脉冲时，不同轨次星下点轨迹在目标纬度处的经度差（范围在 $-10° \sim 10°$）。从图中可以看出，同一轨的星下点轨迹经度差与切脉冲近似呈线性关系。根据图中采样点的时间结果，可以将升轨段前53轨（降轨段前40轨）分为三个近顶时段，在同一个近顶时段内，星下点经过目标的时间相近，三个时段依次对应1~3天的星下点轨迹调整时间。从图中也可以看出，每个时段内，都有最省燃料的正切脉冲和负切脉冲方案。由表4-1可知，时间较长的近顶时段对应的调整能量较小，正切脉冲和负切脉冲都可能产生燃料最优的轨道，实际中需综合以上情况得到最优方案。

表4-1 单脉冲星下点轨迹调整可选方案

天数	弧段	轨次	脉冲/(km/s)	过顶时间	经度误差/(°)
1	升轨	14	0.0925	22h46min30s	0.0043
		15	-0.0830	22h43min1s	0.0120
	降轨	4	0.2590	5h29min58s	0.0232
		5	—	—	—

续表

天数	弧段	轨次	脉冲/(km/s)	过顶时间	经度误差/(°)
2	升轨	29	0.0444	46h20min0s	0.0063
		30	0.0420	46h16min34s	0.0305
	降轨	19	0.0454	29h3min42s	-0.0004
		20	-0.0941	29h0min16s	-0.0105
3	升轨	44	0.0289	69h53min53s	-0.0240
		45	-0.0285	69h50min17s	-0.0275
	降轨	34	0.0239	52h37min13s	-0.0048
		35	-0.0529	52h33min38s	0.0015

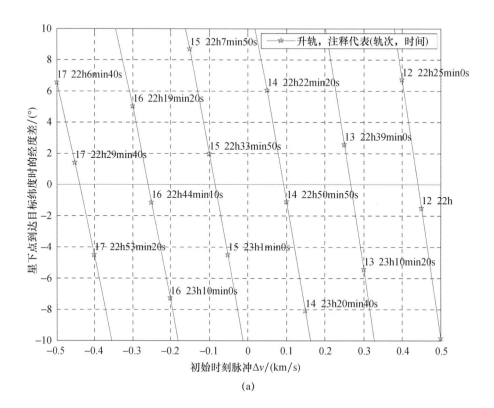

(a)

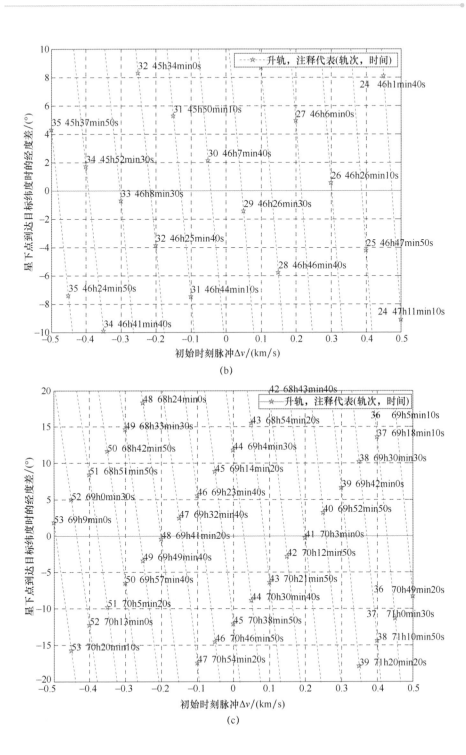

(b)

(c)

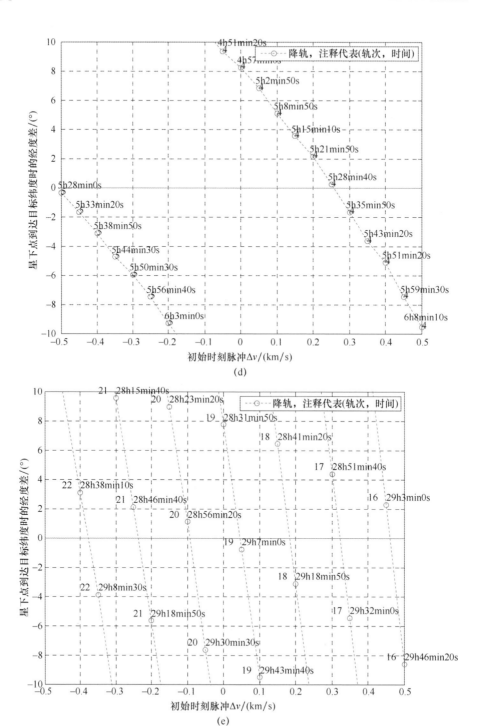

第4章　快速响应卫星小椭圆轨道及星下点轨迹调整优化算法设计

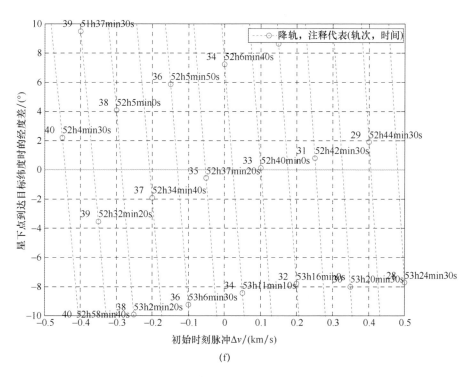

图4-13　不同初始脉冲情况下不同轨次星下点轨迹在目标纬度处的经度差
(a)升轨段(1~20轨);(b)升轨段(21~35轨);(c)升轨段(36~53轨);
(d)降轨段(1~15轨);(e)降轨段(16~25轨);(f)降轨段(26~40轨)。

图4-14和图4-15显示了一天星下点轨迹调整条件下升轨段和降轨段最优脉冲方案星下点轨迹及星下点轨迹与目标距离变化曲线仿真结果(图中星号表示目标,虚线表示无脉冲的星下点轨迹,实线表示作用了脉冲的星下点轨迹)。从图中可以看出,采用本算法得到的最优方案星下点轨迹精确地经过了目标,此时星下点轨迹与目标的距离在5km以下,证明了本算法具有较高的精度。

综上所述:采用本算法能求解单脉冲星下点轨迹调整的控制参数;直接对轨道状态参数采用龙格库塔积分使最优燃料解获得了比较高的精度,此精度与采样步长有关。但是从仿真过程来看,采样步长取1s时3天内单脉冲星下点调整需10min左右仿真时间,因此本方法仿真时间长、计算效率低。由此得出本节介绍的单脉冲数值算法能作为验证程序,研究多脉冲星下点轨迹调整之前亟须设计改进的单脉冲数值算法来提高计算效率。

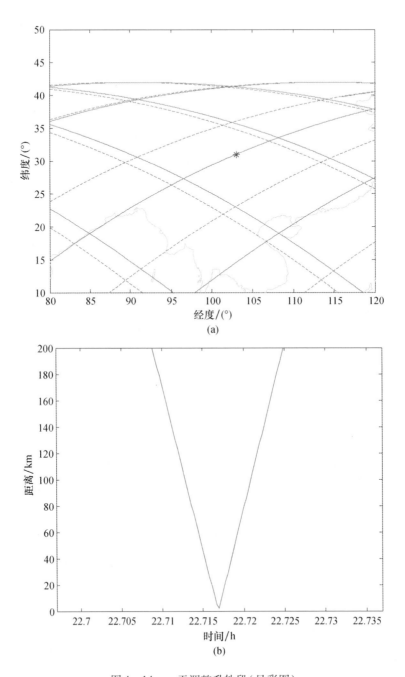

图 4-14 一天调整升轨段(见彩图)

(a)星下点轨迹;(b)星下点轨迹与目标距离变化曲线。

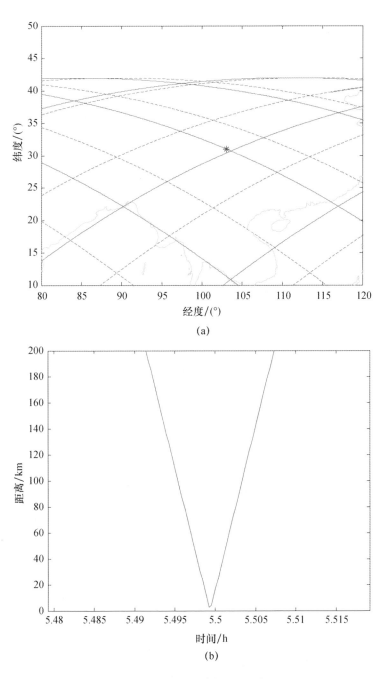

图 4-15 一天调整降轨段(见彩图)

(a)星下点轨迹;(b)星下点轨迹与目标距离变化曲线。

4.4.2 单脉冲数值算法设计

4.4.1节所述算法虽然能对轨道机动进行精准的求解,但是搜索效率低、仿真时间长,不适于直接采用研究多脉冲调整算法。为了提高计算效率,以单脉冲为例,对卫星的近顶规律进行分析,建立终端滑行的数学模型,并提出改进的单脉冲数值算法。

已知卫星有多个近顶时段,分析一个近顶时段内,初始时刻脉冲对目标纬度处星下点轨迹的影响。为简化分析,仅考虑 $\Delta v \in [0, 0.5]$ km/s 的脉冲。

由图4-13可知,脉冲可以改变轨道高度,延长或缩短星下点到达目标纬度的时间,正切脉冲越大时间越长,负切脉冲越大时间越短。如图4-16所示,无机动卫星 Nref 轨星下点轨迹位于目标东侧,此时目标需要经过一段时间才旋转至轨道面。

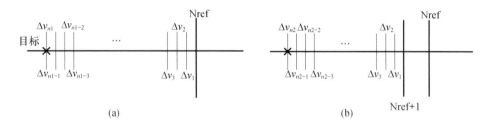

图4-16 初始时刻脉冲对目标纬度处星下点轨迹的影响

在初始时刻作用正切脉冲时,脉冲越大轨道越高 Nref 轨星下点轨迹到达目标纬度滞后时间越长,星下点轨迹相对目标的西移量越大。较小的正切脉冲 Δv_{n2} 能使 Nref+1 轨星下点轨迹经过目标,较大的正切脉冲 Δv_{n1} 能使 Nref 轨星下点轨迹经过目标。负切脉冲同理,使西侧轨次的星下点轨迹向东靠近目标。图4-16(a)的单脉冲解如表4-2所列。

表4-2 一天内升轨段单脉冲星下点轨迹调整方案

编号	轨次	Δv_{n1}/(km/s)	过顶时间	经度误差/(°)
1	12	0.4425	22h53min6s	−0.2200
2	13	0.2678	22h50min2s	−0.0853
3	14	0.0927	22h46min36s	−0.0311
4	15	−0.0826	22h43min14s	0.0193
5	16	−0.2600	22h39min6s	−0.0034
6	17	−0.4397	22h34min25s	−0.0219

第4章 快速响应卫星小椭圆轨道及星下点轨迹调整优化算法设计

故星下点轨迹在同一个近顶时段内,总有两轨分别最靠近目标东侧和西侧,只需施加较小的初始时刻脉冲,就可以使星下点轨迹经过目标,并且其中包含该近顶时段内最省燃料的机动方案。而在初始时刻作用较大正切(负切)脉冲,能使其他初始状态距离更远的东侧(西侧)轨次星下点轨迹经过目标,这些脉冲比最优脉冲消耗燃料更大,但是仍然是可行解,处理某些目标轨道带约束的星下点轨迹调整问题时,分析这些次优解和可行解对于寻找最优解具有重要意义。

卫星在 J_2 摄动下的轨道运动可以用平均轨道根数描述,平均轨道要素是消去周期变化项的瞬时轨道要素,可以表示为

$$\begin{cases} \bar{a}(t) = \bar{a}(t_0) \\ \bar{e}(t) = \bar{e}(t_0) \\ \bar{i}(t) = \bar{i}(t_0) \\ \bar{\Omega}(t) = \bar{\Omega}(t_0) + \dot{\Omega}_{J2}(t-t_0) \\ \bar{\omega}(t) = \bar{\omega}(t_0) + \dot{\omega}_{J2}(t-t_0) \\ \bar{M}(t) = \bar{M}(t_0) + \dot{M}_{J2}(t-t_0) \end{cases} \quad (4-64)$$

已知 $t_0 = 0$ 时刻平均轨道位置,升轨段(降轨段)星下点轨迹在目标纬度处的赤经为

$$\text{升轨段:} \lambda_{t_0}(\text{ECI}) = \bar{\Omega}_{t_0} + \arctan(\cos\bar{i}\tan u_{\text{tgtA}}) \quad (4-65)$$

$$\text{降轨段:} \lambda_{t_0}(\text{ECI}) = \bar{\Omega}_{t_0} + \pi - \arctan(\cos\bar{i}\tan u_{\text{tgtA}}) \quad (4-66)$$

式中:u_{tgtA} 为升轨段目标纬度幅角。目标赤经为

$$\lambda_{\text{tgt}}(\text{ECI}) = \text{GMST}(t_0) + \lambda_{\text{tgt}} \quad (4-67)$$

式中:GMST 为格林尼治恒星时轨道面与目标的经度差为

$$\Delta\lambda_{t_0} = \lambda_{t_0}(\text{ECI}) - \lambda_{\text{tgt}}(\text{ECI}) \quad (4-68)$$

式中:ECI 为地心惯性坐标系以目标为原点,目标东侧为正方向,$\Delta\lambda_{t_0}$ 的计算结果化为 $(0, 2\pi)$ 范围内。

由运动学关系,目标第一次旋转到升轨段(降轨段)需要的时间为

$$t_f = \frac{\Delta\lambda_{t_0}}{w_e - \dot{\Omega}_{J2}} \quad (4-69)$$

第 $N+1$ 次经过升轨段(降轨段)的时间为

$$t_f = \frac{\Delta\lambda_{t_0}}{w_e - \dot{\Omega}_{J2}} + \frac{2\pi}{w_e - \dot{\Omega}_{J2}} N \quad (N = 0, 1, 2, 3, \cdots) \quad (4-70)$$

由式(4-70)容易看出,不同的 N 对应不同的近顶时段。在 t_f 前后经过目标纬度的两个升轨段(降轨段)分别是最靠近目标东侧和西侧的星下点轨迹。

在轨道面内,假设 $t_0=0$ 时刻的平均轨道根数为 $\bar{a},\bar{e},\bar{i},\bar{\Omega}_{t_0},\bar{\omega}_{t_0},\bar{M}_{t_0}$,升轨段(降轨段)星下点第一次经过目标纬度的时间为

$$t_1 = \frac{\bar{M}_{\text{tgt}} - \bar{M}_{t_0}}{n + \dot{M}_{J2}} \quad (4-71)$$

式中:$\bar{M}_{\text{tgt}} - \bar{M}_{t_0}$ 为第一轨目标纬度处与初始时刻平近角之差。

第 $K+1$ 次经过目标纬度的时间为

$$t_{K+1} = \frac{\bar{M}_{\text{tgt}} - \bar{M}_{t_0}}{n + \dot{M}_{J2}} + T_\Omega \cdot K = t_1 + T_\Omega \cdot K (K=0,1,2,3,\cdots) \quad (4-72)$$

式中:T_Ω 为交点周期。

一个近顶时段内的所有轨次可以表示为

$$K = \text{Floor}\left(\frac{t_f - t_1}{T_\Omega}\right) + C \quad (4-73)$$

式中:C 为整数,可取 $0, \pm 1, \pm 2, \cdots$。

最靠近目标的两个轨次可表示为

$$K_{\text{east}} = \text{Floor}\left(\frac{t_f - t_1}{T_\Omega}\right) \quad (4-74)$$

$$K_{\text{west}} = K_{\text{east}} + 1 \quad (4-75)$$

星下点最靠近目标的两个时间为

$$t_{\text{east}} = t_1 + T_\Omega K_{\text{east}} \quad (4-76)$$

$$t_{\text{west}} = t_1 + T_\Omega K_{\text{west}} \quad (4-77)$$

式中:当 $t_f - t_1 < 0$ 时,$K_{\text{east}} = -1, K_{\text{west}} = 0, t_{\text{east}}$ 不存在。

比较这两个终端滑行时间与 t_f 的差值,可以判断是否到达目标。终端时刻处星下点轨迹与目标的经度差 ΔL 可表示为

$$\Delta L_{tf\_\text{east}} = \Delta \lambda_{t_0} - (w_e - \dot{\Omega}_{J2}) t_{\text{east}} \quad (4-78)$$

$$\Delta L_{tf\_\text{west}} = \Delta \lambda_{t_0} - (w_e - \dot{\Omega}_{J2}) t_{\text{west}} \quad (4-79)$$

使用平均轨道根数和终端滑行模型,避免了复杂的积分算法和繁杂的终端搜索,提高了计算效率,大大节省了计算时间。

4.4.3 仿真算例

本节将 4.4.2 节所述算法应用于 4.4.1 节例子,并与 4.4.1 节算法的结

果进行对比,验证本节算法仍然具有较高的求解精度和计算效率,最后给出基于本算法得到的单脉冲星下点轨迹调整燃料最优方案,假设 $\Delta v \in [-0.2, 0.2]$ km/s。

图 4-17 绘出了初始时刻作用不同大小切向脉冲时,不同于 4.4.1 节星下点轨迹调整时段内,星下点轨迹经过目标纬度时最靠近目标东侧和西侧的经度差(图中仅带标记的线型有效)。本算法基于终端滑行模型将每个脉冲作用下较优的两个经度差结果直接计算出来,省去了中间搜索过程,以 1 天调整为例,MATLAB 仿真计算时间仅需 1.2s,证明了本算法运算速度较快。

表 4-3 给出了改进的单脉冲算法计算的燃料最优脉冲机动变轨方案,可以看出,应用解决方案得到的星下点轨迹与目标经度差不超过 10km,具有较高的精度。通过进一步仿真分析发现,改进的单脉冲数值算法计算误差主要源于本实验的交点周期比实际交点周期稍短,同时如果星下点轨迹经过目标时卫星正好处于近地点附近,初始时刻脉冲的微小变化也会引起经度差的剧烈变化增大误差。进一步仿真证明,通过改进平均轨道算法等方法可提高交点周期的计算精度并且能减小这个误差,因此 4.4.2 节所述算法较 4.4.1 节相比,计算速度与精度都有所提高。

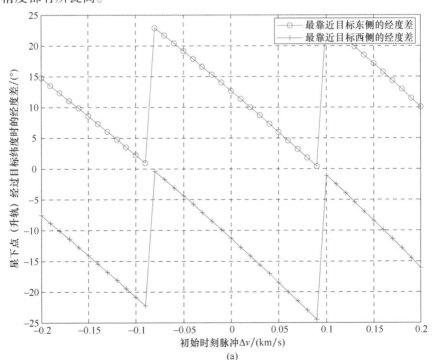

(a)

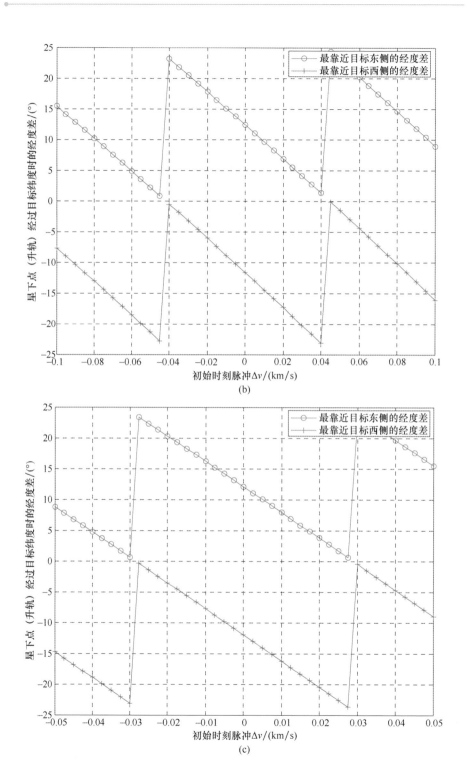

第 4 章 快速响应卫星小椭圆轨道及星下点轨迹调整优化算法设计

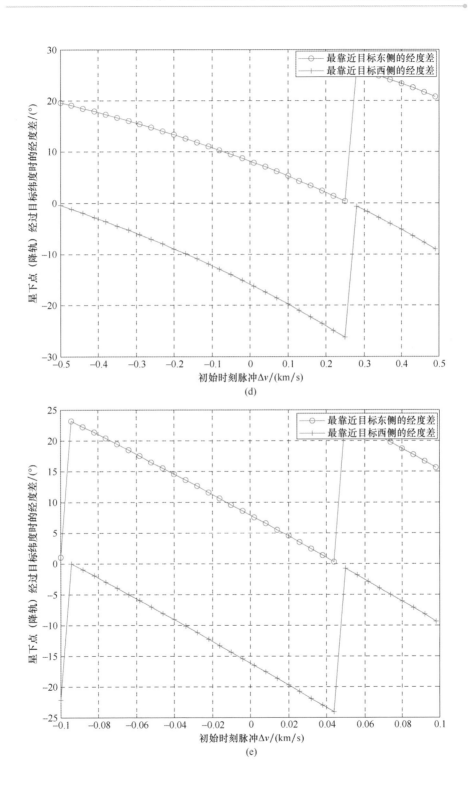

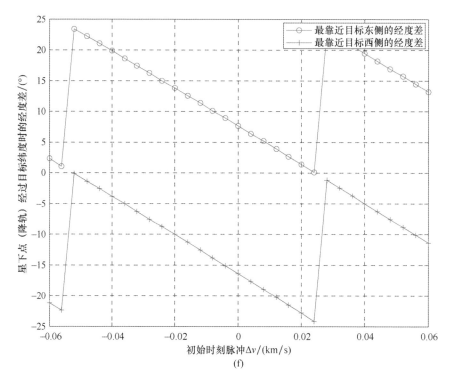

图4-17 不同初始脉冲情况下东西两侧星下点轨迹在目标纬度处的经度差(见彩图)

(a)1天调整升轨段;(b)2天调整升轨段;(c)3天调整升轨段;
(d)1天调整降轨段;(e)2天调整降轨段;(f)3天调整降轨段。

表4-3 单脉冲星下点轨迹调整最优方案

天数	轨段	脉冲/(km/s)	过顶时间计算值	过顶时间实际值	经度误差/(°)
1	升轨	-0.083265	22h42min52s	22h42min52s	0.0207
	降轨	0.260217	5h30min6s	5h30min8s	-0.0412
2	升轨	-0.041977	46h16min33s	46h16min35s	-0.0085
	降轨	0.045744	29h3min48s	29h3min56s	-0.1111
3	升轨	-0.028506	69h50min12s	69h50min17s	0.0130
	降轨	0.024268	52h37min27s	52h37min42s	-0.0843

图4-18和图4-19给出了星下点轨迹调整时间为1天时,升轨段和降轨段燃料最优方案的星下点轨迹仿真结果。从图中可以看到,最优方案的星下点轨迹准确地经过了目标点,此时星下点轨迹与目标的距离非常小,验证了应用

本算法求解单脉冲星下点轨迹调整最优脉冲方案的有效性。

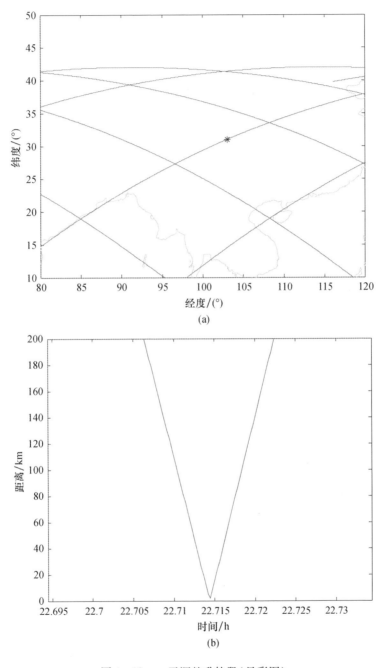

图 4-18　一天调整升轨段(见彩图)

(a)星下点轨迹;(b)星下点轨迹与目标距离变化曲线。

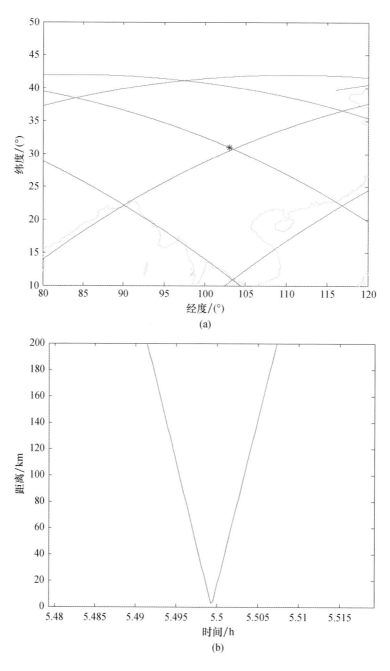

图 4-19 一天调整降轨段(见彩图)

(a)星下点轨迹;(b)星下点轨迹与目标距离变化曲线。

4.5 多脉冲遗传算法和非线性规划法双层算法

目前研究最优脉冲轨道机动问题采用的优化方法主要有直接法和间接法。直接法能够较好地求解非线性优化问题,但是需要先确定脉冲数目;主向量是具有启发性的间接优化方法,但是目前广泛应用于二体问题中。由于本章星下点轨迹调整问题考虑 J_2 摄动,故本节采用直接法求解多脉冲星下点轨迹调整燃料最优方案问题。将最优轨道机动问题转化为参数优化问题,通过依次增加脉冲数目的方式寻找燃料最优解。

4.5.1 多脉冲星下点轨迹调整优化模型

脉冲作用时,作用前的状态用 – 表示,作用后用 + 表示,则有

$$\begin{cases} r_j^+ = r_j^- \\ t_j^+ = t_j^- \\ \Delta v_j = v_j^+ - v_j^- \end{cases} \tag{4-80}$$

取脉冲间隔和脉冲矢量为决策变量

$$\begin{cases} \Delta t_j & (j = 1,2,\cdots,n) \\ \Delta v_j & (j = 1,2,\cdots,n) \end{cases} \tag{4-81}$$

式中:Δt_1 为从初始时刻到第一次脉冲经过的时间;Δt_j 为 Δv_{j+1} 与 Δv_j 之间的时间间隔。

n 脉冲星下点轨迹调整优化问题可以描述为

$$\min J = \Delta v = \sum_{j=1}^{n} |\Delta v_j|$$

$$\text{s.t.} \begin{cases} \min(\text{abs}(\Delta\lambda_{\text{east}},\Delta\lambda_{\text{west}})) = 0 \\ |r| > Re, \Delta v < \Delta v_{\max} \\ \sum_{j=1}^{n} \Delta t_j + t_{fn} \leq D \end{cases} \tag{4-82}$$

式中:t_{fn} 为末端滑行段时间;D 为允许调整天数。

传统的非线性规划算法往往采用梯度法求解,局部搜索能力强,但是对于复杂的问题容易陷入局部最优点。遗产算法从随机产生的初始解开始,采用选择、交叉和变异算子进行迭代搜索,全局搜索能力较强,但局部搜索能力较弱,一般得到问题的次优解而不是最优解。由分析可知,多脉冲星下点轨迹调整优

化问题对于一组时间变量 Δt_j 有多个可行解,因此局部解十分多,仿真实验得到的结论是仅用遗传算法难以求得全局最优解。故本节将结合两种算法的优点,考虑到每组时间变量 Δt_j 分别对应一组最优脉冲变量 Δv_j,外层采用遗传算法对多组时间变量进行全局搜索,内层采用非线性规划方法对脉冲变量进行局部搜索,以得到燃料最优机动方案。

由于遗传算法不能直接处理带约束的优化问题,评价函数采取外罚函数的形式,即

$$P_e = J + \alpha_1 \parallel c_1 \parallel^2 + \sum_{j=2}^{3} \alpha_j \parallel \min(0, c_j) \parallel^2 \quad (4-83)$$

式中:c_1 为等式约束;c_2、c_3 为不等式约束。

根据评价函数,本算法适应度函数记为

$$\text{fitness} = P_e \quad (4-84)$$

总结多脉冲轨迹调整优化算法流程如图 4-20 所示。图中用遗传算法对时间变量 Δt_j 进行编码,通过选择、交叉、变异算子经过一定遗传代数后求取全局解。对每代个体来说,个体表现型仅含一组时间变量,由 4.2.1 节的结论可知,每组时间变量都含有多组脉冲方案,结合非线性规划算法的优点,对每组时间变量求解最优脉冲变量,以此确定这组时间变量的适应度函数。因此,本算法分两层进行优化,双层算法的最优脉冲结果是相应时间组合里燃料最优方案,而该时间组合在各代各个体表现的所有时间组合中适应度最高。

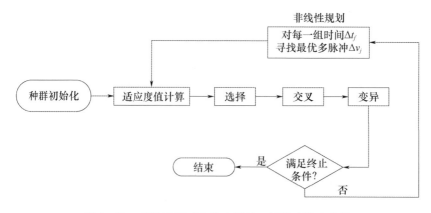

图 4-20　多脉冲星下点轨迹调整双层算法算法流程

对 Δt_j 采取二进制编码,选择算子采用轮盘赌选择,交叉概率和变异概率均为 0.7。种群规模取决于问题的复杂程度,本问题的种群规模为 100～300 个,

由于收敛比较快,遗传代数取 50～80 代,代沟为 0.95。惩罚因子取 1000～10000,脉冲时间间隔不小于 10s,最大脉冲增量不超过 0.5km/s。

4.5.2 仿真算例

下面将双层算法应用于多脉冲星下点轨迹调整问题求解燃料最优方案,初始参数同 4.4.1 节。本节将验证双层算法求解多脉冲轨迹调整问题的有效性,讨论其计算效率及计算精度,并给出最优脉冲方案。

在进行多脉冲优化前,首先讨论最简单的情况,对带初始滑行段的单脉冲星下点轨迹调整方法进行优化。与单脉冲星下点轨迹调整方法不同的是,初始滑行段允许航天器选择脉冲作用时刻。一般来说,在近地点附近施加的脉冲机动对轨道参数影响很大,多数情况下燃料最优方案在近地点或者近地点附近产生。因而对带初始滑行段的单脉冲星下点轨迹调整问题进行优化,与前两节的结果相比,能得到燃料更优的解决方案。使用图 4-20 所示双层算法得到的优化结果如表 4-4 所列。

表 4-4 带初始滑行段单脉冲轨迹调整最优方案

时间	轨段	$\Delta t_1/s$	$\Delta v_1/(km/s)$	过顶时间	经度误差/(°)
一天	升轨	403	-0.082875	22h42min54s	0.0160
	降轨	858	0.258232	5h30min4s	-0.0678
二天	升轨	417	-0.041794	46h16min38s	0.0212
	降轨	491	0.045538	29h3min56s	-0.0905
三天	升轨	435	-0.028384	69h50min19s	-0.0130
	降轨	462	0.024160	52h37min42s	-0.0948

将表 4-4 仿真结果与表 4-3 中的数据对比,加入初始滑行段进行优化后,最优机动方案脉冲增量减少了 0.11～0.39m/s,证明带初始滑行段的单脉冲星下点轨迹调整方法能产生燃料更优的方案。通过分析仿真数据可验证最优脉冲机动在近地点或其附近施加。从表 4-4 还可以看出,增加轨迹调整时间(天数),仍然能节省大部分燃料。

表 4-5～表 4-7 依次给出了脉冲数为 2～4 时,双层算法计算结果。将表 4-5～表 4-7 与表 4-4 的仿真结果进行比较,相应最优脉冲并没有明显变化。从表中还可以看出,多脉冲最优机动仍然在近地点附近作用在卫星上。

表4-5 双脉冲星下点轨迹调整最优方案

时间	轨段	Δt_1 /s	Δv_1 /(km/s)	Δt_2 /s	Δv_2 /(km/s)	Δv /(km/s)	过顶时间	经度误差 /(°)
一天	升轨	409	-0.041441	10	-0.041437	0.082878	22h42min54s	0.0163
	降轨	832	0.129129	28	0.129103	0.258232	5h30min5s	-0.0431
二天	升轨	402	-0.020897	40	-0.020897	0.041794	46h16min37s	-0.0009
	降轨	485	0.022769	10	0.022769	0.045538	29h3min56s	-0.0825
三天	升轨	427	-0.014192	17	-0.014192	0.028385	69h50min19s	-0.0184
	降轨	458	0.012080	10	0.012080	0.024160	52h37min42s	-0.0861

表4-6 三脉冲星下点轨迹调整最优方案

时间	轨段	Δt_1 /s	Δv_1 /(km/s)	Δt_2 /s	Δv_2 /(km/s)	Δt_3 /s	Δv_3 /(km/s)	Δv /(km/s)	过顶时间	经度误差 /(°)
一天	升轨	321	-0.027623	110	-0.027630	22	-0.027629	0.082882	22h42min54s	0.0218
	降轨	840	0.086086	38	0.086073	21	0.086075	0.258234	5h30min5s	-0.0286
二天	升轨	416	-0.013931	16	-0.013932	33	-0.013931	0.041794	46h16min37s	-0.0286
	降轨	473	0.015179	13	0.015179	11	0.015179	0.045538	29h3min57s	-0.0536
三天	升轨	270	-0.009602	236	-0.009607	5517	-0.009393	0.028602	69h50min19s	0.0001
	降轨	449	0.008054	18	0.008054	28	0.008054	0.024161	52h37min42s	-0.0987

表4-7 四脉冲星下点轨迹调整最优方案

时间	轨段	Δt_1 /s	Δv_1 /(km/s)	Δt_2 /s	Δv_2 /(km/s)	Δt_3 /s	Δv_3 /(km/s)	Δt_4 /s	Δv_4 /(km/s)	Δv /(km/s)	过顶时间	经度误差 /(°)	距离 /km
一天	升轨	287	-0.02072	71	-0.02072	30	-0.02072	70	-0.02072	0.08289	22h42min54s	0.0172	0.39
	降轨	417	0.17922	6887	0.11853	8919	0.00049	10	0.00037	0.29861	5h30min2s	-0.0628	1.95
二天	升轨	279	-0.01045	197	-0.01046	116	-0.01045	27	-0.01045	0.04181	46h16min37s	-0.0185	-0.02
	降轨	477	0.01138	11	0.01138	11	0.01138	11	0.01138	0.04554	29h3min57s	-0.0609	3.66
三天	升轨	349	-0.00710	57	-0.00710	44	-0.00710	46	-0.00710	0.02839	69h50min19s	-0.0235	1.69
	降轨	405	0.00604	20	0.00604	22	0.00604	14	0.00604	0.02416	52h37min41s	-0.1115	4.97

图4-21和图4-22给出了四脉冲一天内星下点轨迹调整最优方案的星下点轨迹仿真结果(图中蓝色曲线表示最优一个脉冲作用前的星下点轨迹)及距离变化曲线。从图中可以看出,运用本算法获得的最优脉冲方案星下点轨迹准确地经过了目标,且此时星下点轨迹与目标的距离分别为0.3926km(升轨

段)和1.9525km(降轨段)。因此,本算法精度比较高,本实例中能达到5km以下。

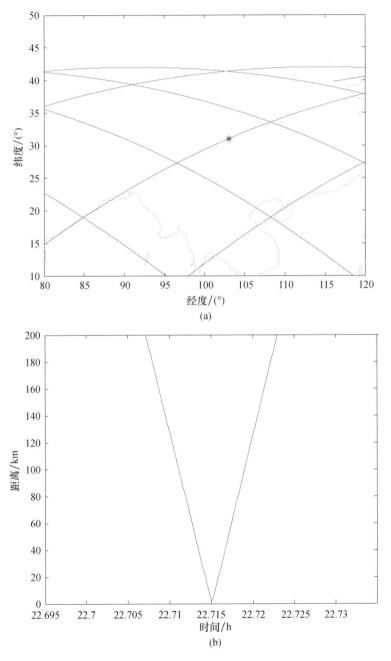

图4-21 四脉冲一天调整升轨段(见彩图)
(a)星下点轨迹;(b)星下点轨迹与目标距离变化曲线。

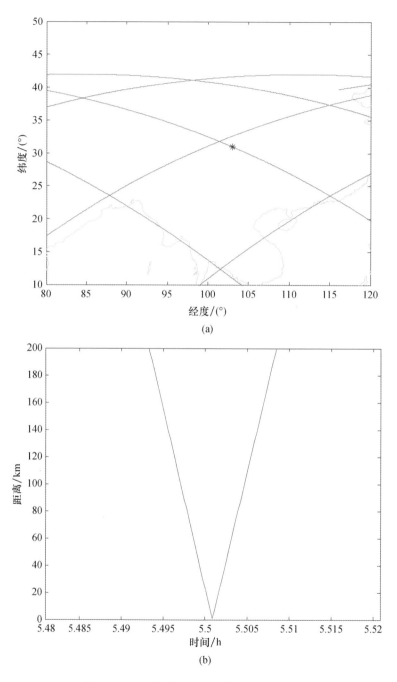

图 4-22 四脉冲一天调整降轨段(见彩图)

(a)星下点轨迹;(b)星下点轨迹与目标距离变化曲线。

从仿真结果来看,与遗传算法相比,虽然单次仿真时间增长了,但是本算法仅需进行一次仿真经过少量世代就可以收敛到全局最优解,而遗传算法对于复杂问题需数次重复实验并且容易得到局部解,因此采用本算法求解星下点轨迹调整问题提高了计算效率,节省了计算时间。

综上所述,多脉冲双层星下点轨迹调整算法能有效地求解多脉冲星下点轨迹调整燃料优化问题,不仅能提供全局性较好的燃料最优解,并且计算效率高、精度高。从本算例得到的多脉冲计算结果来看,最优脉冲是带滑行段的单脉冲,增加脉冲个数并不能明显减少需消耗的总燃料。如果增加轨迹调整天数,则能显著节省燃料。

第 5 章
快速响应卫星的软件构件化设计与评估

为了实现和提高快速响应卫星的通用性,卫星上层管理采用构件化技术,构件之间通过软件总线连接。为更好地发挥构件通用化优势,星上往往采用多条软件总线[112]。构件化软件技术通过软件总线实现具有标准接口模块的构件组合和集成,能够实现对已有构件的重用,并即插即用快速构建应用系统,是当前软件设计的主流手段,在地面软件系统中取得了极大成功。然而,多总线并存的通信形式也为卫星带来了总线间通信困难的问题。星载计算机的计算水平不断提升,为构件化星载软件提供了有利应用条件。当前 NASA、ESA 等航天研究机构均投入了大量人力来探索这项技术,并设计了 CFS、SDM 等软件系统。

快速响应卫星星载软件采用构件化体系架构设计时,开发周期短,软件系统单元测试、确认测试往往不充分,需要一种软件系统健康状态确认的方法,以确保构件化软件系统的运行可靠性、安全性。一方面,快速响应卫星结构小功能多,对整星功能密度的要求显著增加,星载软件集成的功能也更多;另一方面,卫星商用器件应用越来越广泛,集成度高、精度低,更易受到空间环境的影响,易导致卫星在轨故障。再加上我国测控弧段短等因素,使得地面干预卫星在轨状态修复的时间受限,因此对星上自主健康管理功能的需求非常迫切[113]。

采用构件化体系架构时,快速响应卫星的遥测数据由组成卫星的各个构件化软件的状态信息组成。通常在实际实施过程中,遥测数据为定长数据,一组完整的遥测数据大多是由一个或若干遥测数据包组成,受卫星下传数据速率的限制,通常一组完整的下行遥测数据同样需要分为若干下行遥测数据包才能下传完毕。此外,遥测数据的更新时间从几秒到几十秒不等,而且星上各构件对应的遥测数据的常规采样周期为毫秒级或秒级,因此卫星在轨产生的遥测数据仅有很少一部分能够下传到地面[114]。因此,需要采用适当的遥测数据处理方

第 5 章　快速响应卫星的软件构件化设计与评估

法以降低遥测数据量。

结合快速响应卫星的产品体系特点,本章提出一种适用于快速响应卫星的产品化、通用化、可扩展的软件体系架构,并针对该结构下的构件化软件在轨运行评估方法和自主状态评估方法进行深入研究。

5.1　软件构件化体系架构设计

典型的星载软件体系架构一般由硬件层、板级支持包、嵌入式操作系统和应用软件组成,如图 5-1 所示,各函数通过联合编译的方式完成星载软件的集成。采用这种开发方式,应用软件、操作系统和硬件资源相互耦合,星载软件无法灵活适应运行环境和飞行任务的变化。

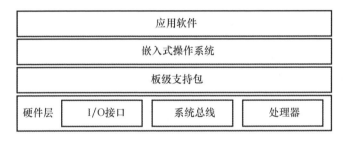

图 5-1　典型星载软件体系架构

快速响应卫星软件和传统类型的星载软件相比,除了满足系统所赋予的功能、性能外,还应当具有产品化、通用化、可扩展的软件体系架构,具有较强的复用能力,实现软硬件的快速集成,如图 5-2 所示。

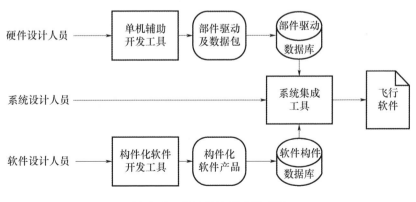

图 5-2　系统快速集成示意图

快速响应卫星软件体系架构的主要特点体现在:
(1) 能够适应不同的运行环境、部件配置和应用需求。
(2) 在星载软件的研制、测试、运行等生命周期,可适当降低对人工的依赖。
影响构件化软件通用化的主要因素包括:
(1) 运行环境因素。运行在星载计算机中,不同的卫星星载软件的软硬件配置差异较大,主要体现在处理器不同、对外接口不同等方面。
(2) 部件配置因素。任务不同,不同的卫星的部件配置差异较大,不仅数量不同而且类型差别也很大,例如有的卫星不包含推力器,有的卫星选配了控制力矩陀螺等。
(3) 飞行任务因素。星载软件的最终目的是实现飞行任务的执行。

5.1.1 构件化软件体系架构

建立快速响应卫星构件化星载软件体系架构如图 5-3 所示。

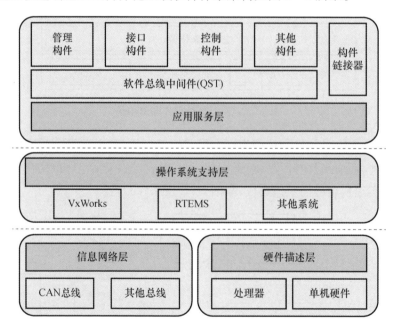

图 5-3 快速响应卫星构建化星载的软件体系架构

系统采用四层体系架构,其中:
(1) 硬件层同典型星载软件体系架构相同,为系统提供硬件运行环境;
(2) 信息网络层采用即插即用通信协议,实现设备识别与驱动;

(3) 操作系统支持层,是星载软件核心层,是构件化体系架构的核心部分,是体系架构中公用的与应用无关的部分;

(4) 应用服务层为体系架构中顶层的、选配的和应用场景关联紧密的部分。

因此,星载软件由稳定部分和选配部分两大部分组成(见图 5-4)。操作系统支持层是星载软件核心层,它包括嵌入式实时操作系统、文件系统、软件总线中间件、动态链接器或其他商用货架产品(COTS)软件等公用软件模块,属于星载软件中的稳定部分;应用服务层根据飞行任务进行构件选配,接口层依据运行环境进行驱动选配。

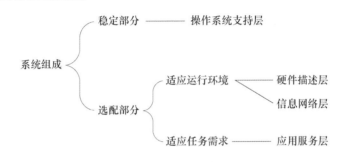

图 5-4 构件化星载软件层次图

系统选配部分不与核心层联合编译,而是采用文件的形式保存,在需要集成时动态链接而成,涉及的文件类型包括:

(1) 软件构件文件,采用 ELF 目标文件格式,是完成编译后的软件构件。该类文件是依据一定的规则进行源代码组织编写,并完成编译。软件总线中间件具有检测并加载该类文件的能力。

(2) 标准节点描述文件,采用自定义格式 QSNfile。该类文件描述了节点的相关属性信息。软件总线中间件能够检测该类文件并加载,完成对总线节点的识别与驱动。标准节点包括硬节点和虚拟节点两种。

(3) 脚本描述文件(QSTS 文件),是一种自定义的脚本文件。该类文件用来描述序列或配置等。软件总线中间件能够读取并分析该描述文件,进而完成飞行程序、任务管理或姿态调度等。

软件体系架构具有层次化、开放式特点,支持软件快速生成。外部构件靠外部激励激活,内部构件通过主题来激励,之后再发布其他主题来激活其他构件。当一个构件获得另外一个构件发布主题时,应处理发布主题的构件发布的数据,即链接两构件的主题有对应的数据结构来存储数据并随主题一起传给订阅该主题的构件。信息网络层主要实现设备信息交互,是实现即插即用的基础;硬件描述层主要实现加载驱动、自检等,是实现即插即用的核心;操作系统层主要支持各操作系统的兼容使用;应用服务层以中间件为核心,加载不同功能软件构件,支持在轨调整。

基于软件总线的构件化软件,开发周期短,可重复使用,可降低软件开发成本。在快速响应卫星研制中,以具有标准接口的软件总线为基础,按需要从预先编写的软件构件库中选择不同功能的构件,实现系统软件的快速生成。软件构件进行分类管理,由姿态敏感类构件、姿态计算类构件、模式控制类构件、管理类构件、接口类构件及应用类构件组成构件库,并根据任务要求进行快速重构使用。

(1)姿态敏感类构件:接收敏感器测量数据,完成数据有效性判断,将敏感器测量数据转换为工程值。

(2)姿态计算类构件:提供姿态计算的基本功能,根据各姿态敏感器状态及工程数据计算卫星姿态与轨道;根据飞行任务、飞行状态控制卫星姿态与轨道。

(3)模式控制类构件:管理各种姿态模式,并完成控制。

(4)管理类构件:管理软件构件,链接任务所需构件,进行卫星时间管理,自主完成给定的飞行程序。

(5)接口类构件:使用系统总线与各系统或单机通信,接收各节点发出的工程数据,接收执行数据注入指令,存储延时数据注入指令,并在指令指定时间执行,组织并下传卫星遥测参数。

(6)应用类构件:进行飞行任务管理,执行注入的飞行程序;对各系统工程数据进行分析,获取卫星健康状态,并对故障部件进行自主处理;分析整星系统电源电流、电压及蓄电池容量变化,保证飞行安全。

5.1.2 基于构件化软件的接口适配器

采用构件化技术时,构件之间通过总线连接,但功能构件还需和底层接口进行数据交互。目前,星上对接口的管理使用普遍采用显示调用的方法,采用这种方法各设备接口不统一,设备管理与使用不灵活,功能构件对设备改变的适应性不灵活[115]。为了解决该问题,设计了一种基于构件化软件的卫星接口适配器,如图5-5所示。

1. 设备管理单元

设备管理单元管理各设备接口,实现设备接口注册,管理设备ID,发布/订阅主题等信息,N个设备的注册信息如表5-1所列。

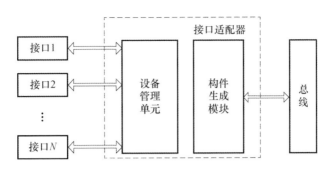

图 5-5　基于构件化软件的卫星接口适配器

表 5-1　设备管理单元注册信息

序号	构件	设备
1	构件句柄	设备接口 1
2	构件句柄	设备接口 2
3	构件句柄	设备接口 3
⋮	⋮	⋮
N	构件句柄	设备接口 N

2. 构件生成模块

构件生成模块以构件化方式管理接口适配器。根据设备管理单元信息,该模块以构件形式向软件总线注册接口适配器,从而实现设备发布、订阅主题。

3. 适配器实现步骤

(1)设备注册。向接口适配器注册接入设备,接口适配器管理设备 ID、发布/订阅主题等信息。

(2)适配器激活。接口适配器向软件总线注册。通过软件总线其他构件、设备可发布/订阅主题,实现设备通信。

(3)设备通信。其他构件通过总线发布/订阅主题,当主题与接口适配器相符时,其他构件可与接口适配器数据交换。接口适配器操作所对应设备,从而实现与星上设备通信。

5.1.3　基于构件化软件的总线路由器

为更好地发挥构件通用化优势,采用基于构件化软件的总线路由器的多总线管理方法,以更好地实现总线间的通信[112]。基于构件化软件的卫星总线路由器如图 5-6 所示。

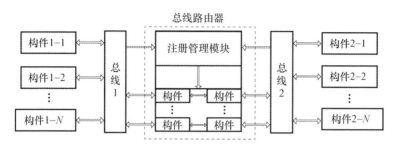

图 5-6　基于构件化软件的卫星总线路由器

1. 总线注册管理模块

总线注册管理模块管理卫星总线注册,提取总线构件主题,根据构件主题管理总线间构件通信映射表。实现流程如下:

(1)卫星软件总线向路由器模块注册本总线,总线路由器提取总线地址。

(2)总线路由器遍寻总线构件主题,当构件需与其他总线构件通信时,将通信构件插入映射表。

2. 中间构件数据交换模块

当总线间通信时,中间构件数据交换模块实现总线路由器上中间构件间的数据交换,如图 5-7 所示。

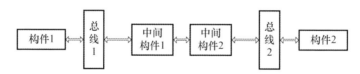

图 5-7　中间构件数据交换示意图

3. 实现流程

(1)等待总线间构件通信时隙,依据构件主题查找总线路由器构件映射表。

(2)若无对应映射表项,则结束该次通信;否则,执行下一步。

(3)根据构件主题,构件 1 发送数据至总线 1 上,中间构件 1 从总线 1 读取数据。

(4)总线路由器实现中间构件 1、2 间数据交换。

(5)中间构件 2 发送数据至总线 2 上,对应构件 2 从总线 2 上读取数据。本次通信结束,等待下一通信时隙到来。

5.2 基于PETRI网的构件化软件在轨运行评估方法设计

健康评估是健康管理系统架构中的重要环节,主要依靠现代信息采集、处理技术,采用一定的综合评估方法,衡量不同程度的故障或性能退化对系统的运行状态造成的影响大小,得到健康状态综合结论[113]。同时,通过对构件化星载软件系统进行健康评估,能够发现软件系统中的潜在问题,弥补由于采用复用开发模型、减少系统测试时间等带来的系统故障风险。考虑构件化星载软件系统组成的复杂性,以及PETRI网在描述复杂星载软件及其运行过程的优势,开展健康评估PETRI网模型参数确定问题研究,构建构件化星载软件系统运行评估方法体系。

5.2.1 基于PETRI网的健康评估模型

PETRI网[117]是用来描述分布式系统的一种有向二分图模型,使用库所、变迁、流关系及托肯等基本元素描述系统节点间的相互连接关系以及系统动态衍化过程。库所代表系统节点,表示待研究目标系统的部件、设备节点,也可表示系统运行存在的局部状态;变迁代表系统动态行为衍化的推动事件,表示使系统状态信息发生改变的触发事件;流关系仅存在于库所与变迁之间,代表了系统状态的变化或资源流动的方向;托肯代表所研究系统的资源或目的信息。PETRI网中每条有向边都有其对应权函数,默认有向边权函数恒等于1。

考虑到部件、系统健康状态的模糊性,无法用某一确定值准确描述其健康状态,因此以 $H_{\deg}=\{h_1,h_2,h_3,h_4,h_5\}$ 描述各部件、分系统或功能模块单元的健康状态评估结果[118],其中 h_1 表示工作状态良好,h_2 表示工作状态正常,h_3 表示工作状态一般,h_4 表示工作状态恶化,h_5 表示工作状态病态。同时考虑到不同部件或分系统或功能模块对其上层系统健康状态影响程度不同,引入健康权值的概念。通过调整不同部件或分系统或功能模块的权重,得到更符合实际情况的健康状态分析结果。因此,卫星健康状态评估PETRI网模型可以表示为一个七元组:$S=(S,T;F,H,W,U,f,lh)$。

(1)$S=\{S_1,S_2,S_3,S_4,S_5\}$ 为库所节点集合,表示系统组件节点及其健康评估指标,库所的托肯代表各评估指标、部件、分系统或功能模块或整星的健康状态评估结果。若卫星健康评估PETRI网模型存在库所的前置集为空集,即 $\exists s\in S,$ 有 $^*s=\{\phi\}$,则称 s 为输入库所,健康评估模型中输入库所表示部件评估指标或可监测最小单元的健康状态,以各健康等级 H 白权化函数值表示。若卫星健康评估 PETRI 网模型存在库所的后置集为空集,即 $\exists s \in S$,有 $s^* = \{\phi\}$,则称 s 为输出库所,健康评估 PETRI 网模型中输出库所只有一个,即整星健康状态评估结果。除输入库所、输出库所外的其他库所节点为中间库所,中间库所表示卫星非最小可监测单元、部件或分系统或功能模块级健康状态。

(2) $T = \{T_1, T_2, \cdots, T_n\}$ 为变迁集合,表示卫星系统中使得库所节点健康状态信息发生变化的事件信息,即卫星健康评估 PETRI 网模型的健康推理发生条件。

(3) $F \subseteq (S \times T) \cup (T \times S)$ 为库所和变迁之间的有向边连接,表示卫星系统各部件或分系统或功能模块之间的连接关系及系统健康状态信息的传播推理路径,其有向边连接与实际系统设计实现有关。

(4) H 为库所所代表设备的健康状态信息,$h_{\tau,m}$ 为 τ 时刻库所 s_m 的健康状态,以 5 类健康等级 $H_{\deg}$ 白权化函数值表示。

(5) W 为变迁权值系数的集合,$w_{i,j}$ 表示变迁点火发生时其前置库所 i 健康状态反映后置库所 j 健康状态的权重大小,满足 $0 \leq w_{i,j} \leq 1$ 且 $\sum w_{i,j} = 1$。

(6) U 为变迁置信度,μ_i 表示变迁 T_i 的前集所代表健康评估指标或设备健康状态信息反映其后集所代表设备健康状态的可信程度,即置信度反映部件或分系统或功能模块健康状态信息的完备程度。

(7) f 为输入库所集融合规则,当初始库集所代表评估指标相互影响,需进行数据融合以反映上层部件健康状态。

卫星系统可划分为若干分系统或功能模块和子模块。子模块包含硬件和软件两部分,其中:子模块状态包括硬件状态集合和软件构件 PETRI 网的库所集合 S_P,共同组成健康状态评估 PETRI 网库所集合 S;硬件动作和软件构件动作集合 T_P 共同构成健康状态评估 PETRI 网变迁集合 T;硬件间数据流关系和软件构件间数据流关系集合 F_P 共同构成健康状态评估 PETRI 网的弧集合;子系统或模块的硬件健康状态、变迁权值系数、变迁置信度和融合规则等则根据硬件和系统设计而确定。系统、子系统模块、硬件软件构件和健康状态评估 PETRI 网间的映射关系如图 5-8 所示。

1. 健康评估 PETRI 网模型推理规则

PETRI 网中托肯分布反映系统的状态,托肯在健康评估 PETRI 网中的流动反映了系统的动态特性,反映了状态信息在整个系统中的传播过程。健康状态评估 PETRI 网模型中变迁的激发是初始库所集健康状态信息更新。初始库所

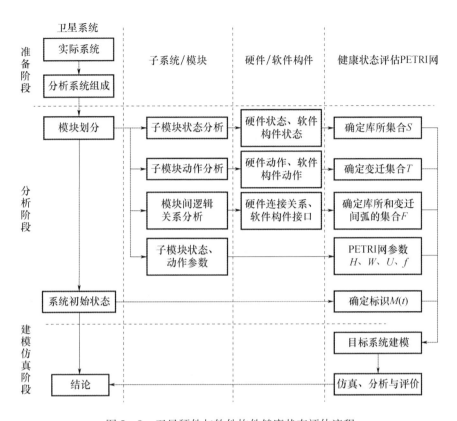

图 5-8 卫星硬件与软件构件健康状态评估流程

集的托肯数目与时间和遥测数据是否更新有关,则初始库所集托肯满足如下定义。

定义 5-1:若 $\exists s \in S$,满足 $^*s = \{\phi\}$,则其托肯满足

$$M(s_m) = \begin{cases} h_{\tau,m}, \tau = t_{\text{update}} \\ h_{\tau-1,m}, \tau \neq t_{\text{update}} \end{cases} \quad (5-1)$$

式中:$h_{\tau,m}$ 为当前遥测更新时刻 t_{update} 库所 s_m 的健康度;$h_{\tau-1,m}$ 为前一包遥测更新时刻所 s_m 的健康度。

健康评估 PETRI 网模型中,变迁点火发生表示系统健康状态信息的流动,整个 PETRI 网的动态发生只与初始库所集的状态有关。健康评估 PETRI 网模型点火规则满足定义 5-2。

定义 5-2(变迁点火):对于 $t \in T$,当其前置库所集状态更新时,变迁 t 可点火。变迁发生后,健康评估 PETRI 网输出库所健康状态将会更新。更新后的托肯满足

$$M(s_m) = \begin{cases} 0 & (s \in {}^*t) \\ \Gamma(M(s_i) \mid s_i \in {}^*t) & (s \in t^*) \end{cases} \quad (5-2)$$

式中：$\Gamma(M(s_i)|s_i \in {}^*t)$表示变迁 t 前置库所对上层系统健康状态影响的推理规则。

部件健康状态对上层系统健康状态的影响因部件之间相互依赖关系的不同而不同。建立健康评估 PETRI 网模型时，采用直接方法，根据卫星结构进行建模。卫星系统中常见的部件间依赖关系包括串联关系、冗余关系以及并发关系，分别如图 5-9 至图 5-11 所示。

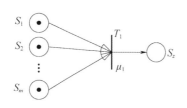
图 5-9 串联关系 PETRI 网

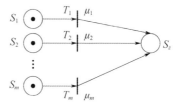
图 5-10 冗余关系 PETRI 网

串联关系是指同类部件共同工作形成有效输出的关系，在这种关系下系统健康状态受到一个或多个部件健康状态共同影响。此时，上层系统健康状态表示为

$$h_{t,z} = (h_{t,1} \cdot w_{1z} + h_{t,2} \cdot w_{2z} + \cdots + h_{t,m} \cdot w_{mz}) \quad (5-3)$$

冗余关系是主份部件与其冷热备份的关系，主要出现在具有冗余单元的系统中，是底层部件设备和上层系统之间一种重要的关系。冷备份冗余下，备份单元在主份正常工作情况下不通电、不运行；热备份冗余下，主备份同时加电运行。因此，在冷备份下系统健康状态是通电运行单元的健康状态，如式（5-4）所示；热备份冗余下，系统健康状态是各冗余单元最好的健康状态，如式（5-5）所示。

$$h_{t,z} = h_{t,\text{work}} \cdot \mu_{\text{work}} \quad (5-4)$$

$$h_{t,z} = \max\{h_{\tau,1} \cdot \mu_1, h_{\tau,2} \cdot \mu_2, \cdots, h_{\tau,m} \cdot \mu_m\} \quad (5-5)$$

当底层部件的功能对多个上层系统产生影响时，部件和系统之间属于并发关系。这种关系下，各上层系统健康状态表示为

$$h_{\tau,1} = h_{\tau,2} = \cdots = h_{\tau,m} = h_{\tau,1} \cdot \mu_1 \quad (5-6)$$

以上串联关系、冗余关系及并发关系反映了部件间系统关系。当根据部件健康评估指标对部件状态评估时，若评估指标间相互独立，则可以由图 5-9、

图 5-10 和图 5-11 所示推理规则进行部件级状态评估;若评估指标不能显性反映部件状态,则在健康评估 PETRI 网模型中引入虚拟节点 S_f,表示评估指标依据融合规则 f 数据融合的状态指标,如图 5-12 所示。

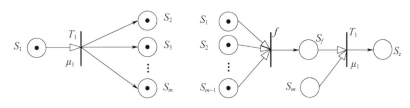

图 5-11　并发关系 PETRI 网　　图 5-12　评估指标数据融合 PETRI 网

2. 健康评估 PETRI 网模型动态性质

分析健康状态评估 PETRI 网的动态性质对了解整个系统的健康评估过程及网结构具有重要作用。根据 PETRI 网几方面动态特性,下面着重对健康状态评估 PETRI 网模型的可达性、活性、冲突及可覆盖树四方面的动态性质进行阐述分析。

(1)可达性:根据定义 5-2 变迁点火发生条件的相关阐述可知,当其前置库所集健康状态更新时,变迁可点火发生,故健康状态评估 PETRI 网模型所有变迁均可点火发生,健康状态评估 PETRI 网模型各状态在初始库所集标识下是完全可达的。

(2)活性:根据健康状态评估 PETRI 网模型的变迁点火定义,整个健康状态评估 PETRI 网模型是活的。

(3)冲突:与传统 PETRI 网不同,健康评估 PETRI 网模型中流动的是系统状态信息,其状态信息是可重用的,因此,各库所变迁之间不存在冲突问题。

(4)可覆盖树:根据健康评估 PETRI 网模型定义及其推理规则可知,其可覆盖树与健康状态评估的层次结构相对应。

5.2.2　健康评估 PETRI 网模型参数确定

1. 数据无量纲化处理

卫星的健康状态评估依赖对可获取的遥测数据的分析,反映卫星健康状态的遥测数据具有不同的性质、量纲。因此,在使用卫星特征参数进行健康评估时,需将其进行规范化处理,以得到区间一致、度量相同的数据,即无量纲化处理,以实现数据的综合分析。遥测数据的无量纲化处理,即标准化、规范化处理,是通过一定的数学变化来消除指标量纲的影响[116]。指标无量纲化是健康评估的第一步,其结果对评估结果产生重要的影响。

本章在对卫星指标参数进行无量纲化处理时,取特征参数偏差 $x = |X - X_e|$ 作为参考指标,其中:X 是特征参数的实测值;X_e 是期望值,可以是某一具体值,如指令控制的期望输出飞轮转速,也可以是某一范围值,如蓄电池电压期望值 $X_e \geq 7.2V$。故 x 越小越好,为逆向型指标。为更好地描述系统状态,期望无量纲化后数据范围在 0~100 之间,当 $x = x_n$ 时,$f(x) = 100$,当 $x = x_m$ 时,$f(x) = 0$。根据实际系统要求,当特征参数偏差较小时,反映卫星健康状态较好,在偏差较小的基础上,健康状态恶化程度变化较为平缓;当特征参数偏差变大时,反映卫星健康状态逐渐恶化,在偏差较大的基础上,健康状态恶化程度逐渐加快,所采用无量纲化处理函数模型如图 5-13 所示。

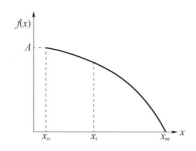

图 5-13 健康状态评估指标无量纲处理函数

无量纲处理函数为

$$f(x) = \begin{cases} A & (x \leq x_n) \\ A \dfrac{x_m - x}{x_m - x_n} e^{\left(1 - \frac{x_m - x}{x_m - x_n}\right)b} & (x_n < x < x_m) \\ 0 & (x \geq x_m) \end{cases} \quad (5-7)$$

式中:$f(x)$ 为无量纲化处理数值;x_n 为特征参数偏差值下限;x_m 为特征参数偏差值上限;A 为无量纲化处理数值范围参数,为直观描述系统健康状态取 $A = 100$;b 为形状调节参数,当 $b = 0$ 时,无量纲处理函数简化为线性处理函数。

2. 特征参数权值确定

(1) 基于层次分析的权值确定。

如图 5-14 所示,层次分析法利用系统层次结构,根据专家经验知识将各个指标进行两两比较,确定各指标之间的相对重要性,从而构成成对判断矩阵。通过成对判断矩阵的矩阵运算,确定每一层次评估指标相对上一层次的相对重要性及权值。在构造成对判断矩阵时,需采用一定的标度对评估指标的相对重要性进行定量化表示。

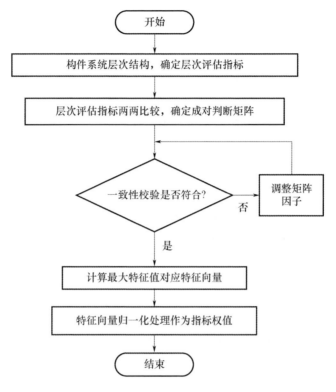

图 5-14　层次分析法评估指标权值确定流程

（2）基于熵值赋权法的指标权值确定。

采用熵值赋权法确定健康评估指标或部件相对于其上层系统的客观权值系数。利用熵值赋权法确定相应权值系数,可充分利用健康状态评估指标遥测数据变化信息,避免健康评估指标或部件权值的人为因素干扰。

在健康状态评估模型中,设待评估对象有 n 个健康状态评估指标,m 组健康状态评估指标无量纲处理后的数据 $P = (p_{ij})_{m \times n}$,并进行归一化处理以满足变量取值范围在 0～1 之间。归一化数据为 $P^* = (p_{ij}^*)_{m \times n}$,其中

$$p_{ij}^* = \frac{p_{ij}}{\sum_{i=1}^{n}\sum_{j=1}^{m} p_{ij}} \qquad (5-8)$$

对于某个健康状态评估指标 r_j,其信息熵为

$$E_j = -k \sum_{i=1}^{m} p_{ij}^* \ln p_{ij}^* \qquad (5-9)$$

式中:$k=1/\ln m$;$j=1,2,\cdots,n$。指标 r_j 的熵权为

$$\omega_j = (1-E_j)/\left(n-\sum_{j=1}^{n}E_j\right) \quad (5-10)$$

由各健康状态评估指标熵权 ω_j 组成列向量,构成底层评估指标相对上层系统的权值系数。在健康状态评估中,由熵值赋权法所得的权值大小反映了健康状态评估指标遥测历史数据变化剧烈程度,数据变化越剧烈其权值越大。

(3)基于离差最小化的组合权重确定。

组合赋权是多属性决策中的重要研究内容之一,通过一定的权值组合方法将主观权重与客观权重有效结合,使得多属性决策更加合理直观。组合赋权时,针对研究对象特点不同采取不同的综合方法进行赋权,如最大熵原理、博弈论思想、离差最大化等。本章基于离差最小化思想进行组合赋权,使得组合权值系数接近各赋权方法所得权值的平均水平。

假设使用了 m 种权值确定方法对 n 个健康评估指标或部件相对其上层系统的权值进行了分析,第 i 种方法得到的权值向量为

$$\boldsymbol{w}(i) = [w_{i1}, w_{i2}, \cdots, w_{im}]^{\mathrm{T}} \quad (i=1,2,\cdots,m) \quad (5-11)$$

$$0 \leqslant w_{ij} \leqslant 1, \sum_{j=1}^{m} w_{ij} = 1$$

综合考虑各权值确定方法,将 m 种权值确定方法所得到权值向量进行线性组合,得到综合权值向量为

$$\boldsymbol{w} = \sum_{i=1}^{m} \alpha_i \boldsymbol{w}^{\mathrm{T}}(i) \quad (5-12)$$

展开可得

$$\boldsymbol{w} = \alpha_1 \boldsymbol{w}^{\mathrm{T}}(1) + \alpha_2 \boldsymbol{w}^{\mathrm{T}}(2) + \cdots + \alpha_m \boldsymbol{w}^{\mathrm{T}}(m) \quad (5-13)$$

式中:α_i 为线性组合系数。

定义权值离差为线性组合所得的权值向量与某一权值确定方法所得权值向量之差,表示为

$$Dw = \|\boldsymbol{w}^{\mathrm{T}} - \boldsymbol{w}^{\mathrm{T}}(i)\| = \left\|\sum_{k=1}^{m}\alpha_k \boldsymbol{w}^{\mathrm{T}}(k) - \boldsymbol{w}^{\mathrm{T}}(i)\right\| \quad (5-14)$$

以所定义权值离差最小作为最优目标,即

$$J = \min \|\boldsymbol{w}^{\mathrm{T}} - \boldsymbol{w}^{\mathrm{T}}(i)\| = \min \left\|\sum_{k=1}^{m}\alpha_k \boldsymbol{w}^{\mathrm{T}}(k) - \boldsymbol{w}^{\mathrm{T}}(i)\right\| \quad (i=1,2,\cdots,m)$$

$$(5-15)$$

对于 m 种赋权方法,共有 m 个优化目标,即

$$J_1 = \min \| \boldsymbol{w}^T - \boldsymbol{w}^T(1) \| = \min \| \sum_{i=1}^{m} \alpha_k \boldsymbol{w}^T(k) - \boldsymbol{w}^T(1) \| \quad (5-16)$$

$$J_2 = \min \| \boldsymbol{w}^T - \boldsymbol{w}^T(2) \| = \min \| \sum_{k=1}^{m} \alpha_k \boldsymbol{w}^T(k) - \boldsymbol{w}^T(2) \| \quad (5-17)$$

$$J_m = \min \| \boldsymbol{w}^T - \boldsymbol{w}^T(m) \| = \min \| \sum_{k=1}^{m} \alpha_k \boldsymbol{w}^T(k) - \boldsymbol{w}^T(m) \| \quad (5-18)$$

根据优化目标 J_1,对 $J_1(\alpha) = \sum_{i=1}^{m} \alpha_k \boldsymbol{w}^T(k) - \boldsymbol{w}^T(1)$ 求导可得

$$\boldsymbol{w}(1) \cdot \sum_{k=1}^{m} \alpha_k \boldsymbol{w}^T(k) = \boldsymbol{w}(1)\boldsymbol{w}^T(k) \quad (5-19)$$

展开可得

$$\alpha_1 \boldsymbol{w}(1)\boldsymbol{w}^T(1) + \alpha_2 \boldsymbol{w}(1)\boldsymbol{w}^T(2) + \cdots + \alpha_m \boldsymbol{w}(1)\boldsymbol{w}^T(m) = \boldsymbol{w}(1)\boldsymbol{w}^T(1)$$

$$(5-20)$$

同理,可得

$$\alpha_1 \boldsymbol{w}(2)\boldsymbol{w}^T(1) + \alpha_2 \boldsymbol{w}(2)\boldsymbol{w}^T(2) + \cdots + \alpha_m \boldsymbol{w}(2)\boldsymbol{w}^T(m) = \boldsymbol{w}(2)\boldsymbol{w}^T(2)$$

$$(5-21)$$

$$\alpha_1 \boldsymbol{w}(m)\boldsymbol{w}^T(1) + \alpha_2 \boldsymbol{w}(m)\boldsymbol{w}^T(2) + \cdots + \alpha_m \boldsymbol{w}(m)\boldsymbol{w}^T(m) = \boldsymbol{w}(m)\boldsymbol{w}^T(m)$$

$$(5-22)$$

表示为矩阵形式,即

$$\begin{bmatrix} \boldsymbol{w}(1)\boldsymbol{w}^T(1) & \boldsymbol{w}(1)\boldsymbol{w}^T(2) & \cdots & \boldsymbol{w}(1)\boldsymbol{w}^T(m) \\ \boldsymbol{w}(2)\boldsymbol{w}^T(1) & \boldsymbol{w}(2)\boldsymbol{w}^T(2) & \cdots & \boldsymbol{w}(2)\boldsymbol{w}^T(m) \\ \vdots & \vdots & & \vdots \\ \boldsymbol{w}(m)\boldsymbol{w}^T(1) & \boldsymbol{w}(m)\boldsymbol{w}^T(1) & \cdots & \boldsymbol{w}(m)\boldsymbol{w}^T(m) \end{bmatrix} \begin{bmatrix} \alpha_1 \\ \alpha_2 \\ \vdots \\ \alpha_m \end{bmatrix} = \begin{bmatrix} \boldsymbol{w}(1)\boldsymbol{w}^T(1) \\ \boldsymbol{w}(2)\boldsymbol{w}^T(2) \\ \vdots \\ \boldsymbol{w}(m)\boldsymbol{w}^T(m) \end{bmatrix}$$

$$(5-23)$$

由式(5-23)可得线性组合系数 $\alpha = (\alpha_1, \alpha_2, \cdots, \alpha_m)$,则最优组合权值向量的线性组合系数为

$$\alpha_k^* = \frac{\alpha_k}{\sum_{i=1}^{m} \alpha_i} \quad (5-24)$$

因此,可得最优组合权值向量为

$$w^* = \sum_{i=1}^{m} \alpha_k^* \boldsymbol{w}^T(i) \quad (5-25)$$

假设某一部件共有 n 个健康状态评估指标,分别由层次分析法得到主观权

值系数为 $w(1) = [w_{11}, w_{12}, \cdots, w_{1n}]$，由熵值赋权法得到客观权值系数为 $w(2) = [w_{21}, w_{22}, \cdots, w_{2n}]$，则根据式（5-23）可知，求解最优线性组合系数 $\alpha = (\alpha_1, \alpha_2)$ 的目标方程为

$$\begin{bmatrix} w(1)w^T(1) & w(1)w^T(2) \\ w(2)w^T(1) & w(2)w^T(2) \end{bmatrix} \begin{bmatrix} \alpha_1 \\ \alpha_2 \end{bmatrix} = \begin{bmatrix} w(1)w^T(1) \\ w(2)w^T(2) \end{bmatrix} \quad (5-26)$$

3. 权值调整

常权权值反映了系统底层评估指标对上层系统的相对重要程度，但其权值不会因系统的状态或其他影响因素而改变。当卫星某一状态量信息严重偏离正常值时，往往代表着卫星某一方面性能已急剧下降，但是根据常权权值系数来进行评估时，若其权重占整体比例并不大，代表恶化甚至病态的状态信息就会被其他信息掩盖掉，整星综合评估结果可能还是正常水平，没有准确反映卫星真实的运行状态，不符合健康评估预期。因此，需引入变权原理调整权值以适应系统状态的变化，更好地反映系统健康状态。

修正权值可表示为原权值及评估指标的函数，变权综合原理的变权公式为

$$w^*(x_1, x_2, \cdots, x_n, w_1^0, w_2^0, \cdots, w_n^0) = \frac{w_i^0 \dfrac{\partial B(x_1, x_2, \cdots, x_n)}{\partial x_i}}{\sum_{j=1}^n w_j^0 \dfrac{\partial B(x_1, x_2, \cdots, x_n)}{\partial x_i}} \quad (5-27)$$

式中：x_i 为系统第 i 个评价指标的无量纲处理数据；w_i^0 为系统第 i 个评价指标的常权权值；$B(x_1, x_2, \cdots, x_n)$ 为均衡函数。

取均衡函数，即

$$B(x_1, x_2, \cdots, x_n) = \sum_{i=1}^n x_i^\alpha \quad (0 < \alpha \leq 1) \quad (5-28)$$

则变权公式为

$$w^*(x_1, x_2, \cdots, x_n, w_1^0, w_2^0, \cdots, w_n^0) = \frac{w_i^0 x_i^{\alpha-1}}{\sum_{j=1}^n w_j^0 x_j^{\alpha-1}} \quad (5-29)$$

由式（5-29）可知，通过变权公式可解决某些健康状态评估指标权重较小，但当其恶化或病态时可能影响卫星系统状态的问题，使得卫星健康状态评估结果更加合理。变权系数 α 影响健康状态评估指标无量纲化数据对其变权效果的大小，其中：α 越接近于0，对于健康恶化的健康状态评估指标变权效果越明显；当 $\alpha = 1$ 时，变权公式得到的权值系数与常权权值系统相同，此时其不再具有调权功能。α 的选取需根据经验知识和实际评估结果进行调整。

4. 基于灰色聚类的健康等级确定

灰色聚类是将聚类对象按照聚类类别确定属性灰类及其白权化函数,计算不同的聚类指标所拥有的白化值,按灰类进行归纳,通过计算所有指标的综合效果,判断聚类对象所属类型。

利用灰色聚类实现健康等级的步骤如下:

(1)确定评估对象的灰色子类。根据健康评估 PETRI 网模型,将部件、系统健康划分为良好、正常、一般、恶化、病态 5 个等级。因此,共确定 5 个灰色子类,分别为良好、正常、一般、恶化、病态。

(2)确定评估指标集。根据式(5-7)对各评估指标原始数据进行无量纲化处理。

(3)建立评估对象针对各灰色子类的白权化函数。以无量纲化处理数据作为白权化函数的输入参数,针对良好、正常、一般、恶化、病态 5 个灰色子类,结合经验知识,各灰色子类白权化函数如图 5-15 所示,其数学表达如式(5-30)~式(5-34)所示。

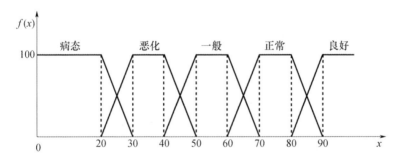

图 5-15 灰色聚类白权化函数

表示病态状态的白权化函数为

$$f(x) = \begin{cases} 100, & x \in [0,20) \\ 10(30-x), & x \in [20,30] \\ 0, & x \notin [0,30] \end{cases} \quad (5-30)$$

表示恶化状态的白权化函数为

$$f(x) = \begin{cases} 10(x-20), & x \in [20,30) \\ 100, & x \in [30,40) \\ 10(50-x), & x \in [40,50] \\ 0, & x \notin [20,50] \end{cases} \quad (5-31)$$

表示一般状态的白权化函数为

$$f(x) = \begin{cases} 10(x-40) & (x \in [40,50)) \\ 100 & (x \in [50,60)) \\ 10(70-x) & (x \in [60,70]) \\ 0 & (x \notin [40,70]) \end{cases} \quad (5-32)$$

表示正常状态的白权化函数为

$$f(x) = \begin{cases} 10(x-60) & (x \in [60,70)) \\ 100 & (x \in [70,80)) \\ 10(90-x) & (x \in [80,90]) \\ 0 & (x \notin [60,90]) \end{cases} \quad (5-33)$$

表示良好状态的白权化函数为

$$f(x) = \begin{cases} 10(x-80) & (x \in [80,90)) \\ 100 & (x \in [90,100]) \\ 0 & (x \notin [80,100]) \end{cases} \quad (5-34)$$

(4)根据健康评估 PETRI 网模型及其推理规则可得各库所灰色聚类系数。依据最大隶属度原则,可确定系统所属健康等级。

5. 置信度的确定

在健康评估 PETRI 网模型中,引入了置信度概念,用于反映健康状态评估中评估指标参数的完备程度。置信度的大小与系统评估方式有关,包括事后评估和事前设计。事后评估是指卫星系统结构确定,可获取遥测数据无法更改,通常是指在轨运行期间,地面对卫星在轨工作健康状态评估。事后评估只能根据遥测数据进行评估,置信度大小与地面卫星健康评估模型、遥测数据完备程度及地面可获取遥测数据的数据量大小等相关。事前设计是指在卫星研制之初引入健康评估的概念,为更好地评估卫星健康状态,提高卫星健康评估的置信度,需从卫星数据采集系统设计、传感器布局及地面测试等方面考虑健康状态评估相关因素。

综上所述,以 PETRI 网理论为基础,结合健康评估状态信息产生、传播特点,建立了构件化星载软件健康状态评估的 PETRI 网模型,给出了其数学描述及其推理规则,提出了一种基于 PETRI 网的软件构件健康状态评估方法。在此基础上,给出了健康评估模型的参数确定和健康等级确定策略,包括数据无量纲化处理方法、卫星特征参数权值的确定方法、健康等级的确定方法以及置信度的确定方法等。

5.3 构件化软件在轨自主状态评估方法设计

卫星遥测数据反映卫星各构件的重要在轨状态,但不包含各构件的所有在轨状态,特别是一些瞬时出现的异常状态,地面的卫星研制人员很难通过下行的遥测数据获知。为了避免上述情况的发生,目前常规方案是选择将星上产生的遥测数据进行存储,利用高速数传通道下传。该方案需要额外设置数传设备和相应地面接收站,增加卫星管控复杂程度;同时,卫星的测控数据通常在每次过境时进行下传,数据实时性无法保证;此外,高数据速率意味着高功耗,不适用于快速响应卫星。

另一种常规方案则会选择改进卫星测控系统,利用扩频等新技术带来的链路增益以提高数据传输速率。该方案同样需要增加星上测控设备功耗,并且需要更大通信带宽,需要的带宽往往是传统 USB 测控体制的上百倍,尽管码分多址等新技术可以缓解带宽消耗等问题,但扩频码长是有限的。与此同时,还需要针对卫星以及地面系统进行配套更新,也不适用于快速响应卫星。

因此,设计一种自主状态推送及冻结方法以防止在轨构件关键状态缺失,通过基于事件驱动的遥测数据处理方法降低遥测数据的下传数据量,设计在轨状态评估方法,以提高构件信息遥测的效率,为快速响应卫星的快速地面应用提供技术支撑。

5.3.1 自主状态推送及冻结方法

在轨运行卫星遥测遥控时间有限且遥测码速率较低 4kbit/s～16kbit/s,所以遥测信道容量有限。目前,通常将卫星运行参数直接周期性更新下传,重要参数以较短的周期更新,不重要的参数以较长的周期更新,而卫星在境外的运行状态通过延时遥测的周期更新获取。地面在接收到遥测数据后,通过分析各时间点的数据、遥测的变化趋势等进行卫星状态确认。

这种方法存在两个问题。首先,由于遥测是通过采样后周期下传,重要状态可能丢失,特别是境外遥测采样率更低,当卫星发生在轨故障时,由于关键数据的缺失,难以及时对故障定位并进行深入数据分析;其次,卫星的一些自主在轨操作,难以体现在遥测数据中,如若卫星发现某一构件故障而将对应设备切换到备份件上运行,通过遥测仅能发现设备主备切换,而无法获知切换的原因[116]。因此,设计一种自主状态推送的遥测下行方法,该方法由 6 个模块组成。

(1) 状态码检测策略模块,用于存储卫星状态码产生的条件及策略。

(2) 状态码缓存模块,用来存储已经产生的卫星状态码。

(3) 冻结遥测缓存区,用来存储卫星状态发生时间前后的详细遥测数据。

(4) 状态码检测模块,根据状态码检测策略检测卫星状态并产生状态码。

(5) 遥测下行模块,用来发展下行遥测冻结缓存区及状态码缓存区中的遥测数据。

1. 状态码检测策略模块

状态码用来表征状态信息,采用32位编码方式,如表5-2所列。通过码字可以直接判断星上所发生状态的类型,便于采取进一步操作。

表5-2 状态码定义

位	名称	备注
30~31	故障级别	00B:没有故障 01B:星上已自主处理的对卫星安全没有影响的故障。 10B:星上已自主处理的对卫星安全存在隐患的故障,需关注。 11B:星上不能自主处理的严重故障
29	任务标识	0:该状态码不是由于执行任务产生的。 1:该状态码是由于执行了星上任务而产生的
28	自主标识	0:该状态码不是由于自主运行产生的。 1:该状态码是由于自主运行产生的
20~27	位置标识	表明该状态所属的部件或模块,共8位,可包含256个模块
0~19	状态码字	细分且唯一对应卫星发生的状态

状态码检测策略模块用来存储卫星中所有状态码的判读方法,其存储格式如表5-3所列。

表5-3 状态码存储格式

序号	状态码	判读策略	冻结开启状态
1	状态码1	判读策略1	冻结开启状态1
2	状态码2	判读策略2	冻结开启状态2
3	状态码3	判读策略3	冻结开启状态3
4	状态码4	判读策略4	冻结开启状态4
⋮	⋮	⋮	⋮
N_1	状态码 N_1	判读策略 N_1	冻结开启状态 N_1

该策略表中存储的状态码具有唯一性,判读策略表明所对应状态码产生的条件,每个状态码均具备单独的冻结开关状态。该开关开启且该状态发生时,记录遥测数据到冻结遥测缓存区中。其中,参数 N_1 数值根据特定卫星状态码数目的多寡而定。

2. 状态码缓存模块

状态缓存用来存储星上已产生的状态码及状态码对应的星上时间,其格式如表 5-4 所列。该缓存区按照星上时间先后顺序排序,表中序号为 1 的缓存项是最新发生的状态。

表 5-4 状态码缓存格式

序号	状态码	星上时间	冻结遥测序号
1	状态码 1	星上时间 1	冻结遥测序号 1
2	状态码 2	星上时间 2	冻结遥测序号 2
3	状态码 3	星上时间 3	冻结遥测序号 3
4	状态码 4	星上时间 4	冻结遥测序号 4
⋮	⋮	⋮	⋮
N_2	状态码 N_2	星上时间 N_2	冻结遥测序号 N_2

根据该缓存以及状态发生所对应的星上时间的先后排序,其星上时间具有唯一性。该缓存中的状态码用于表明在所对应星上时间已发生的状态,该缓存中不同星上时间所对应的状态码可以重复。冻结遥测序号用来索引该状态码所对应的数据在卫星冻结遥测缓存区的位置,若冻结遥测序号为 0,则表征卫星冻结遥测缓存区中未存储该数据。其中,参数 N_2 表征当前卫星运行所产生的状态码数量。

3. 冻结遥测缓存区

卫星冻结遥测缓存区用来存储已发生状态码所对应的数据,其格式如表 5-5 所列。

表 5-5 冻结遥测缓存格式

序号	冻结遥测数据
1	冻结遥测数据 1
2	冻结遥测数据 2
3	冻结遥测数据 3

续表

序号	冻结遥测数据
4	冻结遥测数据 4
⋮	⋮
N_3	冻结遥测数据 N_3

表 5-5 中,参数 N_3 表征随卫星运行所产生的冻结遥测数量。

4. 状态码检测模块

状态码检测流程图如图 5-16 所示,系统启动运行后便开始循环检测。

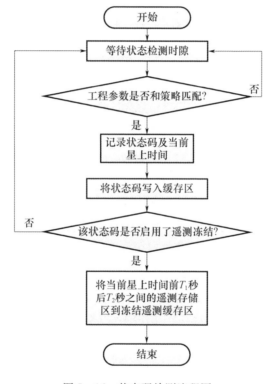

图 5-16 状态码检测流程图

(1)在状态检测时隙到来时,依据状态码检测策略判读卫星工程数据。

(2)当策略与参数不匹配时,结束本循环检测,重新等待状态检测时隙,否则执行下一步。

(3)记录该策略对应的状态码和当前星上时间。

(4)将状态码和当前星上时间写入卫星状态码缓存区。

（5）判断该状态码是否开启了遥测冻结,若未开启遥测冻结,则结束本循环检测,重新等待状态检测时隙,否则执行下一步。

（6）存储该状态发生时间前 T_1 秒、后 T_2 秒之间的卫星遥测数据到卫星冻结遥测缓存区,结束本循环检测,重新等待状态检测时隙。其中,参数 T_1、T_2 可根据卫星存储能力配置或通过遥控指令进行修改。

5. 遥测下行模块

当遥测下行时隙到时,下行卫星状态码缓存中对应星上时间最新的 N_4 条状态码信息,执行以下活动:①判断是否接收到状态码下行遥控指令,若接收到该指令,则将卫星状态码遥测缓存中的全部数据下行,下行后清空缓存区,否则直接进行下一步操作。②判断是否接收到冻结遥测下行指令,若接收到冻结遥测下行指令,则下行指令中所对应的冻结遥测,并在数据下行完毕后等待下次遥测下行时隙,否则直接等待遥测下行时隙。

其中,参数 N_4 可根据遥测信道容量大小进行事先设置或通过遥控指令修改设置。

5.3.2 基于事件驱动的遥测数据处理方法

设计一种基于事件驱动的遥测数据处理方法,在不改变卫星遥测数据系统和设备的情况下,降低遥测数据的下传数据量,从而增加卫星下传遥测数据的有效信息量。定义新事件为遥测数据包中的某一字段的值发生变化,应只有当某一字段的值发生变化该字段才会被下传,即有新事件产生的情况时才下传遥测数据,以降低卫星的遥测数据量,提高卫星的快速响应能力。

1. 构件化软件的遥测数据组包

以快速响应卫星构件化软件体系中的一个构件 A 为例,组包的具体步骤如下:

（1）星载计算机收到构件 A 遥测数据包 P_n,其中包括数据字段 $A_1, A_2, \cdots, A_n$,每个数据字段数据长度可以根据需要设置。

（2）星载计算机保存标志位 $X_1, X_2, \cdots, X_n$,每个标志位长度为 1bit,表示前后两包数据包中对应的字段数据是否一致。

（3）星载计算机将本次收到的数据包 P_n 与上一次收到的数据包 P_{n-1} 中的数据字段逐个进行比较,若 P_n 与 P_{n-1} 中相同两字段数据值相同,则设置对应标志位 $X_i (1 \leq i \leq n)$ 为 0,否则设置为 1。

（4）星载计算机组合新数据包 Q_n,包括包头（$X_1 \sim X_n$）和有效数据部分

($B_1 \sim B_m$)。其中有效数据部分 $B_1 \sim B_m$ 为数据包 P_n 中 $A_1 \sim A_n$ 字段与上一数据包 P_{n-1} 中对应字段值不同的字段;$B_1 \sim B_m$ 顺序和原数据包中 $A_1 \sim A_n$ 对应数据包的顺序一致。

(5)星载计算机利用新数据包 Q_n 组成遥测包下传。

在步骤(3)中,某一遥测数据字段可能存在缓慢变化的情况,使在对相邻遥测包比较时始终认为此字段未变化,导致此字段始终未被下传,但随着时间变化此字段代表的实际工程含义可能发生改变。这种情况下,可以采用第一包作为参考值,随后的数据包中的该字段始终与第一包进行比较,差值大于某一设定好的阈值时认为此字段数据值改变,下传此字段数据值,并将参考值更新为当前值,重复组包过程。

对于构件中的某些遥测数据字段,特别是模拟量的数据字段,例如蓄电池电压、测控自动发电控制 AGC 值,由于每次采集数值时不可避免地会有误差,因此即便相邻两次采集的遥测数据包中某些对应数据字段通常也会变化,但是对于实际工程来说,这些变化并不会导致卫星状态发生明显改变。对于这些数据字段,可以通过设置变化阈值方式来确认设定事件是否发生,即若某一数据字段的数值变化小于设定的阈值,那么就认为该数据字段的数值未发生变化,也就无需下传该数据字段,从而进一步减少下传数据量。

2. 遥测数据解包

在快速响应卫星各构件遥测数据中,通常只有很少部分数据字段的值会在短时间内发生剧烈变化,大部分数据字段值在相邻遥测数据包中相同,并且通常在数据字段 $A_1 \sim A_n$ 中,每个字段的数据长度为 8～32bit,通过以上方法,可以将若干个 8～32bit 的数据字段用相同数量的 1bit 标志位代替,达到大大减少下行数据量的目的。

在解包时,地面软件首先将收到的数据包 Q_n 与上一次收到的数据包 Q_{n-1} 的标志位部分 X_i 比较,判断出 Q_n 相比 Q_{n-1} 有变化的数据包字段 $B_1 \sim B_m$,然后按照数据包字段顺序还原遥测包 P_n,将有变化的字段 $A_i(1 \leq i \leq n)$ 使用对应下传下来的字段填充,无变化的字段使用上一次解调出来的数据包 P_{n-1} 中的对应字段填充,得到本次解调的数据包 P_n。

对于首包下行遥测数据包 P_1,或间隔一定时间后重新捕获的第一包数据包,因无上一包遥测包 P_{n-1},在解调数据时会出现问题。因此,星载计算机可以每间隔一定时间发送一次完整数据包,使得地面可以以完整数据包为参考,也可根据地面指令发送完整数据包。

5.3.3 基于遥测参数的自主状态评估方法

一种基于遥测参数的构件健康值的自主状态评估方法包括工程参数评价模块、构件状态评估模块和卫星状态评估模块,如图5-17所示[119]。

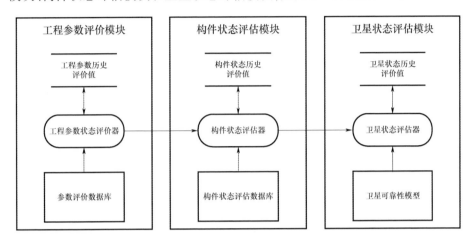

图5-17 自主状态评估方法组成模块

1. 工程参数评价模块

工程参数评价模块由参数评价数据库、工程参数状态评价器以及工程参数历史评价值组成。对涉及的工程参数状态进行评价,获取每个参数的量化评价值。

(1)参数评价数据库。

参数评价数据库用于存储卫星上设备所有数据的诊断策略及权值、门限等信息。参数评价数据存储格式如表5-6所列。

表5-6 参数评价数据库存储格式

序号	参数位置	参数尺寸	诊断策略	门限
1	参数1位置	参数1尺寸	参数1诊断策略	门限1
2	参数2位置	参数2尺寸	参数2诊断策略	门限2
3	参数3位置	参数3尺寸	参数3诊断策略	门限3
4	参数4位置	参数4尺寸	参数4诊断策略	门限4
⋮	⋮	⋮	⋮	⋮
N	参数N位置	参数N尺寸	参数N诊断策略	门限N

表 5-6 中,参数位置表明该参数所在数据包中的偏移量,参数尺寸表明该参数在数据包中所占的比特数,诊断策略表明对该参数进行诊断的方法,门限表明对该参数进行诊断时所用的诊断门限。参数 N 数值根据卫星特定设备参数多少而定。

(2)工程参数历史评价值。

工程参数历史评价值用来存储之前对该工程参数的评价值。

(3)工程参数状态评价。

工程参数状态评价用来对所有的工程参数进行评估,流程如图 5-18 所示。

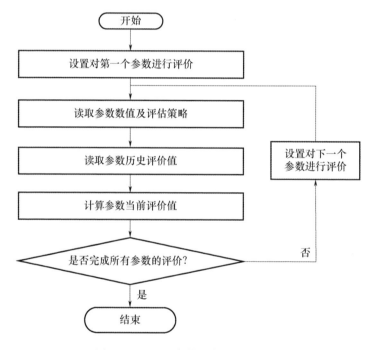

图 5-18 工程参数状态评价流程图

参数评价公式为

$$V_{\text{now}} = V_{\text{old}} + (Q \times \text{Sta})$$

式中:V_{old} 为参数历史评价值;Q 为参数评价权值,是指参数当前状态值(1 为在门限内,-1 为在门限外);V_{now} 为当前评价值。

2. 构件状态评估模块

构件状态评估模块由构件状态历史评价值、构件状态评估数据库和构件状态评估器组成。综合与该构件相关的所有工程参数评价值,进行加权计算该构件的状态评估值。

(1)构件状态评估模型库。

构件状态评估模型库用于存储各构件的参数权值,其存储格式如表5-7所列。

表5-7 构件状态评估模型库存储格式

序号	参数位置
1	参数1权值
2	参数2权值
3	参数3权值
4	参数4权值
⋮	⋮
N	参数N权值

表5-7中,参数权值是指该参数在进行构件评估值计算时所占的分量。

(2)构件状态历史评价值。

该历史评价值用于存储上一次评估的该构件的评价值。

(3)构件状态评估器。

构件状态评估器用来计算当前构件的状态评估值,计算公式为

$$V_{(\text{node\_now})} = a\sum_{i=0}^{n} q_i V_i + (1-a) V_{(\text{node\_old})}$$

式中:i 为构件的数量;q_i 为第 i 个参数的权值;V_i 为第 i 个参数的状态评估值;a 为状态评估分配量,$0 < a < 1$;$V_{\text{node\_old}}$ 为上一次计算的构件状态评估值。

3. 卫星状态评估模块

卫星状态评估模块由卫星状态历史评价值、卫星可靠性模型库以及卫星状态评估器组成,用于综合星上所有构件的状态,结合该星的可靠性模型,计算该星的状态评估值。

(1)卫星可靠性模型库。

卫星可靠性模型库主要存储卫星构件的可靠性指标分配值、卫星构件各设备的备份关系等。

(2)卫星状态历史评价数据库。

该数据库用于存储上一次评估的该卫星的评价值。

（3）卫星状态评估器。

卫星状态评估器用来获取卫星状态评估值,其步骤如图 5-19 所示。

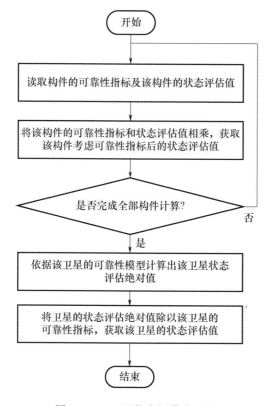

图 5-19　卫星状态评估流程图

首先,将构件的可靠性指标和该构件的状态评估值相乘,获取该部件的考虑可靠性指标后的状态评估值。然后,依据可靠性模型计算出卫星的状态评估数。而后,将卫星的状态评估数除以卫星的可靠性指标最终获取卫星的状态评估值。最后,通过卫星状态评估值的数值大小便可评估卫星的运行健康状态。

第6章
集群编队的自主实时任务规划设计与分析

目前,对于多星多目标的在轨任务规划系统研究较少[121-123],同时现有算法多适用于地面进行较长时间的任务规划,空间在轨应用时时效性较差,效果不佳[124-125]。此外,常规规划算法往往计算量较大,规划时间较长[126-127],这也是实际在轨应用时难以克服的缺陷。针对以上问题,本章拟以任务筛选过程为核心,设计基于目标等级与偏好程度的多星分层自主任务规划算法。与第3章类似,该多星自主任务规划算法同样分为多星分层无择优与多星分层择优两种自主任务规划算法。另外,针对多颗成员星的自主实时任务规划,本章同样对传统遗传算法进行适应性地修改,设计一种改进型遗传算法,用以快速形成集群编队中各成员星的对地观测序列。首先将目标、观测序列、卫星集群编队各成员星依次编码为基因、串、个体,设计一种基于卫星连续观测侧摆时间判断的初始种群生成方法,用以快速形成包含若干重点目标的卫星初始观测序列;然后通过多次的选择-交叉-变异过程优化初始群体,使多星观测序列集合具备更高的观测总收益;最后,针对10颗成员星组成的快速响应卫星集群编队,规划包含3个等级的160个地面目标,作为仿真实例对算法进行仿真分析,验证本章所设计算法的有效性。

6.1 集群编队卫星对目标的筛选过程

针对每颗成员星进行轨道递推,筛选出待观测区域内的所有目标集合,以备后续算法调用。

将由 $M(M=10)$ 个在轨呈聚合构型的成员星组成的快速响应卫星集群编队记为 S_Δ,S_Δ 中包含的每颗成员星记为 $S_a(a=1,2,\cdots,M)$,设定 S_1 至 S_M 在同一轨道上运行,并且 S_1 为第一颗,S_M 为最后一颗;将待观测区域中的 N 个待规划的地面目标按 1 至 N 标号,记为 $T_b(b=1,2,\cdots,N)$。

设置标志量为 $y_{S_a-T_b}$,若 $y_{S_a-T_b}=1$,表示在特定的规划时段 $[t_s,t_o]$ 内,S_a 具备对 T_b 的观测条件;若 $y_{S_a-T_b}=0$,表示在此规划时段内,S_a 不具备对 T_b 的观测条件,即 T_b 无法加入 S_a 的观测序列 Q_{S_a} 之中。

6.1.1 目标初步筛选

当地面目标较多时,对目标进行初步筛选,用以将不在 S_Δ 可观测范围内的目标排除,从而减小后续计算量。如图 6-1 所示,图中阴影区域为 S_Δ 的最大可观测范围。对地面观测目标进行初步筛选,将图 6-1 中阴影区以外的目标筛选出来,后续不再对其进行计算。

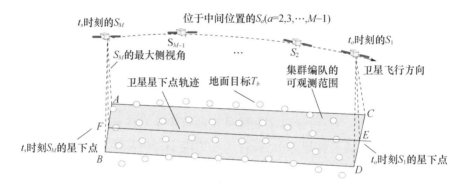

图 6-1 快速响应卫星集群编队可观测范围示意图

目标初步筛选的具体方法分为以下 4 个步骤。

(1) 将 t_s 时刻 S_M 的星下点记为 F,t_s 时刻 S_M 通过横向侧摆,其最大侧视角在地面对应的点分别为点 A 和点 B,将点 A 和点 B 的大地经纬度分别记为 (L_A,B_A) 和 (L_B,B_B)。求解方法基于如图 6-2 所示的三角形原理,向量 OH 和 OG 的表达式分别为

$$OH = r_{SM} + \frac{Re}{|r_{SM}|} * \tan(|\alpha_{\max}|) * (|r_{SM}| - Re) * \frac{r_{SM} \times v_{SM}}{|r_{SM} \times v_{SM}|}$$

(6-1)

$$OG = r_{SM} + \frac{Re}{|r_{SM}|} * \tan(|\alpha_{\max}|) * (|r_{SM}| - Re) * \frac{v_{SM} \times r_{SM}}{|v_{SM} \times r_{SM}|}$$

(6-2)

式中:r_{SM} 为 S_M 相对于地心的位置矢量;v_{SM} 为 S_M 相对于地心的绝对速度矢量。此处近似认为点 A,F,B 位于同一直线上。

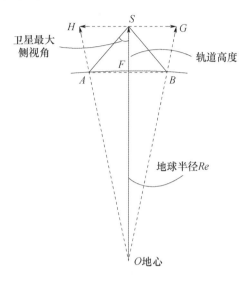

图 6-2 相似三角形原理示意图

由图 6-2 可知,点 A 的大地经纬度与点 H 相同,设 $r_{OH-x}|_E, r_{OH-y}|_E, r_{OH-z}|_E$ 分别表示 OH 在地球坐标系下的三个坐标分量,点 A 大地经度为

$$L_A = \arctan\left(\frac{r_{OH-y}|_E}{r_{OH-x}|_E}\right) \tag{6-3}$$

点 A 的大地纬度 B_A 通过迭代计算可得

$$B_A = \arctan\left(\frac{r_{OH-z}|_E + e^2 v_A \sin(B_A)}{\sqrt{(r_{OH-x}|_E)^2 + (r_{OH-y}|_E)^2}}\right) \tag{6-4}$$

式中:$e = 0.0067$ 为地球椭球第一偏心率;v_A 为 B_A 处的卯酉圈曲率半径。B_A 的迭代初值为 A 点的地心纬度,即

$$\varphi_A = \arctan\left(\frac{r_{OH-z}|_E}{\sqrt{(r_{OH-x}|_E)^2 + (r_{OH-y}|_E)^2}}\right) \tag{6-5}$$

同理可以求出点 B 的大地经纬度 (L_B, B_B)。

(2) 通过轨道递推得到 t_o 时刻 S_1 的位置,采用考虑 J_2 地球引力摄动项的轨道动力学模型。将 t_o 时刻 S_1 的星下点记为 E,t_o 时刻 S_1 通过横向侧摆,其最大侧视角在地面对应的点分别为 C 点和 D 点,点 C 和点 D 的大地经纬度求法与步骤(1)相同,分别将记为 (L_C, B_C) 和 (L_D, B_D)。

(3) 构造以地球赤道为横轴、本初子午线为纵轴的直角坐标系。在此坐标系中,分别以大地经度为横坐标、以大地纬度为纵坐标,将 A,B,C,D 四个点在此坐标系中表示出来,形成了一个封闭图形 $CDBA$,如图 6 – 1 所示。

(4) 对于每个地面目标 T_b,分别以其大地经纬度 (L_{Tb}, B_{Tb}) 作为其坐标,判断该点是否位于封闭四边形 $CDBA$ 之内,有

$$\begin{cases} \begin{cases} B_D - B_C > 0 \rightarrow K_1 = (L_{Tb} - L_C)(B_D - B_C) - (B_{Tb} - B_C)(L_D - L_C) \\ B_D - B_C \leq 0 \rightarrow K_1 = -(L_{Tb} - L_C)(B_D - B_C) - (B_{Tb} - B_C)(L_D - L_C) \end{cases} \\ \begin{cases} B_A - B_B > 0 \rightarrow K_2 = (L_{Tb} - L_B)(B_A - B_B) - (B_{Tb} - B_B)(L_A - L_B) \\ B_A - B_B \leq 0 \rightarrow K_2 = -(L_{Tb} - L_B)(B_A - B_B) - (B_{Tb} - B_B)(L_A - L_B) \end{cases} \\ \begin{cases} B_A - B_C > 0 \rightarrow K_3 = (L_{Tb} - L_C)(B_A - B_C) - (B_{Tb} - B_C)(L_A - L_C) \\ B_A - B_C \leq 0 \rightarrow K_3 = -(L_{Tb} - L_C)(B_A - B_C) - (B_{Tb} - B_C)(L_A - L_C) \end{cases} \\ \begin{cases} B_B - B_D > 0 \rightarrow K_4 = (L_{Tb} - L_D)(B_B - B_D) - (B_{Tb} - B_D)(L_B - L_D) \\ B_B - B_D \leq 0 \rightarrow K_4 = -(L_{Tb} - L_D)(B_B - B_D) - (B_{Tb} - B_D)(L_B - L_D) \end{cases} \end{cases}$$

(6 – 6)

由式(6 – 6)得到 K_1, K_2, K_3, K_4 的值。若 L_{Tb} 与 B_{Tb} 无法使 $K_1 K_2 \leq 0$ 与 $K_3 K_4 \leq 0$ 同时成立,则 $y_{S_\Delta - T_b} = 0$,T_b 位于图 6 – 1 示意的阴影区之外,即不在 S_Δ 的可观测范围内,后续将不再对其进行规划;若 L_{Tb} 与 B_{Tb} 使 $K_1 K_2 \leq 0$ 与 $K_3 K_4 \leq 0$ 同时成立,则 T_b 位于图 6 – 1 示意的阴影区之中,后续每颗 S_a 将对之进行约束筛选,以判断 $y_{S_a - T_b} = 0$ 是否成立。由此完成了对地面目标的范围筛选。对应每颗 S_a,分别对每个经过了范围筛选的目标 T_b,在 $[t_s, t_o]$ 内判断其是否能使式(6 – 1)与式(6 – 2)同时成立,若能同时成立,则有 $y_{S_a - T_b} = 1$,否则有 $y_{S_\Delta - T_b} = 0$。

针对每一成员星 S_a,将其对所有目标 T_b 的范围筛选和约束筛选结果整理成表格,如表 6 – 1 所列。

表 6 – 1 单成员星 S_a 对所有目标的范围与约束筛选结果

b	观测时刻 $v_{S_a - T_b}$	侧摆 $\alpha_{S_a - T_b}$	标志量 $y_{S_a - T_b}$
1	06:19:59	-37.22°	1
2	0	0	0
⋮	⋮	⋮	⋮
N	06:20:32	-37.22°	1

后续规划将在满足 $y_{S_a-T_b}=1$ 的 T_b 中,逐层挑选出能够加入 S_a 的 Q_{S_a} 之中的目标,最终形成 S_Δ 的对地观测方案。

6.1.2 多星多目标筛选

如图 6-3 所示,基于上节单成员星对单目标的筛选,给出多成员星对多目标的筛选过程如下:①将多个目标排序后,依次传给第一颗成员星进行筛选;②将未加入第一颗成员星观测序列的待观测目标,依次传给第二颗成员星进行筛选。依此类推,当目标均加入到观测序列之中,或所有成员星完成对传入目标的筛选时,多星对多目标的筛选过程结束。

图 6-3 多成员星对多目标的筛选过程示意图

由于单成员星对单目标进行序列筛选遵循"先到先得"的原则,因而一组卫星对一组目标进行序列筛选时,所形成的每颗成员星的成像序列与目标的传入顺序有关。当一组目标以某一种顺序传入对应的卫星集群时,对应每颗成员星形成一个观测序列。

6.2 多星逐级择优自主任务规划算法

集群编队飞行的各成员星搭载有不同类型的载荷,因此可对地面目标设置偏好程度,指定目标优先被搭载的载荷类型[128]。本章基于目标等级与目标偏好程度,在单星分层自主任务规划算法的基础上,设计多星分层自主任务规划算法。

6.2.1 多星分层无择优自主任务规划算法

根据卫星搭载的载荷类型,对集群编队飞行的 I 颗卫星 $S_i(i=1,\cdots,I)$ 进行分组,分组情况如表 6-2 所列,其中 o_S,s_S,r_S 分别表示搭载可见光相机、SAR 成像设备与红外相机的卫星 S_i 的个数,并且满足

$$o_S + s_S + r_S = I \qquad (6-7)$$

表 6-2 集群编队飞行卫星的分组

分组标号	S_i	观测设备类型
A_S	$S_{A\_i}(i=1,2,\cdots,o_S)$	可见光
B_S	$S_{B\_i}(i=1,2,\cdots,s_S)$	SAR
C_S	$S_{C\_i}(i=1,2,\cdots,r_S)$	红外

在 v_T 个重要目标 $T_j^v(j=1,\cdots,v_T)$，i_T 个次级目标 $T_j^i(j=1,\cdots,i_T)$ 和 o_T 个一般目标 $T_j^o(j=1,\cdots,o_T)$ 中，为 T_j^v 与 T_j^i 设定其第一、第二、第三偏好程度。以 T_j^v 为例，优先选择搭载有第一偏好程度的设备类型的卫星 S_i 对其观测；若搭载有第一偏好程度的设备类型的卫星 S_i 无法对其观测，则选择搭载有第二偏好程度的设备类型的卫星 S_i 对其观测；若搭载有第二偏好程度的设备类型的卫星 S_i 无法对其观测，则选择搭载有第三偏好程度的设备类型的卫星 S_i 对其观测。

按照目标层次与偏好程度，对多个 T_j 进行分组，分组情况如表 6-3 所列。

表 6-3 T_j 分组情况

	分组标号	第一偏好程度	第二偏好程度	第三偏好程度
第一层	第一组：$T_j^{v1}(j=1,\cdots,v_T^1)$	可见光	SAR	红外
	第二组：$T_j^{v2}(j=1,\cdots,v_T^2)$	SAR	红外	可见光
	第三组：$T_j^{v3}(j=1,\cdots,v_T^3)$	红外	SAR	可见光
第二层	第一组：$T_j^{i1}(j=1,\cdots,i_T^1)$	可见光	红外	红外
	第二组：$T_j^{i2}(j=1,\cdots,i_T^2)$	SAR	红外	可见光
	第三组：$T_j^{i3}(j=1,\cdots,i_T^3)$	红外	SAR	可见光

表 6-3 中的 v_T^1,v_T^2,v_T^3 满足

$$v_T^1 + v_T^2 + v_T^3 = v_T \tag{6-8}$$

i_T^1,i_T^2,i_T^3 满足

$$i_T^1 + i_T^2 + i_T^3 = i_T \tag{6-9}$$

T_j^v 与 T_j^i 被卫星 S_i 观测的收益情况如表 6-4 所列。

表 6-4 重要目标与次级目标的观测收益

目标	被第一偏好卫星观测	被第二偏好卫星观测	被第三偏好卫星观测
T_j^v	k_v^1	k_v^2	k_v^3
T_j^i	k_i^1	k_i^2	k_i^3

对于 T_j^v 和 T_j^i:被其第一偏好程度的卫星观测时,收益最大;被其第二偏好程度的卫星观测收益次之;被其第三偏好程度的卫星观测收益最小。T_j^o 无偏好程度,被卫星 S_i 观测时,收益为 k_o,并且满足不等式

$$k_v^1 > k_v^2 > k_v^3 > k_i^1 > k_i^2 > k_i^3 > k_o \tag{6-10}$$

将集群编队飞行的 $S_1, S_2, \cdots, S_I$ 的观测序列记为 Q_F,其包含 I 个 Q_{S_i},记为

$$Q_F = \{Q_{S_1}, Q_{S_2}, \cdots, Q_{S_I}\} \tag{6-11}$$

计算观测序列 Q_F 的收益 J_F 的公式为

$$\begin{aligned} J_F = & k_v^1 v_{T\_Q_F}^1 + k_v^2 v_{T\_Q_F}^2 + k_v^3 v_{T\_Q_F}^3 + \\ & k_i^1 i_{T\_Q_F}^1 + k_i^2 i_{T\_Q_F}^2 + k_i^3 i_{T\_Q_F}^3 + k_o o_{T\_Q_F} \end{aligned} \tag{6-12}$$

式中:$v_{T\_Q_F}^1, v_{T\_Q_F}^2, v_{T\_Q_F}^3$ 分别表示观测序列 Q_F 中,处于其第一、第二和第三偏好程度卫星的 Q_{S_i} 之中的 T_j^v 的个数;$i_{T\_Q_F}^1, i_{T\_Q_F}^2, i_{T\_Q_F}^3$ 分别表示 Q_F 中,处于其第一、第二和第三偏好程度卫星的 Q_{S_i} 之中的 T_j^i 的个数;$o_{T\_Q_F}$ 表示 Q_F 中 T_j^o 的个数。

针对每个 T_j 与 S_i,进行数据与约束的计算,形成 I 个 $P_{S_i\_T_{all}}$。基于 $P_{S_i\_T_{all}}$,以 J_F 为优化目标,设计多星分层无择优任务规划算法,其步骤如下:

(1)第一层规划,即对重点目标的分配过程。选定表 6-3 中第一层目标下的第一组目标,即 v_T^1 个 T_j^{v1},将其以某种方式排序后,依次传给其第一偏好程度卫星组 A_S 中的第一颗卫星 S_{A_1} 进行任务筛选。将 T_j^{v1} 中未加入 $Q_{S_{A\_1}}$ 的目标,依次传给 A_S 组中的第二颗卫星 S_{A_2} 进行任务筛选,以此类推,直至 v_T^1 个 T_j^{v1} 全部加入 A_S 组的观测序列 Q_{A_S} 之中,或 A_S 组内的 o_S 颗 S_{A_i} 依次经历了对特定组中若干传入目标的任务筛选过程。此时完成了对第一层第一组目标 T_j^{v1} 的第一次分配过程,A_S 组的观测序列 Q_{A_S} 更新为

$$Q_{A_S} = \{Q_{S_{A\_1}}, Q_{S_{A\_2}}, \cdots, Q_{S_{A\_o_S}}\} \tag{6-13}$$

将某组目标分配给对应其偏好程度的某组卫星的流程示意图如图 6-4 所示。

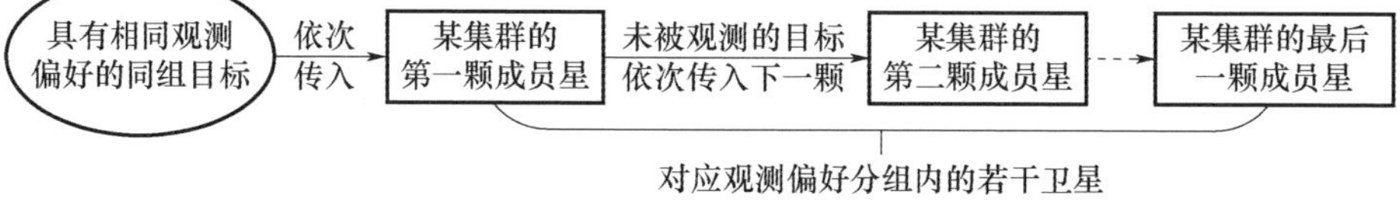

具有相同观测偏好的同组目标 → 依次传入 → 某集群的第一颗成员星 → 未被观测的目标依次传入下一颗 → 某集群的第二颗成员星 → ⋯ → 某集群的最后一颗成员星

对应观测偏好分组内的若干卫星

图 6-4 将某组目标分配给对应其偏好程度的某集群编队的流程示意图

(2) 将第一层目标下的第二组目标,即 v_T^2 个 T_j^{v2},分配给其第一偏好程度卫星组 B_S 的方法同上。完成对第一层第二组目标 T_j^{v2} 的第一次分配过程后,B_S 组的观测序列 Q_{B_S} 更新为

$$Q_{B_S} = \{Q_{S_{B\_1}}, Q_{S_{B\_2}}, \cdots, Q_{S_{B\_sS}}\} \quad (6-14)$$

(3) 将第一层目标下的第三组目标,即 v_T^3 个 T_j^{v3},分配给其第一偏好程度卫星组 C_S 的方法同上。完成对第一层第三组目标 T_j^{v3} 的第一次分配过程后,C_S 组的观测序列 Q_{C_S} 更新为

$$Q_{C_S} = \{Q_{S_{C\_1}}, Q_{S_{C\_2}}, \cdots, Q_{S_{C\_iS}}\} \quad (6-15)$$

(4) 将未加入 Q_{A_S} 的 T_j^{v1},依次传入其第二偏好程度卫星组 B_S 内的第一颗卫星 S_{B_1},进行任务筛选,未加入 S_{B_1} 的 $Q_{S_{B\_1}}$ 的 T_j^{v1},传入 B_S 组的第二颗 S_{B_1} 进行任务筛选,以此类推,直至未加入 Q_{A_S} 的 T_j^{v1} 全部加入 Q_{B_S} 之中,或 B_S 组内的 s_S 颗 S_{B_i} 依次经历了对特定组若干传入目标的任务筛选过程。此时完成了对第一层第一组目标 T_j^{v1} 的第二次分配过程,同时 B_S 组的 Q_{B_S} 得以更新。

(5) 将未加入 Q_{B_S} 的 T_j^{v2},分配给其第二偏好程度卫星组 C_S 的方法与步骤四相同。完成对第一层第二组目标 T_j^{v2} 的第二次分配过程后,C_S 组的 Q_{C_S} 得以更新。

(6) 将未加入 Q_{B_S} 的 T_j^{v3},分配给其第二偏好程度卫星组 B_S 的方法与步骤四相同。完成对第一层第三组目标 T_j^{v3} 的第二次分配过程后,B_S 组的 Q_{B_S} 得以更新。

(7) 对于第一层的三组目标的第三次分配过程的方法,与步骤四至步骤六相同,改变相应的传入目标组与卫星组即可。由此完成第一层规划,得到了含有若干 T_j^v 的 Q_{A_S}、Q_{B_S} 与 Q_{C_S}。

(8) 第二层规划,即对次级目标的分配过程。重复以上 7 个步骤,改变相应的传入目标组与卫星组即可。由此完成对有偏好程度的目标的分配,其过程示意图如图 6-5 所示。

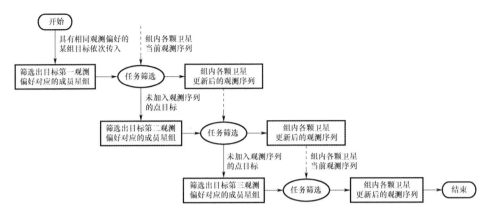

图 6-5 对有偏好程度的目标的分配过程

(9) 第三层规划，即对一般目标的分配过程。T_j^o 无偏好程度，无分组，将其按某种方式排序后，依次传给 S_i 进行任务筛选，直至 o_T 个 T_j^o 全部加入 Q_F 之中，或 I 颗 S_i 依次经历了对若干 T_j^o 的任务筛选过程。

综合以上步骤，可以得到经过三层规划的 Q_F，完成多星分层无择优任务规划，其算法流程示意图如图 6-6 所示。

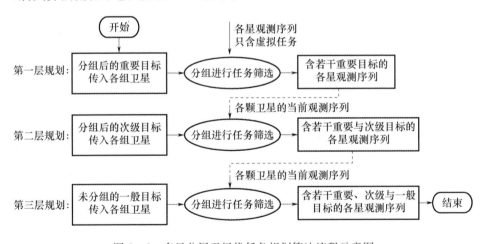

图 6-6 多星分层无择优任务规划算法流程示意图

通过上述过程可以形成包含每颗 S_i 的 Q_{S_i} 的 Q_{S_F}，由此可知在给定的时段 $[t_s, t_o]$ 内，每颗 S_i 在何时以何种侧摆角依次对哪些 T_j 进行观测。此算法不涉及择优过程，得到的 Q_{S_F} 不能保证 J_F 达到最大。

仿真验证选定四川省汶川县附近共 160 个目标，其中：30 个重要目标，包括汶川、北川、绵阳等地区，序号为 1-30；30 个次级目标，包括什邡、泸定、九龙等地区,序号为 31-60;一般目标为由程序生成,即根据给定的任务规划的时间范围,根据卫星的星下点位置随机选取 100 个点目标。重要目标和次级目标的序号及其大地经纬度如表 6-5 所列。

表 6-5　重要目标和次级目标大地经纬度

目标序号	重要目标	大地纬度	大地经度	目标序号	次级目标	大地纬度	大地经度
1	得荣	28.71°N	99.25°E	31	甘孜	31.64°N	99.96°E
2	康定	30.04°N	101.95°E	32	乡城	28.93°N	99.78°E
3	小金	30.97°N	102.34°E	33	德格	31.81°N	98.57°E
4	郫县	30.80°N	103.86°E	34	稻城	29.04°N	100.31°E
5	成都	30.67°N	104.06°E	35	新龙	30.96°N	100.28°E
6	安县	31.64°N	104.41°E	36	理塘	30.03°N	100.28°E
7	泸县	28.96°N	105.46°E	37	丹巴	30.85°N	101.87°E
8	岳池	30.55°N	106.43°E	38	盐边	26.90°N	101.56°E
9	达县	31.23°N	107.49°E	39	盐源	27.42°N	101.51°E
10	百沙	32.00°N	108.18°E	40	会东	26.74°N	102.55°E
11	白玉	32.23°N	98.83°E	41	普格	27.38°N	102.52°E
12	巴塘	30.00°N	99.00°E	42	越西	28.66°N	102.49°E
13	阿坝	31.93°N	101.72°E	43	松潘	32.64°N	103.61°E
14	西昌	27.92°N	102.29°E	44	灌县	31.04°N	103.61°E
15	汶川	31.46°N	103.61°E	45	夹江	29.75°N	103.59°E
16	北川	31.89°N	104.44°E	46	大邑	30.58°N	103.53°E
17	绵阳	31.48°N	104.73°E	47	丹棱	30.04°N	103.53°E
18	平昌	31.59°N	107.11°E	48	马边	28.87°N	103.53°E
19	剑阁	32.03°N	104.45°E	49	威远	29.57°N	104.70°E
20	蓬安	31.04°N	106.44°E	50	江油	31.80°N	104.70°E
21	通江	31.95°N	108.24°E	51	中江	31.06°N	104.68°E
22	九龙	29.01°N	101.53°E	52	射洪	30.90°N	105.31°E
23	泸定	29.92°N	102.25°E	53	安岳	30.12°N	105.30°E

续表

目标序号	重要目标	大地纬度	大地经度	目标序号	次级目标	大地纬度	大地经度
24	茂汶	31.67°N	103.89°E	54	隆昌	29.64°N	105.25°E
25	什邡	31.13°N	104.16°E	55	旺苍	32.25°N	106.33°E
26	宜宾	29.77°N	104.56°E	56	武胜	30.38°N	106.30°E
27	叙水	28.19°N	105.44°E	57	南充	30.80°N	106.06°E
28	仪陇	31.52°N	106.38°E	58	渠县	30.85°N	106.94°E
29	大竹	30.75°N	107.21°E	59	开江	31.10°N	107.87°E
30	万源	32.07°N	108.06°E	60	宜汉	31.39°N	107.71°E

地面目标的分布情况如图 6-7 所示,背景为由 MATLAB 生成的四川省汶川县附近的简化地图,其中曲线表示该地区的河流与湖泊。图形■所在位置为重要目标,共 30 个;图形▲所在位置为次级目标,共 30 个;图形◆所在位置为一般目标,共 100 个;图形■与▲右上方的数字为该目标的序号。

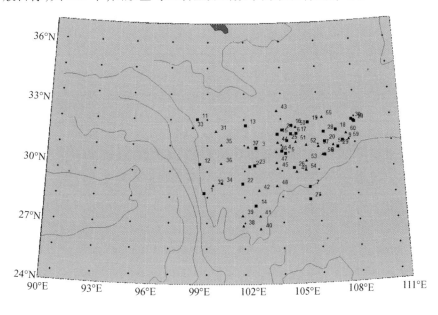

图 6-7 地面目标分布情况

选取位于同一轨道上的 10 颗集群编队飞行的成像卫星,其轨道参数如表 6-6 所列。

表6-6 各颗成员星轨道六根数

卫星序号	观测类型	轨道六根数(对应UTC时刻:2016-05-02 06:18:40)
S_1	可见光	$a=6665\text{km}, e=0.0008, i=32.9°, \Omega=350.9°, \omega=168.3°, \theta=255.3°$
S_2	SAR	$a=6665\text{km}, e=0.0008, i=32.9°, \Omega=350.9°, \omega=168.1°, \theta=255.3°$
S_3	可见光	$a=6665\text{km}, e=0.0008, i=32.9°, \Omega=350.9°, \omega=167.9°, \theta=255.1°$
S_4	红外	$a=6665\text{km}, e=0.0008, i=32.9°, \Omega=350.9°, \omega=167.6°, \theta=255.0°$
S_5	可见光	$a=6665\text{km}, e=0.0008, i=32.9°, \Omega=350.9°, \omega=167.4°, \theta=254.9°$
S_6	SAR	$a=6665\text{km}, e=0.0008, i=32.9°, \Omega=350.9°, \omega=167.1°, \theta=254.8°$
S_7	可见光	$a=6665\text{km}, e=0.0008, i=32.9°, \Omega=350.9°, \omega=166.9°, \theta=254.7°$
S_8	红外	$a=6665\text{km}, e=0.0008, i=32.9°, \Omega=350.9°, \omega=166.6°, \theta=254.6°$
S_9	可见光	$a=6665\text{km}, e=0.0008, i=32.9°, \Omega=350.9°, \omega=166.4°, \theta=254.6°$
S_{10}	可见光	$a=6665\text{km}, e=0.0008, i=32.9°, \Omega=350.9°, \omega=166.1°, \theta=254.5°$

10颗成员星共搭载3种类型的观测设备,将10颗成员星按其搭载的载荷类别分成3组,分组情况如表6-7所列。

表6-7 10颗成员星分组情况

卫星分组	A_1组	A_2组	B组	C组
载荷类型	可见光	可见光	SAR	红外
包含卫星	S_1, S_5, S_9	$S_3 S_7 S_{10}$	$S_2 S_6$	$S_4 S_8$

对重要目标和次级目标设置偏好程度及其观测收益,如表6-8所列。

表6-8 重要目标与次级目标偏好程度及其观测收益

偏好程度	可见光→SAR→红外:$A_1→A_2→B→C$	
目标序号	重要目标第一组:1→9;次级目标第一组:31→39	
偏好程度	可见光→红外→SAR:$A_2→A_1→C→B$	
目标序号	重要目标第二组:10→18;次级目标第二组:40→48	
偏好程度	SAR→红外→可见光:$B→C→A_1→A_2$	
目标序号	重要目标第三组:19→24,次级目标第三组:49→54	
偏好程度	红外→SAR→可见光:$C→B→A_2→A_1$	
目标序号	重要目标第四组:25→30,次级目标第四组:55→60	
观测收益	1000→900→800	100→90→80

序号 61-160 的目标为一般目标,无偏好程度,每个一般目标观测收益为 50。本仿真实例设定任务规划时段为 200s,以 UTC 时刻 2016-05-02 06:18:40 为初始时刻,规划之后 200s 内各颗卫星的对地观测任务序列。基于以上已知条件,进行数据和约束处理,然后分别用本书所提出的分层无择优、分层择优、改进的分层择优三种任务规划算法求解,表 6-9 给出了 MATLAB 仿真结果中三种算法对应的观测收益,以及运算时间的对比情况。

表 6-9 三种算法求得的各颗卫星仿真结果

观测星	多星分层无择优	改进的多星分层择优	多星分层择优
数据处理时间/s	3	3	3
算法运行时间/s	1	2	7
重点目标/个	21	22	22
观测个数	32	35	39
观测收益	20930	22310	22350

通过表 6-9 可知,采用多星分层择优任务规划算法,求得的观测收益最大,达到 22350,对应的观测个数为 39,其中重点目标有 22 个;采用改进的多星分层择优任务规划算法,观测收益为 22310,对应的观测个数为 35,其中重点目标有 22 个;采用多星分层无择优任务规划算法得到的观测收益相对最小,只有 20930,对应的观测个数为 32,其中重点目标有 21 个。在三种任务规划算法下,进行数据前期处理的时间均为 3s,算法的运行时间为多星分层择优任务规划(7s)>改进的多星分层择优任务规划(2s)>多星分层无择优任务规划(1s)算法。

多星分层择优任务规划算法的第一层规则会给出多种使重点目标收益最大的、彼此互异的重点目标观测方案,在此基础上再进行后两层的规划,因而算法最后给出多种观测方案。在本仿真实例中,采用多星分层择优任务规划算法,其择优过程中多种方案的收益情况如图 6-8 所示,可知最后达到最大观测收益为 22350。

以多星分层择优任务规划算法为例,给出应用该算法得到的任务规划结果并进行分析。表 6-10 给出了 A_1 组卫星的观测任务序列,期望观测时刻对应的日期为 2016 年 5 月 2 日,与仿真实例中任务规划的初始时刻对应。A_1 组各卫星的观测任务序列示意图如图 6-9~图 6-11 所示。图像中每个箭头的起点和终点所在的位置,是相应观测卫星的观测任务序列中每个目标的位置。观

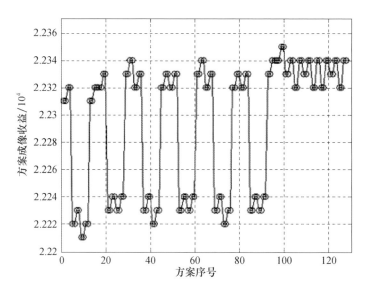

图 6-8 多星分层择优任务规划算法不同方案收益

测顺序为沿着箭头方向,从第一个箭头的起点对应的目标开始,依次经过姿态调整与稳定,逐个对后续每个目标进行观测。黑色轨迹为相应观测卫星在 200s 任务规划时段内的星下点轨迹。星下点轨迹附近的浅色阴影区,是经过初步处理以及各类约束进一步限定之后,形成的相应卫星的对地可观测范围。位于该浅色阴影区内的目标,有机会被观测到,否则无法在该次任务规划时段内被观测。

表 6-10 A_1 组卫星观测任务序列(多星分层择优任务规划算法)

S_1 观测任务序号	1	106	6	21
期望观测时刻	06:19:29	06:20:05	06:20:49	06:21:41
期望侧摆	-30.69°	-21.25°	-5.57°	2.93°
S_5 观测任务序号	114	2	5	9
期望观测时刻	06:19:33	06:20:31	06:21:02	06:21:49
期望侧摆	23.57°	-18.34°	-14.10°	-14.27°
S_9 观测任务序号	84	3		8
期望观测时刻	06:19:37	06:21:01		06:21:54
期望侧摆	-43.80°	-1.97°		-24.19°

第 6 章　集群编队的自主实时任务规划设计与分析

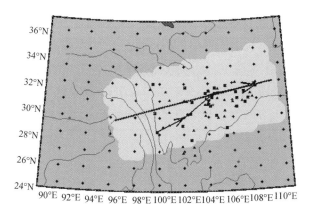

图 6-9　S_1 观测任务序列示意图（分层择优）

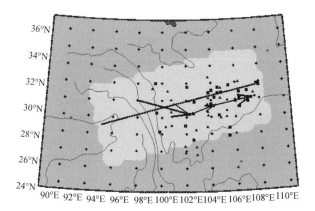

图 6-10　S_5 观测任务序列示意图（分层择优）

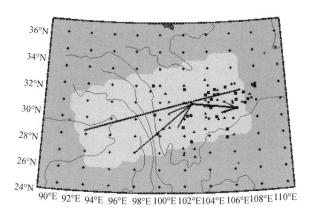

图 6-11　S_9 观测任务序列示意图（分层择优）

通过观察可知,当目标位于图像中星下点轨迹上方时,卫星对其观测的期望侧摆角为正值,目标位于图形中星下点轨迹下方时,期望侧摆角为负值。

表 6-11 给出了 A_2 组卫星的观测任务序列,各卫星的观测任务序列示意图如图 6-12~图 6-14 所示。

表 6-11　A_2 组卫星观测任务序列(多星分层择优任务规划算法)

S_3 观测任务序号	33	13	16	10
期望观测时刻	06:19:44	06:20:25	06:21:01	06:21:51
期望侧摆	32.80°	23.98°	13.70°	3.97°
S_7 观测任务序号	12	37	17	18
期望观测时刻	06:20:03	06:20:44	06:21:24	06:21:56
期望侧摆	-3.42°	1.99°	3.86°	-2.26°
S_{10} 观测任务序号	93	11	15	128
期望观测时刻	06:19:19	06:20:26	06:21:25	06:22:00
期望侧摆	-16.91°	37.22°	7.38°	14.28°

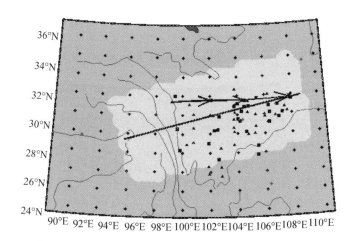

图 6-12　S_3 观测任务序列示意图(分层择优)

由于本仿真实例的时间对应目标所在地方时为白天,因此搭载可见光相机的成像卫星可以执行对地观测任务。如果任务规划时间对应的目标地方

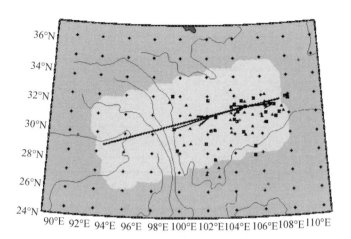

图 6-13 S_7 观测任务序列示意图(分层择优)

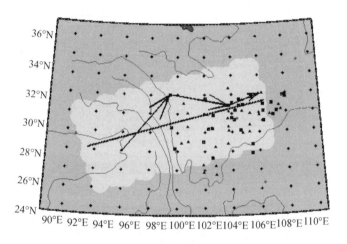

图 6-14 S_{10} 观测任务序列示意图(分层择优)

时为夜晚,即目标所在位置的太阳高度角小于 30°,这样的情况下,只由搭载 SAR 雷达成像设备与搭载红外相机的成像卫星参与任务规划,执行对地观测任务。

表 6-12 给出了 B 组每颗卫星的观测任务序列,观测任务序列示意图如图 6-15 和图 6-16 所示。通过观察图像可知:S_2,S_6 的可成像范围位于其星下点轨迹两侧,不包含卫星正下方区域,并且 S_2,S_6 的观测目标序列均位于星下点轨迹某一侧,满足第 3 章中 SAR 卫星的侧视范围约束,以及连续成像时不进行大角度来回侧摆的约束。

表6-12　B组卫星观测任务序列（多星分层择优任务规划算法）

S_2观测任务序号	95	22	7	109
期望成像时刻	06:19:36	06:20:07	06:20:59	06:21:40
期望成像侧摆	-34.30°	-31.38°	-43.61°	-39.12°
S_6观测任务序号	94	32	42	49
期望成像时刻	06:19:27	06:20:04	06:20:40	06:21:13
期望成像侧摆	-26.59°	-26.94°	-39.05°	-32.43°

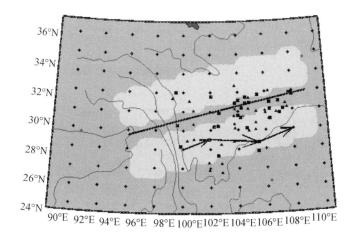

图6-15　S_2观测任务序列示意图（分层择优）

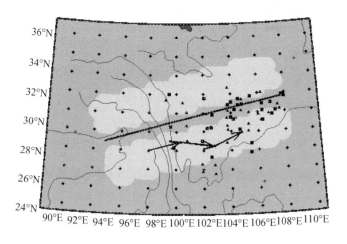

图6-16　S_6观测任务序列示意图（分层择优）

表6-13给出了C组各成像卫星的观测任务序列,观测任务序列示意图如图6-17和图6-18所示。

表6-13　C组卫星观测任务序列(多星分层择优任务规划算法)

S_4观测任务序号	104	36	26	30
期望成像时刻	06:19:22	06:20:04	06:21:01	06:21:55
期望成像侧摆/(°)	1.93	8.20	28.85	5.68
S_8观测任务序号	103	34	25	28
期望成像时刻	06:19:14	06:20:22	06:21:21	06:21:52
期望成像侧摆/(°)	9.54	27.21	2.05	2.08

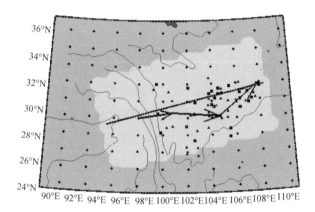

图6-17　S_4观测任务序列示意图(分层择优)

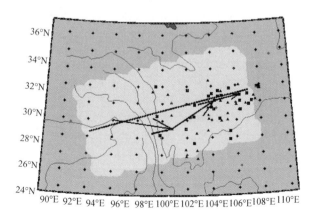

图6-18　S_8观测任务序列示意图(分层择优)

通过观察仿真结果可知:由于本例中10颗集群编队飞行的成员星的初始轨道参数不同,所以在200s内其每颗成员星的星下点轨迹与对地可成像范围是存在差别的,但由于集群编队飞行时相邻两颗卫星之间的距离较近,所以其星下点轨迹位置和对地可成像范围的差别不是很大。

下面给出分别采用本书提出的另外两种多星任务规划算法算得的结果。表6-14给出了采用多星分层无择优自主任务规划算法时A_1组各成员星的观测序列,其对应的观测序列示意图如图6-19~图6-21所示。表6-15给出了采用多星分层无择优自主任务规划算法时A_2组各成员星的观测序列,其对应的观测序列示意图如图6-22~图6-24所示。表6-16给出了采用多星分层无择优自主任务规划算法时B组各成员星的观测序列,其对应的观测序列示意图如图6-25和图6-26所示。表6-17给出了采用多星分层无择优自主任务规划算法时C组各成员星的观测序列,其对应的观测序列示意图如图6-27和图6-28所示。观察图6-19~图6-28可知:相对于多星分层择优算法给出的各成员星的观测序列,采用多星分层无择优算法时,卫星集群编队观测序列中的地面目标数量有所减少,并且重要与次级目标并非都被其第一偏好程度对应的卫星观测。

表6-14 A_1组各成员星观测序列

S_1观测任务序号	1	2	17	18
期望观测时刻	06:19:29	06:20:10	06:20:53	06:21:25
期望侧摆	-30.69°	-18.03°	4.55°	-2.40°
S_5观测任务序号	11	4		20
期望观测时刻	06:19:59	06:21:00		06:21:35
期望侧摆	37.50°	-10.82°		-11.38°
S_9观测任务序号	33		7	
期望观测时刻	06:20:15		06:21:36	
期望侧摆	32.36°		-43.88°	

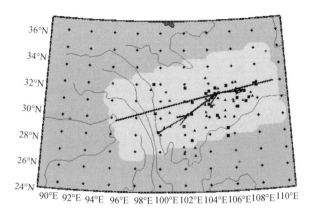

图 6-19　S_1 观测序列示意图（分层无择优）

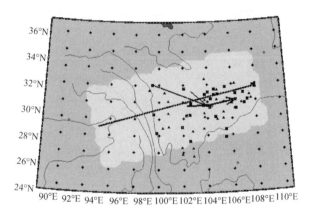

图 6-20　S_5 观测序列示意图（分层无择优）

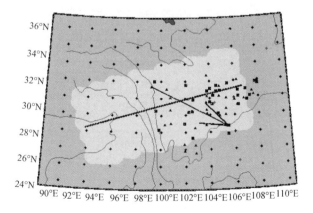

图 6-21　S_9 观测序列示意图（分层无择优）

表6-15 A_2组各成员星观测序列

S_3观测任务序号	12	3	19	10
期望观测时刻	06:19:42	06:20:29	06:21:15	06:21:51
期望侧摆	-3.14°	-1.28°	13.08°	3.97°
S_7观测任务序号	11	13	8	
期望观测时刻	06:19:44	06:20:46	06:21:44	
期望侧摆	23.43°	23.68°	-24.10°	
S_{10}观测任务序号	93	32	16	
期望观测时刻	06:19:19	06:20:25	06:21:38	
期望侧摆	-16.91°	-27.24°	13.20°	

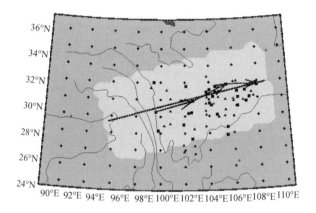

图6-22 S_3观测序列示意图(分层无择优)

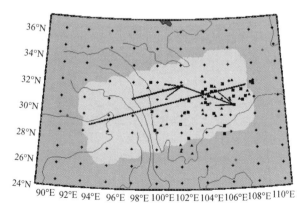

图6-23 S_7观测序列示意图(分层无择优)

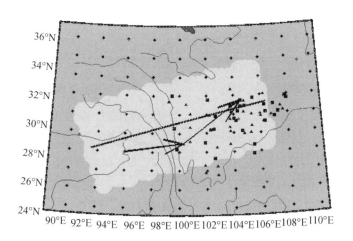

图 6-24 S_{10} 观测序列示意图(分层无择优)

表 6-16 B组各成员星观测序列

S_2观测任务序号	34	26	109
期望成像时刻	06:19:50	06:20:50	06:21:40
期望成像侧摆	-26.74°	-28.71°	-39.12°
S_6观测任务序号	94	22	49
期望成像时刻	06:19:27	06:20:28	06:21:13
期望成像侧摆	-26.59°	-31.64°	-32.43°

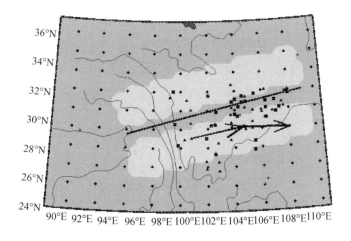

图 6-25 S_2 观测序列示意图(分层无择优)

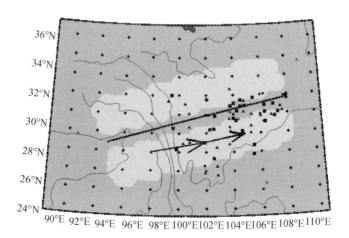

图 6-26 S_6 观测序列示意图(分层无择优)

表 6-17 C 组各成员星观测序列

S_4观测任务序号	104	36	25	21
期望观测时刻	06:19:22	06:20:04	06:21:00	06:21:57
期望侧摆	-1.93°	-8.20°	-1.93°	2.92°
S_8观测任务序号	103	95	23	28
期望观测时刻	06:19:14	06:20:22	06:21:21	06:21:52
期望侧摆	9.54°	-34.71°	-18.84°	-2.08°

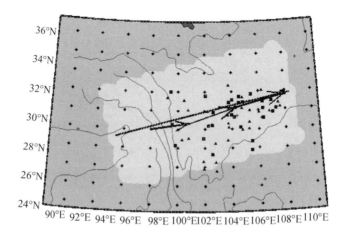

图 6-27 S_4 观测序列示意图(分层无择优)

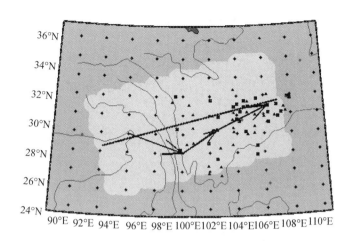

图 6-28 S_8 观测序列示意图（分层无择优）

下面给出采用改进的分层择优自主任务规划算法得到的规划结果。表 6-18 给出了 A_1 组各颗卫星的观测任务序列，其对应的观测序列示意图如图 6-29~图 6-31 所示。表 6-19 给出了采用改进的多星分层择优自主任务规划算法时 A_2 组各颗卫星的观测任务序列，其对应的观测序列示意图如图 6-32~图 6-34 所示。

表 6-18 A_1 组各成员星观测序列（改进的分层择优）

S_1 观测任务序号	1	2	5	20
期望观测时刻	06:19:29	06:20:10	06:20:41	06:21:14
期望侧摆	-30.69°	-18.03°	-13.82°	-11.12°
S_5 观测任务序号	33	4	9	
期望观测时刻	06:19:54	06:21:00	06:21:49	
期望侧摆	32.64°	-10.82°	-14.27°	
S_9 观测任务序号	84	95	3	8
期望观测时刻	06:19:37	06:20:13	06:21:01	06:21:54
期望侧摆	-43.80°	-34.77°	-1.97°	-24.19°

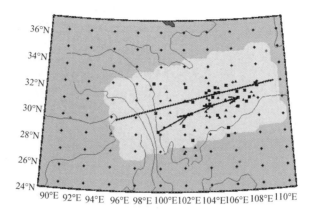

图 6-29 S_1 观测任务序列示意图（改进择优）

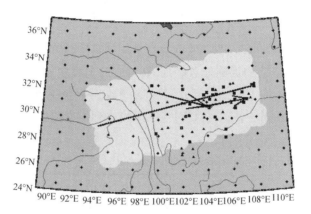

图 6-30 S_5 观测任务序列示意图（改进择优）

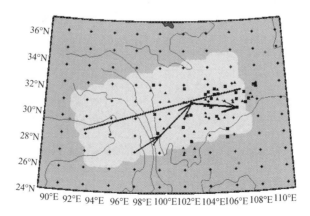

图 6-31 S_9 观测任务序列示意图（改进择优）

第6章 集群编队的自主实时任务规划设计与分析

表 6-19 A_2 组各成员星观测序列(改进的分层择优)

S_3观测任务序号	11		15		10
期望观测时刻	06:19:49		06:20:48		06:21:51
期望侧摆	37.63°		7.93°		3.97°
S_7观测任务序号	12	37		17	18
期望观测时刻	06:20:03	06:20:44		06:21:24	06:21:56
期望侧摆	-3.42°	1.99°		3.86°	-2.26°
S_{10}观测任务序号	93		13		16
期望观测时刻	06:19:19		06:21:02		06:21:38
期望侧摆	-16.91°		23.47°		13.20°

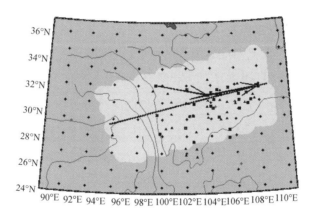

图 6-32 S_3 观测序列示意图(改进择优)

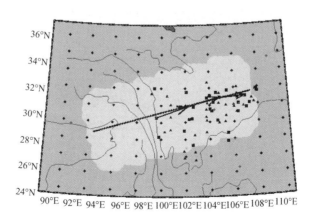

图 6-33 S_7 观测序列示意图(改进择优)

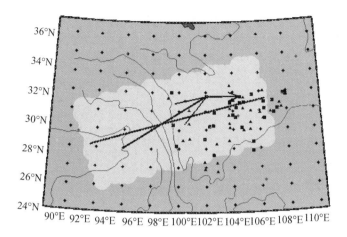

图 6-34　S_{10} 观测序列示意图(改进择优)

表 6-20 给出了采用改进的多星分层择优自主任务规划算法时 B 组各颗卫星的观测任务序列,其对应的观测序列示意图如图 6-35 和图 6-36 所示。

表 6-20　B 组各成员星观测序列(改进的分层择优)

S_2 观测任务序号	32	7	109
期望观测时刻	06:19:43	06:20:59	06:21:40
期望侧摆	-26.64°	-43.61°	-39.12°
S_6 观测任务序号	94	22	49
期望观测时刻	06:19:27	06:20:28	06:21:13
期望侧摆	-26.59°	-31.64°	-32.43°

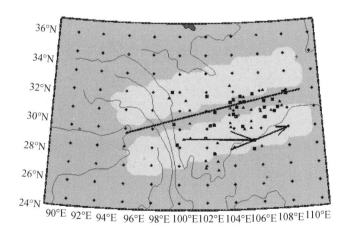

图 6-35　S_2 观测任务序列示意图(改进择优)

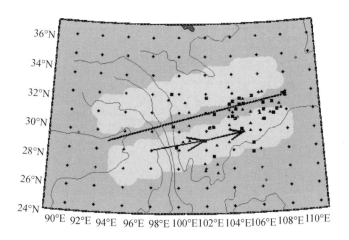

图 6-36　S_6 观测任务序列示意图(改进择优)

表 6-21 给出了采用改进的多星分层择优自主任务规划算法时 C 组各颗卫星的观测任务序列,其对应的观测序列示意图如图 6-37 和图 6-38 所示。

表 6-21　C 组各成员星观测序列(改进的分层择优)

S_4 观测任务序号	104	36	26	29
期望观测时刻	06:19:22	06:20:04	06:21:01	06:21:40
期望侧摆	-1.93°	-8.20°	-28.85°	-19.48°
S_8 观测任务序号	103	34	25	28
期望观测时刻	06:19:14	06:20:22	06:21:21	06:21:52
期望侧摆	9.54°	-27.21°	-2.05°	-2.08°

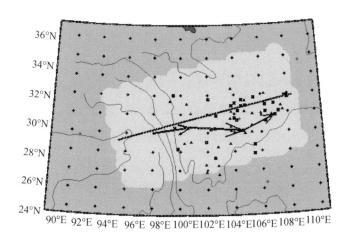

图 6-37　S_4 观测序列示意图(改进择优)

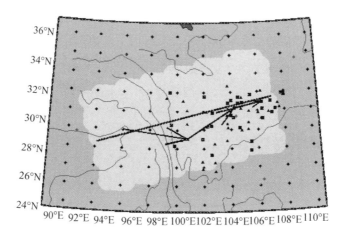

图 6-38 S_8 观测序列示意图(改进择优)

综上,应用改进的多星分层择优自主任务规划算法,得到的卫星集群编队观测序列中的观测任务个数,介于多星分层择优与多星分层无择优算法之间,其观测序列对应的总观测收益也介于多星分层无择优与多星分层择优自主任务规划算法之间。

6.2.2 改进的多星分层择优自主任务规划算法

多星分层择优任务规划算法与单星分层择优算法类似,考虑将目标按序号排列组合,以多种顺序传入,逐层、逐组地选择使当前观测收益最大的一种或多种成像序列作为当前层的成像序列,在此基础上进行下一层的目标分配,最终获得一个或多个使总观测收益最大的成像序列。多星分层择优任务规划算法步骤如下。

步骤一:第一层规划。选定表 6-3 中第一层目标下的第一组目标 T_j^{v1}($j=1,\cdots,v_T^1$),根据其第一偏好程度卫星组 A_S 中 S_{A_i} 的个数 o_S,将 v_T^1 个 T_j^{v1} 分成 o_S 组。将 T_j^{v1} 的排列组合方案个数记为

$$P_{T_j^1} = C_{v_T^1}^{\lfloor v_T^1/o_S \rfloor} * C_{v_T^1 - \lfloor v_T^1/o_S \rfloor}^{\lfloor v_T^1/o_S \rfloor} * \cdots * C_{v_T^1 - \lfloor v_T^1/o_S \rfloor * o_S}^{v_T^1 - \lfloor v_T^1/o_S \rfloor * o_S} \quad (6-16)$$

式中:$\lfloor v_T^1/o_S \rfloor$ 表示对 v_T^1/o_S 的商向下取整。$P_{T_j^1}$ 种排列组合能够保证 T_j^{v1} 以不同的分组组合方式对应传给 A_S 中的每颗 S_{A_i} 进行任务筛选。对于 T_j^{v1} 的 $P_{T_j^1}$ 种传入方案,对应形成 $P_{T_j^1}$ 个 Q_{A_S}。分别计算 Q_{A_S} 的当前观测收益为

$$J_{A_S}^{v1} = k_v^1 * v_{T\_Q_{A_S}}^1 \quad (6-17)$$

式中:$v_{T\_Q_{A_S}}^1$为每种T_j^{v1}传入方案下,Q_{A_S}中含有的观测目标个数。设有$M_{A_S}^1$种互异的Q_{A_S},使$J_{A_S}^{v1}$达到最大值。该$M_{A_S}^1$种Q_{A_S}是第一层第一组目标的第一次分配结果。

步骤二:将第一层目标下的第二组目标v_T^2个T_j^{v2}分组组合,并分配给其第一偏好程度卫星组、含有s_S个S_{B_i}的卫星组B_S的方法,与步骤一相同。设有$M_{B_S}^1$种互异的Q_{B_S},使当前观测收益达到最大。该$M_{B_S}^1$种Q_{B_S}是第一层第二组目标第一次的分配结果。

步骤三:将第一层目标下的第三组目标v_T^3个T_j^{v3}分组组合,并分配给其第一偏好程度卫星组、含有i_S个S_{C_i}的卫星组C_S的方法,与步骤一相同。设有$M_{C_S}^1$种互异的Q_{C_S},使当前观测收益达到最大。该$M_{C_S}^1$种Q_{C_S}是第一层第三组目标的第一次分配结果。由此完成了对第一层目标的第一次分配过程。

步骤四:在$M_{A_S}^1$种Q_{A_S}下,针对每种Q_{A_S},将未加入Q_{A_S}之中的T_j^{v1},依次传给其第二偏好程度组B_S中的第一颗卫星S_{B_1}进行任务筛选。将未加入S_{B_1}的$Q_{S_{B\_1}}$和T_j^{v1},传入B_S组的第二颗S_{B_2}进行任务筛选,以此类推,直至未加入Q_{A_S}的T_j^{v1}全部加入Q_{B_S}之中,或B_S组内的s_S颗S_{B_i}依次经历了对特定组若干传入目标的任务筛选过程。由于B_S组的Q_{B_S}对应有$M_{B_S}^1$种情况,因此,对于每种Q_{A_S},未加入Q_{A_S}之中的T_j^{v1}对B_S组的任务筛选过程需要进行$M_{B_S}^1$次。该步骤共需进行$(M_{A_S}^1 \cdot M_{B_S}^1)$次任务筛选,设结果中互异的$Q_{B_S}$有$M_{B_S}^2$种,是第一层第一组目标的第二次分配结果。

步骤五:在步骤二给出的$M_{B_S}^2$种Q_{B_S}下,针对每种Q_{B_S},将未加入Q_{B_S}之中的T_j^{v2}分配给其第二偏好程度组C_S的方法,与步骤四相同。对于每种Q_{B_S},未加入Q_{B_S}之中的T_j^{v2}对C_S组的任务分配过程需要进行$M_{C_S}^1$次。从而该步骤共需进行$(M_{B_S}^1 \cdot M_{C_S}^1)$次任务筛选,设结果中互异的$Q_{C_S}$有$M_{C_S}^2$种,是第一层第二组目标的第二次分配结果。

步骤六:在步骤三给出的$M_{C_S}^1$种Q_{C_S}下,针对每种Q_{C_S},将未加入Q_{C_S}之中的T_j^{v3}分配给其第二偏好程度组B_S的方法,与步骤四相同。对于每种Q_{C_S},未加入Q_{C_S}之中的T_j^{v3}对B_S组的任务分配过程需要进行$M_{B_S}^2$次。该步骤共需进行$(M_{C_S}^1 \cdot M_{B_S}^2)$次任务筛选,设结果中互异的$Q_{B_S}$有$M_{B_S}^3$种,是第一层第三组目标的第二次分配结果。由此完成了对第一层目标的第二次分配过程。

步骤七:在步骤一给出的$M_{B_S}^1$种Q_{B_S}下,针对每种Q_{B_S},将未加入Q_{A_S}、Q_{B_S}之中的T_j^{v1}分配给其第三偏好程度组C_S的方法,与步骤四相同。对于每种Q_{A_S},

未加入 Q_{A_S}、Q_{B_S} 之中的 T_j^{r1} 对 C_S 组的任务分配过程需要进行 $M_{C_S}^2$ 次。该步骤共需进行 $(M_{A_S}^1 \cdot M_{C_S}^2)$ 次任务筛选,设结果中互异的 Q_{C_S} 有 $M_{C_S}^3$ 种,是第一层第一组目标的第三次分配结果。

步骤八:在步骤二给出的 $M_{B_S}^2$ 种 Q_{B_S} 下,针对每种 Q_{B_S},将未加入 Q_{B_S}、Q_{C_S} 之中的 T_j^{r2} 分配给其第三偏好程度组 A_S 的方法,与步骤四相同。对于每种 Q_{B_S},未加入 Q_{B_S}、Q_{C_S} 之中的 T_j^{r2} 对 A_S 组的任务分配过程需要进行 $M_{A_S}^1$ 次。该步骤共需进行 $(M_{A_S}^1 \cdot M_{B_S}^2)$ 次任务筛选,设结果中互异的 Q_{A_S} 有 $M_{A_S}^2$ 种,是第一层第二组目标的第三次分配结果。

步骤九:在步骤五给出的 $M_{C_S}^2$ 种 Q_{C_S} 下,针对每种 Q_{C_S},将未加入 Q_{C_S}、Q_{B_S} 之中的 T_j^{r3} 分配给其第三偏好程度组 A_S 的方法,与步骤四相同。对于每种 Q_{C_S},未加入 Q_{C_S}、Q_{B_S} 之中的 T_j^{r3} 对 A_S 组的任务分配过程需要进行 $M_{A_S}^3$ 次。该步骤共需进行 $(M_{C_S}^2 \cdot M_{A_S}^3)$ 次任务筛选,设结果中互异的 Q_{A_S} 有 $M_{A_S}^3$ 种,是第一层第三组目标的第三次分配结果。由此完成了对第一层目标的第三次分配过程。设此时得到的互异的 Q_F 有 M_v,则有

$$M_v = M_{A_S}^3 * M_{B_S}^3 * M_{C_S}^3 \quad (6-18)$$

此 M_v 种 Q_F 即为第一层规划后的当前观测序列。多星分层择优任务规划算法中对重要目标 T_j^v 的分配过程示意图如图 6-39 所示。

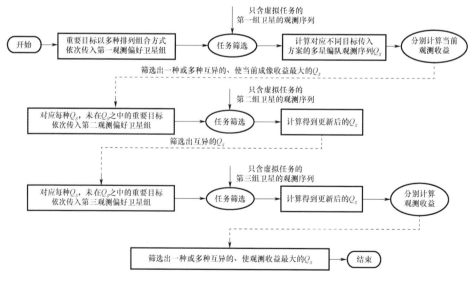

图 6-39 多星分层择优算法对重要目标的分配过程

步骤十:第二层规划,即对次级目标的分配。在 M_v 种 Q_F 下,对 T_j^i 任务分配的原理与多星无择优算法的步骤八相同,由此 M_v 种 Q_F 中均加入了若干次级目标。

步骤十一:第三层规划,即对一般目标的分配。在经过第二层规划更新后的 M_v 种 Q_F 下,对 T_j^o 进行任务分配的原理与多星分层无择优算法的步骤九相同,由此 M_v 种 Q_F 分别又加入了若干一般目标。

综上,完成了三层任务规划过程,形成了 M_v 种互异的 Q_F,分别计算其 J_F,筛选出对应于 J_F 取得最大值的、互异的 Q_F,即得到了集群编队飞行的每颗 S_i 的观测序列 Q_{s_i}。多星分层择优自主任务规划算法的流程如图 6-40 所示。

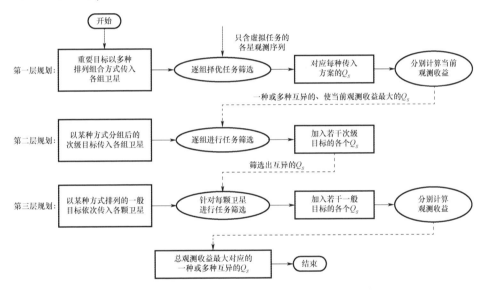

图 6-40 多星分层择优自主任务规划算法流程示意图

该算法在保证高观测收益的同时,能够使重要目标与次级目标尽可能多地被其第一偏好程度卫星成像,并且保证各颗卫星所承担的对重要目标的观测任务个数较为平均。

由于集群编队飞行的成像卫星对自主任务规划算法速度的要求,考虑到 $M_{A_S}^1$、$M_{B_S}^1$ 与 $M_{C_S}^1$ 的值如果较大,可能导致 J_F^v 取得最大时对应的 Q_F 方案较多,造成后续计算量较大,由此提出改进的多星分层择优任务规划算法,即将 $M_{A_S}^1$、$M_{B_S}^1$ 与 $M_{C_S}^1$ 的值均取为 1,从而减少了循环次数,有效降低了计算量。由验证可知,改进的多星分层择优任务规划算法结果的成像总收益,介于分层无择优算法和分层择优算法之间,运行速度相比多层次择优算法有了大大的提高。

6.2.3 改变优化目标的多星自主任务规划算法验证

本书提出的多星分层任务规划算法,是以基于目标的等级与偏好程度,以观测收益为优化目标设计而来的。为了验证所提出的多星分层任务规划算法的广泛适用性,现将优化目标改为多颗卫星的成像总个数,不对地面目标设定优先等级和偏好程度,以成像个数作为观测收益函数,验证所设计的三种算法的性能。

取与第6.2.1节相同的仿真条件,即取集群编队飞行成像卫星的轨道参数与分组情况、1-60号地面点目标的位置、61-160号目标的生成方式,将160个目标按随机顺序排列。将目标以与6.2.1节相同的分组方式传入各组卫星进行分配。将目标以多种随机顺序排列,进行多次仿真,每次仿真分别应用本章所设计的三种任务规划算法求解,运算时间与规划结果如表6-22所列。可以发现,当改变算法的优化目标时,三种算法均可以快速给出可行解,并且三种算法的收益大小、运行速度的对比情况没有发生改变,依然为分层无择优算法速度最快但观测收益相对最小,分层择优算法速度相对较慢但观测收益最高,改进的分层择优算法能够快速给出观测收益较高的规划方案。

表6-22 以成像个数作为优化目标的算法结果对比

仿真计算 \ 三种算法	分层无择优算法	改进的分层择优算法	分层择优算法
第一次仿真成像个数	36	38	41
第二次仿真成像个数	38	39	40
第三次仿真成像个数	37	39	40
数据处理时间/s	3	3	3
算法求解时间/s	1	2	7

采用多星分层择优任务规划算法,在三次仿真中,择优过程给出的多种方案收益图像分别如图6-41~图6-43所示。观察这些图示可知,以成像个数为优化目标时,利用本书提出的多星分层择优自主任务规划算法,解得的观测序列的观测收益最大为41。

以第一次仿真为例,下面给出由多星分层择优自主任务规划算法给出的、对应总成像个数为41的一种卫星集群编队观测序列。表6-23为A_1组各颗卫星的观测序列,相应示意图如图6-44~图6-46所示。

第 6 章　集群编队的自主实时任务规划设计与分析

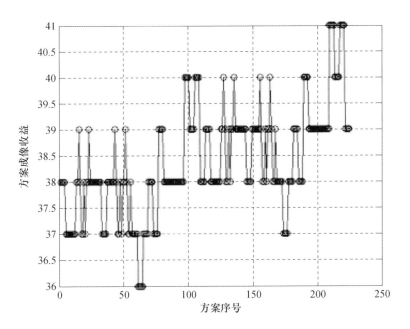

图 6-41　分层择优算法多种方案收益（第一次仿真）

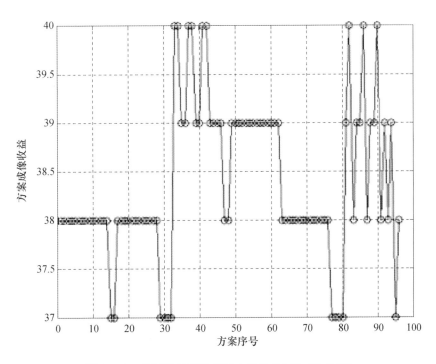

图 6-42　分层择优算法多种方案收益（第二次仿真）

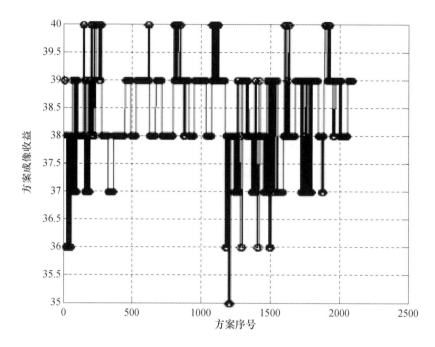

图 6-43 分层择优算法多种方案收益(第三次仿真)

表 6-23 A_1 组各卫星的观测序列

S_1观测任务序号	32	23	51	21
期望观测时刻	57	94	131	181
期望侧摆	-26.52°	-18.29°	-4.76°	2.93°
S_5观测任务序号	95	22	26	29
期望观测时刻	72	102	146	185
期望侧摆	-34.51°	-31.55°	-28.90°	-19.51°
S_9观测任务序号	103	34	25	28
期望观测时刻	40	107	166	197
期望侧摆	9.58°	-27.27°	-1.90°	-1.84°

表 6-24 为 A_2 组各卫星的观测序列,其对应的观测序列示意图如图 6-47~图 6-49 所示。

第 6 章 集群编队的自主实时任务规划设计与分析

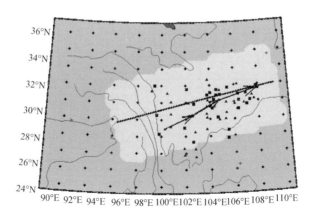

图 6-44 S_1 观测序列示意图

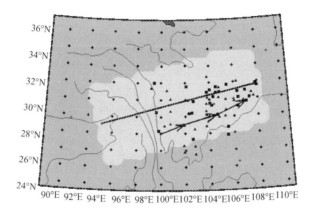

图 6-45 S_5 观测序列示意图

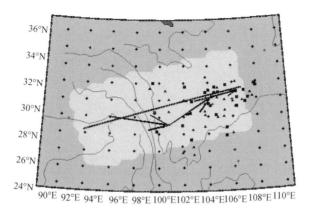

图 6-46 S_9 观测序列示意图

表6-24 A_2组各卫星的观测序列

S_3观测任务序号	104	12	2	17	18
期望观测时刻	37	62	101	143	175
期望侧摆	-2.06°	-3.14°	-18.23°	4.19°	-2.07°
S_7观测任务序号	94	13	16	55	
期望观测时刻	53	126	162	188	
期望侧摆	-26.71°	23.68°	13.40°	14.29°	
S_{10}观测任务序号	93	11	126	19	
期望观测时刻	39	106	142	192	
期望侧摆	-16.91°	37.22°	28.45°	12.61°	

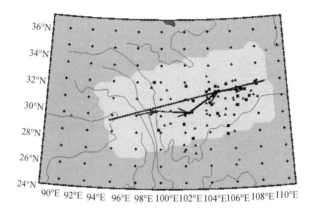

图6-47 S_3观测序列示意图

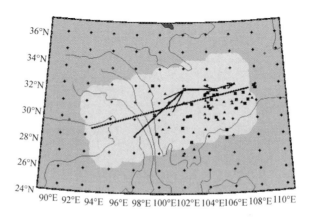

图6-48 S_7观测序列示意图

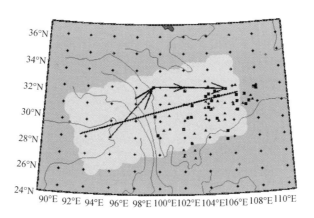

图 6-49 S_{10} 观测序列示意图

表 6-25 为 B 组各颗卫星的观测序列,其对应的观测序列示意图如图 6-50 和图 6-51 所示。

表 6-25 B 组各卫星的观测序列

S_2观测任务序号	1	42	54	109
期望观测时刻	54	98	139	180
期望侧摆	-30.75	-38.83	-32.59	-39.12
S_6观测任务序号	114	31	43	138
期望观测时刻	58	97	148	183
期望侧摆	23.47°	25.08°	29.54°	36.06°

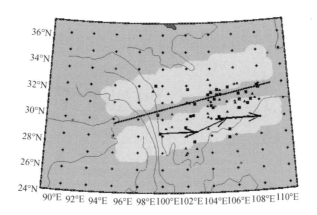

图 6-50 S_2 观测序列示意图

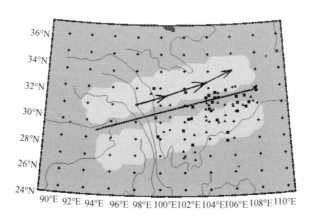

图 6-51 S_6 观测序列示意图

表 6-26 为 C 组各卫星的观测序列,其对应的观测序列示意图如图 6-52 和图 6-53 所示。

表 6-26　C 组各卫星的观测序列

S_4观测任务序号	33	46	52	59
期望观测时刻	69	130	155	189
期望侧摆	32.72°	-10.51°	-10.62°	-14.53°
S_8观测任务序号	84	36	45	57
期望观测时刻	52	105	149	185
期望侧摆	-43.74°	-8.55°	-26.52°	-15.18°

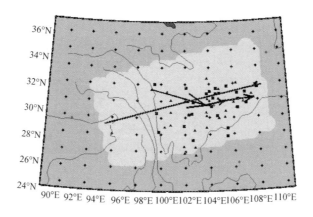

图 6-52 S_4 观测序列示意图

第 6 章　集群编队的自主实时任务规划设计与分析

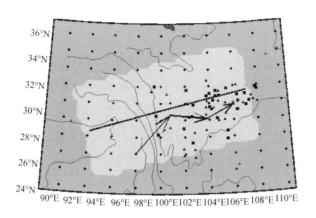

图 6-53　S_8 观测序列示意图

多星分层择优任务规划算法具有广泛的适用性。这是由于对目标进行分配时,三种算法均保证了每个目标在加入某卫星的成像序列之前,经历了传入每颗卫星的已有成像序列判断其能够被成像的过程,并不会因其重要程度较低而失去被分配的机会,只是任务分配顺序在优先级高的目标之后。因此,在任何优化目标下,分层择优算法都可以在第一层任务规划过程中筛选出使当前观测收益最高的方案,在择优的基础上进入下一层的规划之中。

综上所述,通过以集群编队飞行的 10 颗成像卫星对四川省汶川县 160 个地面目标进行任务规划的仿真实例,对提出的三种分层任务规划算法进行了验证,结果表明:分层无择优算法解算速度最快(共需 3s),但观测收益相对最低;分层择优算法给出的规划方案观测收益最大,但解算速度相对最慢(共需 10s);改进的分层择优算法能够快速地(共需 3s)、以接近分层择优算法的高观测收益给出各卫星的成像序列。将优化目标改为成像个数后,三种算法依然可以快速给出有效可行解,并且方案收益与解算速度的对比情况未发生改变,从而证明了本书所设计算法的广泛适用性。

6.3　基于改进遗传算法的多星实时任务规划方法

6.3.1　遗传算法设计

针对集群编队成像卫星对多个地面目标的自主任务规划问题,基于传统遗传算法思路进行改进。改进内容包括提出一种具体的编码方法以及一种快速生成高收益初始种群的方法等[129-130]。

1. 编码方法

遗传算法通过编码过程,将问题的解看作一个个体或种群,通过对初始种群不断进行选择、交叉、变异获得适应值更高的种群和个体。针对 $S_1 \sim S_m$ 对 $T_1 \sim T_n$ 的自主任务规划问题,提出编码方法示意图如图 6-54 所示。

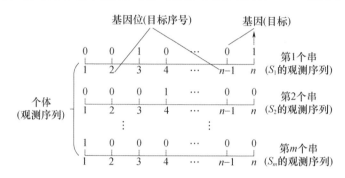

图 6-54 编码方法示意图

从图 6-54 可以看出,将 $1 \sim n$ 个目标按序号编码为基因,基因所在位置为目标序号,所在串结构为卫星成像序列,基因位上值为 1 表示该目标位于该卫星的成像序列上,基因位上值为 0 表示该目标不在串结构对应的卫星的成像序列上。m 个串结构构成一个个体,即集群编队卫星成像序列集合。该集合(个体)是由 0 和 1 组成的 $m \times n$ 矩阵。

2. 适应值函数

假设 $S_1 \sim S_m$ 共搭载可见光相机、SAR、红外相机 3 种不同类型的载荷;$T_1 \sim T_n$ 分为 γ 个重要等级,第 1 级为最重要目标。对于第 $1 \sim \lambda$($\lambda \leq \gamma$)级较为重要的目标,可为其设置偏好程度(例如某目标期望被可见光卫星观测,若无法实现,再依次判断能否被红外、SAR 卫星观测)。目标被第 1 偏好程度类卫星观测取得的收益最大,以此类推。适应值函数 J_Σ 为集群编队卫星成像序列集合内所有目标的观测收益之和,即

$$J_\Sigma = \sum_{i=1}^{m} \left\{ \sum_{q=1}^{\lambda} \sum_{\eta=1}^{3} \left[(n_q^\eta \mid S_i) \cdot (\omega_q^\eta) \right] + \sum_{q=\lambda+1}^{\gamma} \left[(n_q^0 \mid S_i) \cdot (\omega_q^0) \right] \right\}$$

(6-19)

式中:$n_q^\eta \mid S_i$ 表示 S_i 的成像序列中被其第 η 偏好卫星观测的第 q 级目标的个数;ω_q^η 表示对应的收益;$n_q^0 \mid S_i$ 表示 S_i 的成像序列中无成像偏好的目标个数;ω_q^0 为

对应的收益。ω_q^η 与 ω_q^0 满足

$$\omega_1^1 > \omega_1^2 > \omega_1^3 > \omega_2^1 > \cdots > \omega_\lambda^2 > \omega_\lambda^3 > \omega_{\lambda+1}^0 > \cdots > \omega_\gamma^0 \quad (6-20)$$

3. 生成初始种群

简单遗传算法的初始种群通过随机的方式生成,得到的初始种群适应值可能较低,导致后续进化缓慢,难以快速得到优化解。基于此,提出一种基于卫星连续侧摆时间判断的初始种群生成方法,目的是使每颗卫星快速生成初始成像序列。同时,以优先挑选重要目标的方式,保证初始群体具备较高的适应值。相应的生成初始个体的流程图见图 6-55。

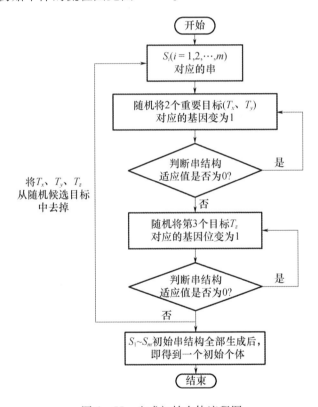

图 6-55 生成初始个体流程图

步骤一:假设第 $1\sim\lambda$ 级目标的序号集合为 Φ,对于 S_i,根据其观测数据集合,在 Φ 中随机选取满足 $\delta_{i-x}=1$ 和 $\delta_{i-y}=1$ 的两个目标 T_x 和 T_y,将目标对应的基因变为 1。

步骤二:在 S_i 串结构中,将基因值为 1 的目标按其期望成像时间排序,然后判断卫星是否有足够的时间完成连续侧摆。假设 $t_{i-x}<t_{i-y}$,卫星连续侧摆的时

间判断示意图如图 6-56 所示。依据图 6-56，依次计算卫星从 0° 侧摆机动到 α_{i-x}、稳定成像所需的时间 m_{0-x}；从 α_{i-x} 侧摆机动到 α_{i-y}、稳定成像的时间 m_{x-y}。设 S_i 横向侧摆的最大角速度为 ω_i，平均角加速度为 a_i，卫星从侧摆机动再成像需要经历加速—匀速—减速—稳定—成像过程。以 m_{x-y} 为例，计算公式为

$$m_{x-y} = \begin{cases} 2 * \sqrt{|\alpha_{i-x} - \alpha_{i-y}|/a_i} + \Delta m_i, & |\alpha_{i-x} - \alpha_{i-y}| \leq \omega_i^2/a_i \\ (a_i * |\alpha_{i-x} - \alpha_{i-y}| - (\omega_i)^2)/a_i * \omega_i + \Delta m_i, & |\alpha_{i-x} - \alpha_{i-y}| > \omega_i^2/a_i \end{cases}$$

(6-21)

式中：Δm_i 为 S_i 姿态稳定和成像所需的时间。判断 m_{0-x} 与 m_{x-y} 是否分别小于 $|t_{i-x} - t_s|$ 与 $|t_{i-y} - t_{i-x}|$，若均为真，则按照式（6-20）计算 S_i 的适应值，否则适应值为 0，此时重复步骤一，重新随机生成两个 T_x、T_y，直至 S_i 初始串结构的适应值不为 0。

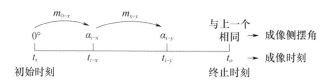

图 6-56　卫星连续侧摆时间判断示意图

步骤三：在 Φ 中随机选取满足 $\delta|\delta_{i-z} = 1$ 的第 3 个目标 T_z，在 S_i 串结构中，将对应位置的基因变为 1。按照步骤二的思路，判断此时串结构的适应值是否为 0：若为 0，则重新随机选择 T_z；若不为 0，则形成了 S_i 的初始串结构。

步骤四：从 T_x，T_y，T_z 以外的目标中，重复步骤一至步骤三，形成 S_{i+1} 的初始串结构。以此类推，$S_1 \sim S_m$ 初始串结构全部生成后，即得到了一个初始个体。

步骤五：重复步骤一至步骤 $4k$ 次，即得到了包含 k 个初始个体的初始种群。

上述过程中，对初始成像目标的选取是随机的，因而保证了个体之间互不相同，确保了基因多样性。根据实际观测目标的数量，可调整生成初始个体时随机选取的目标个数。如果重点目标数量较多，可增加在 Φ 中随机选取的目标个数（>2）；如果目标数量较少，可不进行第 3 个目标的随机选取。

4. 选择—交叉—变异算子

通过选择、交叉、变异 3 个算子对初始种群进行优化，生成适应值更高的个体，即对应更高总观测收益的集群编队卫星成像序列。

（1）选择算子。

采用"轮盘赌"的方式，从种群中选择个体组成新一代种群。当前种群中含

有 k 个个体时,第 ε 个个体$(1 \leq \varepsilon \leq k)$被选中构成新一代种群的概率为

$$P_\varepsilon = \frac{(J_\Sigma)_\varepsilon}{\sum_{\varepsilon=1}^{k}(J_\Sigma)_\varepsilon} \qquad (6-22)$$

式中:$(J_\Sigma)_\varepsilon$ 为第 ε 个个体的适应值;$\sum_{\varepsilon=1}^{k}(J_\Sigma)_\varepsilon$ 为 k 个个体的适应值之和。

适应值越大的个体,被选中组成新一代种群的概率越大。经过选择算子形成新种群后,计算其总适应值,如果总适应值大于选择之前,则选用新种群进行交叉—变异,否则保留选择前的种群进行后续遗传计算。

(2) 交叉算子。

对经过选择算子的种群进行交叉处理。首先在 $1 \sim k$ 范围内随机生成 c 个整数 $k_1, k_2, \cdots, k_c$;在 $1 \sim m$ 范围内随机生成 d 个整数 $p_1, p_2, \cdots, p_d$;在 $1 \sim n$ 范围内随机生成 2 个整数 $q_1, q_2 (1 \leq q_1 < q_2 \leq n)$。对种群中第 $k_1, k_2, \cdots, k_c$ 个个体的第 $p_1, p_2, \cdots, p_d$ 个串结构上的第 $q_1 \sim q_2$ 个基因,进行交叉处理,即:将 p_1 上第 $q_1 \sim q_2$ 基因替换到 p_2;p_2 上第 $q_1 \sim q_2$ 基因替换到 p_3 上;以此类推。

(3) 变异算子。

对经过交叉处理的 d 个串结构进行变异,在每个串结构中随机选取 u(根据实际目标数量与卫星观测能力选取)个基因值为 0 的目标,将其基因值设为 1。交叉—变异算子的示意图如图 6-57 所示。

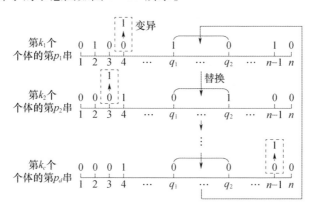

图 6-57 交叉—变异算子示意图

按照生成初始种群的方法,计算完成交叉—变异后种群内每个个体的适应值:如果适应值不为 0,则新个体替换交叉前的个体;如果适应值为 0,则在种群中保留交叉前的个体。当经过选择—交叉—变异得到的新个体适应值大于原

有种群中任何个体时,将新个体对应的串结构输出。输出的新个体就是经过这一次进化,对应总观测收益更高的每颗卫星的观测序列。综上,改进遗传算法的流程图如图 6-58 所示。

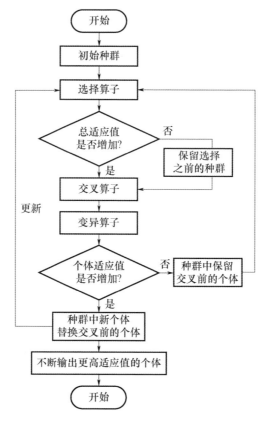

图 6-58 改进遗传算法流程图

多星多目标任务规划本质上是一个多约束、多耦合的分配问题。当卫星与目标数量较大时,卫星的观测序列方案数量巨大,难以在短时间内确定和获取最优解。同时,考虑自主任务规划算法应具备快速求解的特点,本书以完成设定的进化代数作为算法终止条件,即对初始种群进行指定次数的选择—交叉—变异后,输出当前种群中适应值最高的个体,解码后就是当前使总观测收益最大的各颗卫星的观测序列。

6.3.2 仿真分析

以集群编队飞行的 10 颗成像卫星对四川省汶川县附近的 160 个(分为 3

个重要等级)地面观测目标进行规划为例,验证改进型遗传算法的有效性。假设 10 颗卫星运行于同一轨道上,相邻卫星间隔约 50km。第 1 颗卫星的轨道根数为:半长轴 6665.2km,偏心率 0.000808,轨道倾角 32.95°,升交点赤经 350.97°,近地点幅角 168.39°,真近点角 255.32°,对应的 UTC 为 2016 - 05 - 02 06∶18∶40。10 颗卫星共搭载三种类型的成像设备,如表 6 - 27 所列。

表 6 - 27 集群编队卫星成像种类

成像种类	可见光	SAR	红外
包含卫星	S_1、S_3、S_5、S_7、S_9、S_{10}	S_2、S_6	S_4、S_8
侧摆范围	±[0,45°]	±[20°,45°]	±[0,45°]

假设 160 个地面目标包含 3 个等级,其中重要目标 30 个、次级目标 30 个、一般目标 100 个,一般目标为根据四川省汶川县地区范围均匀生成。对重要目标和次级目标设置偏好程度,一般目标无偏好程度。重点和次级目标的序号与偏好程度如表 6 - 28 所列。

表 6 - 28 目标序号与偏好程度

重点目标	次级目标	偏好程度
1 ~ 9	31 ~ 39	可见光—SAR—红外
10 ~ 18	40 ~ 48	可见光—红外—SAR
19 ~ 24	49 ~ 54	SAR—红外—可见光
25 ~ 30	55 ~ 60	红外—SAR—可见光

重点目标加入其第一、二、三偏好程度对应的卫星观测序列获得的收益分别为 1000、900、800;次级目标加入其第一、二、三偏好程度对应的卫星观测序列获得的收益分别为 100、90、80;一般目标无偏好程度,加入任意卫星观测序列获得收益 60。

利用改进遗传算法,为 10 颗卫星规划未来 200s 内各颗卫星的对地成像序列。被规划的时间范围为 2016 - 05 - 02 06∶18∶40 至 2016 - 05 - 02 06∶22∶00。将进化次数分别选为 500、1000、5000 和 10000 次,算法运行环境为 3.0GHz E5700 CPU 配置下的 MATLAB R2014a。仿真结果如表 6 - 29 所列。

表 6-29 改进遗传算法仿真结果

计算次数	500	1000	5000	10000
观测收益（平均）	19000	21450	22750	23750
观测个数（平均）	30	31	31	32
重要目标比例/%	60	68	73	75
算法运行时间	30s	1min	10min	1.5min

将遗传次数设定为 10000 次时，对总观测收益的优化过程如图 6-59 所示。

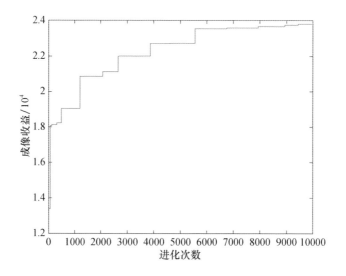

图 6-59 改进遗传算法对总观测收益的优化过程

通过仿真结果与优化过程可以看出：

（1）集群编队成像卫星所有成像序列对应的总收益，随着改进遗传算法进化次数的增加而增加，所有成像序列中包含的重要目标比例也随之增加，作为代价的算法运行时间也随之增长。

（2）结果中均具备较高的重要目标比例（≥60%），这是由初始种群生成方法所保证的。

以算法运行 10000 次、集群编队成像卫星总观测收益为 23750 为例，给出改进遗传算法的规划结果，即每颗卫星的成像序列示意图，仿真结果如图 6-60～图 6-69 所示。

第6章 集群编队的自主实时任务规划设计与分析

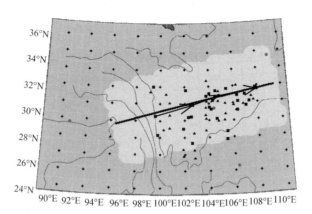

图6-60 S_1成像序列示意图(目标:12-3-17-21)

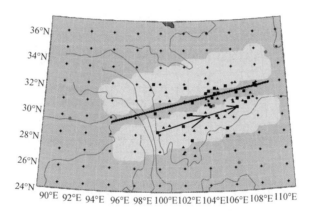

图6-61 S_2成像序列示意图(目标:1-45-8)

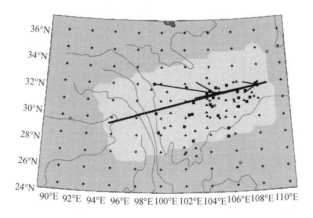

图6-62 S_3成像序列示意图(目标:11-6-10)

213

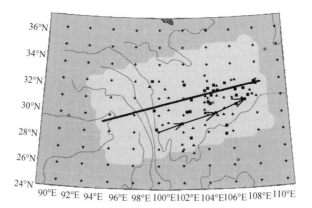

图 6-63 S_4 成像序列示意图(目标:95-22-26-29)

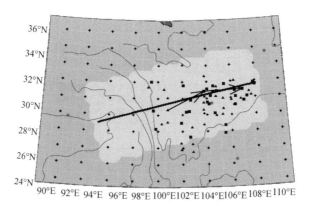

图 6-64 S_5 成像序列示意图(目标:36-15-18)

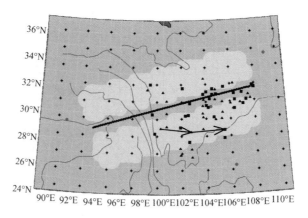

图 6-65 S_6 成像序列示意图(目标:32-42-7)

第6章 集群编队的自主实时任务规划设计与分析

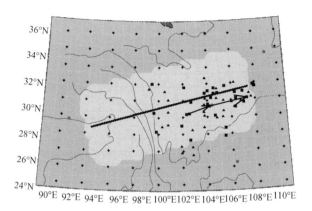

图 6-66 S_7 成像序列示意图(目标:2-5-9)

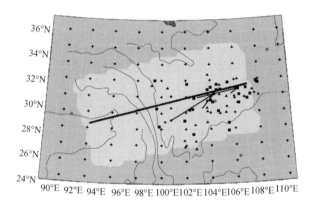

图 6-67 S_8 成像序列示意图(目标:34-25-28)

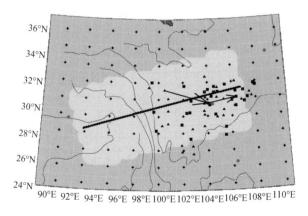

图 6-68 S_9 成像序列示意图(目标:31-4-20)

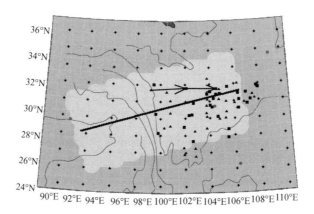

图6-69 S_{10}成像序列示意图(目标:33-13-16)

图6-60~图6-69中阴影区为任务规划的200s时间内成像卫星的可观测范围,阴影区中黑色曲线为卫星的星下点轨迹。其中,图中方形标识为重点目标,三角形标识为次级目标,均布的标识为生成的均布一般目标。每个箭头的起始和终止位置对应成像目标。

图6-61和图6-65阴影区中间被隔开是由于为SAR卫星设置了侧摆范围[20°,45°],该约束导致了阴影区的分隔。

第 7 章
快速响应卫星集群编队的星间网络建模与分析

将集群编队中各卫星及其星间链路构成的网络称为星间网络[131],快速响应卫星集群编队对其星间通信既有高时效性又有高可靠性的要求,还有任意网络节点接入/裁剪、星间快速识别等要求,因此,有必要对快速响应卫星集群编队的星间网络开展深入研究。

本章主要通过结合快速响应卫星集群编队网络有界集群飞行、拓扑动态变化、数据多跳传输等特点,分别对卫星运动、集群网络以及数据流进行描述。首先,基于二体运动方程以及 HILL 方程,对集群编队的绕地运动以及相对运动模型进行分析,从图论角度讨论集群网络的描述方法和拓扑构建策略,并结合排队论模型构建网络的数据流模型。接着结合图论、排队论等相关理论,对快速响应卫星集群编队网络模型进行分析,基于全向天线方向角模型,以及对地球的通信遮挡分析,构建集群编队内和集群间的数据传输模型,再结合网络仿真软件 NS-3 对快速响应卫星集群编队网络进行仿真建模,最后结合分组交付率、时延、路由开销等性能指标,分析集群编队的空间网络中数据传输的性能。

7.1 集群编队卫星运动模型描述

集群编队中各成员星的运动特性直接影响到星间通信链路的稳定性。将地心惯性坐标系到相对运动坐标系之间的多次欧拉转动变换记为

$$T_{LS} = T_3 T_2 T_1 \tag{7-1}$$

$$T_3 = \begin{bmatrix} \cos\left(\theta_s + \omega_s + \dfrac{\pi}{2}\right) & \sin\left(\theta_s + \omega_s + \dfrac{\pi}{2}\right) & 0 \\ -\sin\left(\theta_s + \omega_s + \dfrac{\pi}{2}\right) & \cos\left(\theta_s + \omega_s + \dfrac{\pi}{2}\right) & 0 \\ 0 & 0 & 1 \end{bmatrix}$$

$$T_2 = \begin{bmatrix} 1 & 0 & 0 \\ 0 & \cos(i_s) & \sin(i_s) \\ 0 & -\sin(i_s) & \cos(i_s) \end{bmatrix}$$

$$T_1 = \begin{bmatrix} \cos(\Omega_s) & \sin(\Omega_s) & 0 \\ -\sin(\Omega_s) & \cos(\Omega_s) & 0 \\ 0 & 0 & 1 \end{bmatrix}$$

式中:Ω_s、ω_s、θ_s 和 i_s 分别为从星(成员星)的升交点赤经、近地点幅角、真近点角和轨道倾角。

对卫星集群编队运动的描述可分为集群间和集群内。多个集群间的相互运动关系是建立在地心惯性坐标系下的,集群内星间的相互运动则是在轨道坐标系下描述的。

集群编队的空间网络的研究对象包括单个集群内由多颗卫星构成的群内网络和多个集群卫星间的群间网络。在研究群间网络性能时,每个集群卫星可近似看作一个整体,此时其运动模型采用地心惯性下的轨道动力学模型;而在分析群内网络特性时,则采用近距离绕飞的希尔(HILL)方程描述。

1. 集群间运动

在分析集群间相对运动时,集群卫星作为一个整体,将主星的运动轨道作为集群在地心惯性系下的运动模型。考虑 J_2 摄动项下的卫星运行特性,则在地心惯性系下的卫星轨道动力学方程为

$$\begin{cases} \ddot{X} = -\dfrac{\mu X}{r^3}\left[1 + \dfrac{3}{2}J_2\left(\dfrac{Re}{r}\right)^2\left(3 - 5\dfrac{Z^2}{r^2}\right)\right] \\ \ddot{Y} = \ddot{X}\dfrac{Y}{Z} \\ \ddot{Z} = -\dfrac{\mu Z}{r^3}\left[1 + \dfrac{3}{2}J_2\left(\dfrac{Re}{r}\right)^2\left(3 - 5\dfrac{Z^2}{r^2}\right)\right] \end{cases} \quad (7-2)$$

式中:$[X,Y,Z]'$ 和 $[\ddot{X},\ddot{Y},\ddot{Z}]'$ 分别为地心惯性系下的位置向量和加速度向量;

第7章 快速响应卫星集群编队的星间网络建模与分析

$\mu = 3.98 \times 10^{14} \mathrm{m^3/s^2}$ 为地球引力常数;$r = \sqrt{X^2 + Y^2 + Z^2}$ 为卫星的地心距。

当集群编队的主星运行在圆轨道时 $r = a$,其中 a 为轨道半长轴。此时,式(7-2)可简化为

$$\begin{cases} \ddot{X} = -\dfrac{\mu X}{r^3}\left[1 + \dfrac{3}{2}J_2\left(\dfrac{Re}{a}\right)^2\left(3 - 5\dfrac{Z^2}{r^2}\right)\right] \\ \ddot{Y} = \ddot{X}\dfrac{Y}{Z} \\ \ddot{Z} = -\dfrac{\mu Z}{r^3}\left[1 + \dfrac{3}{2}J_2\left(\dfrac{Re}{a}\right)^2\left(3 - 5\dfrac{Z^2}{r^2}\right)\right] \end{cases} \quad (7-3)$$

那么,式(7-2)中卫星集群 A 和卫星集群 B 在地心惯性系下的运动状态均可由式(7-3)表示。

2. 集群内运动

由于集群内部星间相对运动距离较近,且当考虑主星运行轨道为圆轨道时,由 HILL 方程可知,从星相对于主星的相对运动方程可表示为

$$\begin{cases} \ddot{x} - 2n\dot{y} - 3\omega^2 x = f_x \\ \ddot{y} + 2n\dot{x} = f_y \\ \ddot{z} + n^2 z = f_z \end{cases} \quad (7-4)$$

$$n = \sqrt{\mu/a^3}$$

式中:n 为主星的轨道瞬时角速率;$\boldsymbol{f} = [f_x, f_y, f_z]'$ 为除地球中心引力外的所有外力(摄动力、控制力等)引起的加速度变化量;$[x,y,z]'$ 和 $[\ddot{x},\ddot{y},\ddot{z}]'$ 分别为从星在主星轨道坐标系下的位置向量和加速度向量。

在分析集群编队的群内网络协同工作中数据传输特性时,由于卫星在短时间内受到的摄动力影响较小,可在构建星间相对运动模型时忽略摄动力影响。同时,这里着重研究卫星集群编队网络内数据传输的性能,因而不考虑卫星的轨道机动。那么,式(7-4)中 $\boldsymbol{f} = [f_x, f_y, f_z]' = \boldsymbol{0}$,HILL 方程可换为

$$\begin{cases} \ddot{x} - 2n\dot{y} - 3n^2 x = 0 \\ \ddot{y} + 2n\dot{x} = 0 \\ \ddot{z} + n^2 z = 0 \end{cases} \quad (7-5)$$

求解上述方程可知,卫星相对运动满足

$$\begin{cases} x_t = -\left(3x_0 + \dfrac{2\dot{y}_0}{n}\right)\cos(nt) + \dfrac{\dot{x}_0}{n}\sin(nt) + 2\left(2x_0 + \dfrac{\dot{y}_0}{n}\right) \\ y_t = 2\left(3x_0 + 2\dfrac{\dot{y}_0}{n}\right)\sin(nt) + 2\dfrac{\dot{x}_0}{n}\cos(nt) + y_0 - \dfrac{2\dot{x}_0}{n} - 3(\dot{y}_0 + 2(nx_0))t \\ z_t = z_0\cos(nt) + \dfrac{\dot{z}_0}{n}\sin(nt) \end{cases}$$

(7-6)

式中：$[x_t,y_t,z_t]'$ 为从星在时刻 t 的位置向量；$[x_0,y_0,z_0,\dot{x}_0,\dot{y}_0,\dot{z}_0]'$ 为从星在初始时刻（$t=0$）的状态（位置和速度）向量。

令 $\boldsymbol{R}(t)$ 表示相对运动坐标系下从星的状态转移矩阵，则式（7-6）可表示为

$$[x_t,y_t,z_t]' = \boldsymbol{R}(t)[x_0,y_0,z_0,\dot{x}_0,\dot{y}_0,\dot{z}_0]'$$

$$\boldsymbol{R}(t) = \begin{bmatrix} 4-3\cos(nt) & 0 & 0 & \dfrac{\sin(nt)}{n} & \dfrac{2-2\cos(nt)}{n} & 0 \\ 6(\sin(nt)-nt) & 1 & 0 & \dfrac{2\cos(nt)-2}{n} & \dfrac{4\sin(nt)}{n}-3t & 0 \\ 0 & 0 & \cos(nt) & 0 & 0 & \dfrac{\sin(nt)}{n} \end{bmatrix}$$

(7-7)

由集群编队卫星有界运动的特性可知，集群内的星间运动可以认为是从星绕主星在最大范围内运行，因此为保证星间相对运动始终在有界范围内运行，式（7-6）中长期项等于零，即必须满足关系式

$$-3(\dot{y}_0 + 2nx_0)t \equiv 0 \Rightarrow \dot{y}_0 = -2nx_0$$

因此，状态转移矩阵可简化为

$$\boldsymbol{R}'(t) = \begin{bmatrix} -3\cos(nt) & 0 & 0 & \dfrac{\sin(nt)}{n} & \dfrac{-2\cos(nt)}{n} & 0 \\ 6\sin(nt) & 1 & 0 & \dfrac{2\cos(nt)-2}{n} & \dfrac{4\sin(nt)}{n} & 0 \\ 0 & 0 & \cos(nt) & 0 & 0 & \dfrac{\sin(nt)}{n} \end{bmatrix}$$

(7-8)

因此，对于任一卫星集群编队，其内部各从星绕主星的相对运动均可描述为

第 7 章　快速响应卫星集群编队的星间网络建模与分析

$$[x_t, y_t, z_t]' = \boldsymbol{R}'(t)[x_0, y_0, z_0, \dot{x}_0, \dot{y}_0, \dot{z}_0]'$$

同时,由式(7-8)可知,集群内任意卫星在时刻 t 的状态转移矩阵 $\boldsymbol{R}'(t)$ 相同,则卫星在集群编队内的运动状态的差异由其初始时刻的状态 $[x_0, y_0, z_0, \dot{x}_0, \dot{y}_0, \dot{z}_0]'$ 决定。

7.2　集群编队的空间网络描述

不同于常规卫星星座网络拓扑相对确定且稳定的特点,快速响应卫星集群编队网络由于降低了星间严格的相对运动状态约束,其星间通信链路构成的网络拓扑时变特性明显,且缺乏一定的规律。另外,集群编队空间网络中各节点卫星的加入与退出都会对网络拓扑的稳定性造成一定的影响。因此,参考移动传感器网络、车联网和无人机网络等移动自组织网络领域的研究思路和方法,采用图论的相关方法对快速响应集群编队的空间网络的拓扑结构特征进行分析。

7.2.1　图论相关理论

随着计算机技术的大规模发展,图论作为对各类新兴网络特征分析的重要理论基础,得到了广泛且深入的研究。目前,图论理论不仅广泛应用于计算机网络、移动传感器网络等,还在超大规模集成电路、测量定位等领域有着重要应用价值,其作为网络拓扑结构基本特性分析的有效工具,对复杂网络性能分析与优化有着关键性作用[132]。

如图 7-1 所示,用 Ω 表示单个集群网络内各成员星分布的不规则三维空间,且 $\|\Omega\|$ 表示三维空间的体积。用 N 表示单个集群网络内所有卫星的数量,对应图论理论中的节点总数,图 7-1 中 $N=10$。

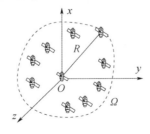

图 7-1　集群编队不规则有界空间

为方便集群航天器网络模型的构建与研究,结合图论相关理论对集群航天器网络的一些特定符号和术语进行如下说明:

(1) $N(i)$,$N^k(i)$ 分别表示集群网络内卫星 i 在 1 跳和 k 跳的邻居卫星集合。

(2) D 为集群网络内卫星的节点度,表示各星所构建的链路数目,且满足关系 $D(i) < N(i)$。

(3) ρ 为集群网络内卫星在有界范围内的分布密度,且有 $\rho = \dfrac{N}{\|\Omega\|}$。

(4) R 为集群网络中心到网络分布范围边缘的距离的最大值,如图 7-1 所示。同时,为确保集群编队的空间网络的连通性,假定星间的最大通信半径等于 R,即位于集群中心的卫星能够同集群中任意卫星建立通信链路。

(5) $G = (V,E)$ 为集群编队的空间网络的图论表示方法,其中:V 为集群内所有卫星的集合,一般是卫星相对运动坐标系下位置 (x_t, y_t, z_t) 的集合,如式(7-6)所示;E 为集群内星间的所有无线通信链路集合,且通信链路均为无向的;$|\cdot|$ 表示集合·中的元素个数,即 $|V| = N$。

(6) 考虑集群编队中的卫星实际规模 N 远小于计算机网络中节点规模,对储存的空间需求较小,采用邻接矩阵 $A = (a_{ij})$($N \times N$ 阶方阵)的方法表示集群编队的空间网络图 $G = (V,E)$,具体表示方法为

$$a_{ij} = \begin{cases} 1, & (i,j) \in E \\ 0, & 其他 \end{cases} \quad (7-9)$$

(7) $G' = (V', E')$ 为集群编队的空间网络 G 的子图。若 $V' = V, E' \subseteq E$,且 s,s' 分别表示集群内任意两星的通信链路距离之和,那么存在常数 t 使得 $s' \leqslant ts$。

(8) $O(f(n))$ 为函数 $f(n)$ 的渐近上界,可表示为函数 $g(n)$ 的集合 $\{g(n):$存在正常量 c 和 n_0,使得当 $n \geqslant n_0$ 时,有 $0 \leqslant g(n) \leqslant cf(n)\}$。同理,$\Theta(f(n))$ 为函数 $f(n)$ 的渐近紧确界,包括上界和下界。

同时,结合无线传感器网络中拓扑结构的评价标准,给出如下集群编队的空间网络拓扑结构性能的评估准则。

(1) 拓扑连通性:它是集群编队的空间网络拓扑稳定性的前提,要求网络内所有卫星在任意时刻均能建立稳定的单跳或多跳的通信链路,即邻接矩阵 A 为满秩阵。

(2) 信息局部性:它表示各星建立邻近链路时所需的信息量范围大小,若所需范围较大,则拓扑构建初期的关键信息交互所造成的通信负担较高,如全局

网络拓扑构建方法需要网络中所有卫星的信息汇聚到一起从而构建目标性能优化的网络结构。

(3)链路稀疏性:它是指集群卫星分布范围内单位空间的链路连接情况,若链路连接稠密,则会增加通信协议介质访问控制子层协议 MAC 层的负担,降低整体通信性能。

(4)冗余能力:由于星间链路具有不稳定性,因此需要网络拓扑具备较高的冗余能力,一般是指增加关键通信路径的数量,如 $k-$ 连通网络要求每个卫星节点均至少同 k 个邻居节点建立通信链路。

(5)能量有效性:它表示采用拓扑优化算法后的生成子图 G' 相较于原图 G 相同通信路径上的能量消耗代价变化,一般用能量扩展因子 $P_f\left(\dfrac{G''}{G}\right)$ 表示。若 $\text{cost}(i,j)$ 表示卫星 i 到 j 的传输单位数据所需的最低能量消耗,则 $P_f\left(\dfrac{G'}{G}\right) = \max\limits_{i,j \in N} \dfrac{\text{cost}'(i,j)}{\text{cost}(i,j)}$。

7.2.2 集群编队的空间网络图结构

当前应用于无线网络拓扑结构描述的图算法主要集中于 2 维空间内(或将 3 维空间运动简化到 2 维),使得部分算法应用在集群编队的空间网络时忽略了星间的相对运动特性,导致生成的网络拓扑性能较差。因此,Yu Wang 等人[133]将常用的 2 维拓扑优化算法拓展到 3 维空间,从而应用于水下传感器网络,还基于 Yao 图提出了柔性 Yao 图(Flexible Yao Graph,FlYG)拓扑优化算法。结合集群卫星的运动特性,对能够应用于集群编队的空间网络的常用图结构进行介绍,并对其特性进行分析。

1. UBG、RNG_3、GG_3

单位球图(Unit Ball Graph,UBG)、RNG_3 和 GG_3 分别是单位圆盘图(Unit Disk Graph,UDG)、相关邻近图(Relative Neighborhood Graph,RNG)和加布里埃图(Gabriel Graph,GG)三种拓扑图结构从 2 维平面到 3 维空间应用的扩展。

在 UBG 中,集群编队中任意卫星同其最大通信范围 R 内所有卫星建立通信链路,即若任意星间相对距离满足 $d(i,j) \leqslant R$,则 $(i,j) \in E$。在拓扑优化算法过程中,一般将 UBG 图结构作为网络的最初拓扑结构,则其能量伸展因子 $P_f = 1$。

在 RNG_3 中,若两邻近星间不存在相同的邻近卫星则可构建链路,即若对任意 $i,j \in V$,有且仅当不存在卫星 $w \in V$ 使得 $\max\{d(i,w), d(w,i)\} < d(i,j)$ 时,从而有 $(i,j) \in RNG_3$,如图 7-2 所示。另外,RNG_3 网络拓扑中各卫星的节点度满足 $D = O(N)$,能量伸展因子满足 $P_f\left(\dfrac{G(RNG_3)}{G(UBG)}\right) = O(N)$,其中 $O(N)$ 表示 N 的渐近上界。

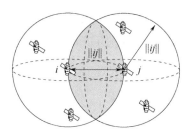

图 7-2 RNG_3 拓扑中链路确定

GG_3 为适用于自由空间中构建无线通信链路的能量有效拓扑结构,当两邻近卫星 i 和 j 建立通信边时,以 $\|ij\|$ 为直径的球体空间内不存在其他卫星,即:若对任意 $i,j \in V$,有且仅当不存在卫星 $w \in V$ 使得 $d^2(i,w) + d^2(w,j) < d^2(i,j)$ 时,有 $(i,j) \in GG_3$,如图 7-3 所示。由于 GG_3 构建策略为筛选能效最优的通信边,则其能量伸展因子满足 $P_f\left(\dfrac{G(GG_3)}{G(UBG)}\right) = 1$。同时,类似于 RNG_3,GG_3 中的节点度同样满足 $D = O(N)$,即随编队中卫星数目的增加而变大,从而使得单位空间内的链路接连稠密,加剧 MAC 的干扰,影响通信时延等性能。

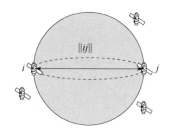

图 7-3 GG_3 拓扑中链路确定

2. FiYG、FlYG

确定 Yao 图(Fixed Yao Graph, FiYG)和柔性 Yao 图(Flexible Yao Graph, FlYG)是将传统 Yao 图(Yao Graph, YG)图算法应用到 3 维空间的两种方法,如

图 7-4 所示,两者差异在于对每颗卫星通信球(半径为 R)的划分策略不同。

　　同 YG 拓扑构建过程类似,FiYG 将每个卫星的通信球划分为多个不规则锥形子空间,然后在每个锥形子空间内选择距离最近的卫星建立通信链路,图 7-4 所示为 FiYG 的一类空间划分方法。卫星 i 的通信球首先被划分为 8 等份子空间,然后连接每个子空间弧的中点 c_1、c_2 和 c_3,将子空间再次划分为 4 个不规则的小空间,最后通信球被划分为 32 个不规则的子空间,因此该方法下 FiYG 的节点度为确定值,即 $D=32$,且其对应的能量伸展因子 $P_f\left(\dfrac{G(\mathrm{FiYG}_3)}{G(\mathrm{UBG})}\right)=O(N)$。

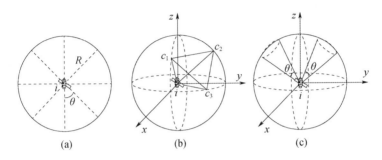

图 7-4　YG、FiYG 和 FlYG 三种拓扑图构建说明

(a) YG, $\theta=\dfrac{\pi}{4}$;(b) FiYG;(c) FlYG。

　　与 FiYG 固定划分通信球的方法不同,FlYG 先将邻近卫星队列依据距离由近及远排列,然后依次连接队列中最近的卫星,同时将张角 θ 内的其余卫星从队列中删除,重复以上步骤直到队列为空。FlYG 的节点度随 θ 的大小变化而改变,且满足关系 $D=2\Big/\left[1-\cos\left(\dfrac{\theta}{4}\right)\right]$,能量伸展因子 $P_f\left(\dfrac{G(\mathrm{FiYG}_3)}{G(\mathrm{UBG})}\right)=1\Big/\left[1-4\sin^2\left(\dfrac{\theta}{4}\right)\right]$。

　　通过对比 FiYG 和 FlYG 的节点度和能量伸展因子,可以看出 FlYG 拓扑构建过程更加灵活,能够在较好地约束每个卫星的最大通信对象数目的同时尽可能保留 UBG 图中的能耗最优路径,从而有效地控制网络的整体能耗。

3. MST

　　最小生成树(Minimum Spanning Tree,MST)是连接所有卫星的生成树中权值最小的树形拓扑结构,且其中任意两个星间有且仅有一条通信路径。另外,文献[134]中证明,应用于 3 维空间的集群编队的空间网络,MST 的时间复杂度为 $O((N\log N)^{1.8})$。若将通信链路权值用单位数据传输能耗代替,则由 MST 可构建连接所有卫星的能耗最小拓扑,并用于集群卫星内的关键数据分发,如导航数据、控制指令等。因为集群编队的空间网络需要各星周期性共享基本信息，以实现星间的各项功能同步。因此，集群编队的空间网络中结合 MST 拓扑进行关键数据共享可有效降低此类信息的传输能耗。

综上所述，图 7-5 中给出了不同图算法下的网络拓扑，通过对集群编队的空间网络的常用图结构进行对比分析，结合集群编队的空间网络自身的功能需求，本章在后续拓扑优化策略的研究过程中将以 UBG、FlYG 和 MST 三类拓扑作

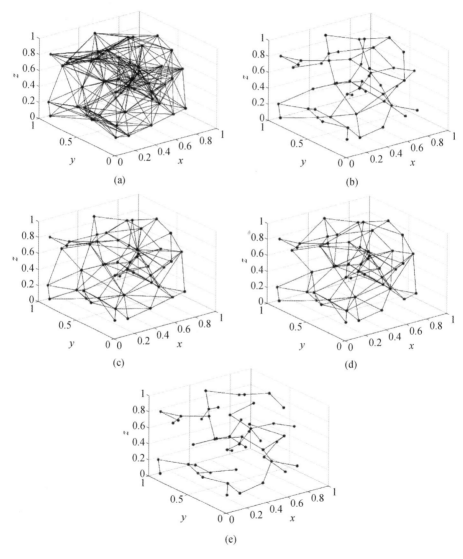

图 7-5 不同图算法下的网络拓扑结构
(a) UBG；(b) RNG；(c) GG；(d) FlYG；(e) MST。

为静态拓扑构建的参考对象。另外,通过对当前卫星星座拓扑优化策略的分析,拟定在集群编队的空间网络动态拓扑构建过程中引入多时隙静态拓扑的切换策略。

7.3 集群编队卫星数据流描述

集群编队卫星数据流是指集群编队的空间网络在进行执行空间协同任务时内部的数据流动,对网络数据流的建模与分析,有助于优化集群网络内的通信带宽、信道、载荷等资源调度,协调多任务并行时的执行效率,提高集群网络的整体任务性能。目前,针对计算机网络数据流的理论模型研究广泛且深入,构建集群卫星的容量模型以及规划多任务数据调度策略时,需要对各类任务的数据流进行特性分析,基于排队论相关理论对集群编队的空间网络的数据流进行描述。

7.3.1 排队论相关理论

排队现象普遍存在于人们日常生活中,如商城购物排队、公共汽车候车排队等这类有形排队现象,还包括各类芯片缓存数据待发送等无形排队现象。排队论是研究排队系统的数学理论和方法,经过数十年深入的系统性研究,已经发展成为运筹学中一个重要分支。生活中应用排队论解决各类问题的例子也十分普遍,如公共交通流量控制、大型仓库容量估计等。

排队系统一般由数据输入过程、排队规则和服务机构构成,如图 7-6 所示。输入过程描述数据(顾客)到达排队系统的规律,一般用时间间隔序列 $\{\tau_n, n \geq 1\}$ 表示。常用的输入过程分布包括泊松流、k 阶埃尔朗输入等。排队规则是指数据到达服务机构后,依据当前服务机构的状态所执行的规则,包括丢弃、等待等。具体的排队规则包括先到先服务(First Come First Serve,FCFS)、后到先服务(Last Come First Serve,LCFS)等。服务机构一般用来描述数据处理的能力及特点,如服务机构数目、服务时间的分布等。

基于排队系统的基本组成,其模型一般可由 4 个英文字母表示,各字母间用斜线隔开,如 $M/M/c/\infty$,其中:第 1 个字母表示数据输入的分布类型,如 M 表示泊松分布;第 2 个字母表示服务机构处理数据所需的时间分布类型,如 M 表示负指数分布;第 3 个字母表示服务机构的数量,如 c 表示系统中包含 c 个服务机构;第 4 个字母表示系统队列的容量,如 ∞ 表示系统容量无限。

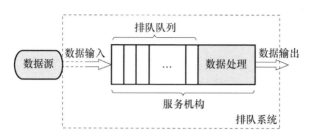

图 7-6 排队系统基本组成

集群编队的空间网络容量估计模型采用 $M/M/1$ 排队系统,即数据输入为泊松分布,服务时间为负指数分布。下面对排队论中常用的分布进行简要说明。

(1) 泊松分布。

若在一段时间 t 内,到达排队系统的数据量 X 的概率分布函数为

$$P(X=i) = \frac{\lambda i^t}{i} e^{-\lambda t} \quad (i=0,1,2,\cdots) \quad (7-10)$$

且 λ 为正的常数,则称 X 服从参数为 λ 的泊松分布,且单位时间的平均到达数据量 $E(X)$ 为 λ。

(2) 负指数分布。

若服务机构数据处理时间 X 的概率密度函数满足

$$f(t) = \begin{cases} \mu e^{-\mu t} & (t \geqslant 0) \\ 0 & (t<0) \end{cases} \quad (7-11)$$

且 μ 为正的常数,则称 X 服从参数为 μ 的负指数分布。

7.3.2 集群编队卫星泊松分布数据流

集群编队的空间网络中同时包含多条数据流并行处理,每一条数据流为泊松流,且均为点对点多跳传输,如图 7-7 所示,网络中包含①、②和③三条数据流,且各卫星依据在数据流中所承担的功能不同分为源卫星、目的卫星和中继卫星。

结合排队论相关理论对集群编队的空间网络数据流的一些特定符号和术语进行如下说明:

(1) t_n 为第 n 个数据的到达时间。令 $t_0 = 0$,则有 $t_0 < t_1 < t_2 < \cdots < t_n < t_{n+1} < \cdots$,$\tau_n = t_n - t_{n-1}$。$F(t)$ 表示到达时间间隔为 τ_n 的分布函数。

(2) $q(t)$ 为 t 时队列中的数据长度。

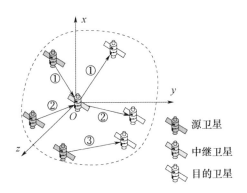

图 7-7　集群卫星数据流示意图

(3) $\mu(i)$ 为处理第 i 个数据所需的时间。

(4) $S(t)$ 是在时间区间 $(0,t]$ 内系统接收到的数据总量。

(5) $W(q)$ 是数据在排队系统中的平均等待时间,其中等待时间为从数据进入排队系统到开始被处理这段时间。

(6) W_s 是数据在排队系统中的平均逗留时间,其中逗留时间为等待时间和服务时间之和。

(7) 若接收到的数据总量 $S(t)$ 满足 $S(0)=0$,且 $\{S(t),t\geqslant 0\}$ 有独立增量和平稳增量,则数据流 $\{S(t),t\geqslant 0\}$ 为泊松流。

类似 Ad-hoc 网络,集群编队的空间网络中每个卫星均可作为数据传输中继节点提供多跳传输时的路由服务,从而使得卫星的数据流是不同参数 λ 的泊松流的集合,如图 7-8 所示。由排队论可知[135],泊松流合成或分解仍为泊松流。

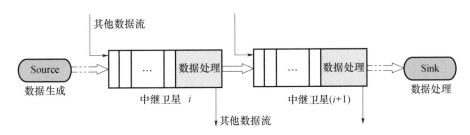

图 7-8　集群编队中多跳多级串联排队

由以上分析可知,当源卫星产生的数据均满足泊松流时,集群网络中每个卫星处的数据流都为泊松流,图 7-9 所示为卫星接收参数 λ 为 4packet/s 的泊松分布数据流。

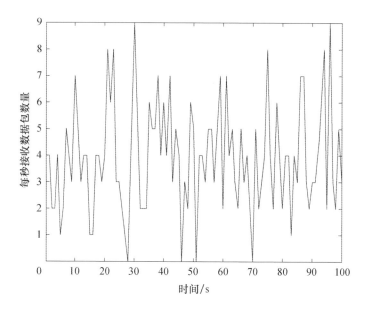

图7-9 集群编队中卫星泊松分布数据流($\lambda=4\text{packet/s}$)

此外,当系统到达数据$\{S(t),t\geq 0\}$满足参数为λ的泊松流时,数据到达的时间间隔序列$\{\tau_n,n\geq 1\}$满足参数为λ的负指数分布。又由Little公式可知[135],数据在系统中的平均逗留时间W_s满足

$$W_s = \frac{1}{\mu - \lambda} \quad (7-12)$$

当忽略数据在自由空间传输时延时,平均逗留时间W_s同传输路径上卫星数目的乘积即可看作数据的平均时延。

7.4 集群编队网络模型

7.4.1 集群编队网络描述

卫星集群编队网络是一类新型的基于星间通信链路实现多星协同工作的分布式卫星系统,其动态结构类似于移动传感器网络或无人机网络,一般可采用图论相关理论对其进行建模分析。

如图7-10所示,各集群编队内的通信链路为星间通信链路,主要负责集群内各卫星关键数据的交互,包括卫星轨道信息、卫星载荷状态信息等;各集群编队间的通信链路为群间通信链路,主要用以实现大空间跨度下各类空间探索任务。单个集群编队(如集群 A)功能齐全,依据集群内各星载荷的多样性,可承担多类空间任务。多个集群卫星基于群间通信链路组网构成整个集群编队通信系统,是单个集群编队的功能扩展。通信系统内各类星上载荷资源由各星共享,依据不同的空间协同工作任务需求对系统内有效资源进行调度,从而使其能承担更加复杂多变的空间任务。

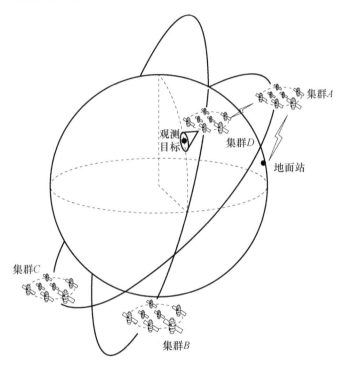

图 7-10 多个集群编队构成整个卫星集群编队网络系统

假设整个卫星集群编队通信系统由 u 个集群编队构成,其中第 i 个集群编队的空间网络中包含 b_i 颗卫星和 c_i 条无线星间通信链路,则结合图论相关理论,第 i 个集群网络可表示为

$$G_i = (\boldsymbol{V}_{b_i \times 3}, \boldsymbol{E}_{b_i \times b_i}) \qquad (7-13)$$

式中:$\boldsymbol{V}_{b_i \times 3}$ 表示地球惯性系下卫星的位置向量,为一个 $b_i \times 3$ 矩阵;$\boldsymbol{E}_{b_i \times b_i}$ 表示集群内各星之间的链路集合(无向边),为一个 $b_i \times b_i$ 矩阵,且矩阵 $\boldsymbol{E}_{b_i \times b_i}$ 中各元素之和满足 $\sum \boldsymbol{E}_{b_i \times b_i} = c_i$。

图 7-10 中的卫星集群编队通信系统由 4 个集群卫星构成,其中集群 A 和 D 通过星间通信链路协同完成地球成像与实时数据回传任务(集群 D 负责目标

图像成像,集群 A 负责将图像数据传回地面站)。整个卫星集群编队通信系统可表示为

$$G = (V, E) = \{(G_1, \cdots, G_i, \cdots) \mid i \in u\} \quad (7-14)$$

式中:$V = \{(V_1, \cdots, V_i, \cdots) \mid i \in u\}$ 表示整个集群编队通信系统中所有卫星的位置集合;$E = \{(E_1, \cdots, E_i, \cdots) \mid i \in u\}$ 表示系统中所有通信链路的集合,包括星间通信链路和群间通信链路。

由于集群内部各卫星在不停相互运动,使得其网络拓扑结构不稳定,链路连接关系随时间动态变化。当引入时间参量 t 后,式(7-14)所示的整个卫星集群编队系统可变换为

$$G(t) = (V(t), E(t)) = \{(G_1(t), \cdots, G_i(t), \cdots) \mid i \in u, t > 0\} \quad (7-15)$$

式中:$G_i(t) = (V_{b_i \times 3}(t), E_{b_i \times b_i}(t))$ 为第 i 个集群卫星在 t 时刻的网络拓扑结构。

由文献[136]可知,当卫星集群编队的分布范围在半径为 30km 的球体空间内时,各星间相对运动速度一般在 20m/s 左右,经分析可知,卫星在一段时间 η 内的相对运动距离相较于星间距离可忽略不计。因此,卫星集群编队网络拓扑建模可采用如图 7-11 所示的拓扑快照方法,每隔时间 η 对集群网络拓扑进行一次采样,卫星集群编队通信系统模型可进一步变换为

$$G_i(t) = \{(G_i(t_0), \cdots, G_i(t_n), \cdots) \mid i \in u\}$$
$$= \{G_i(t_n) \mid t_n = t_0 + n\eta, i \in u\} \quad (7-16)$$

式中:$\{t_0, t_1, \cdots, t_n, \cdots \mid t_n = t_0 + n\eta\}$ 为网络拓扑采样的时间序列;t_0 为卫星集群编队网络的初始化时间,一般令 $t_0 = 0$;η 为连续两次拓扑快照的时间间隙;n 为任意非负整数。为了确保网络中卫星信息的周期性交互,$G_i(t)$ 必须为连通图。

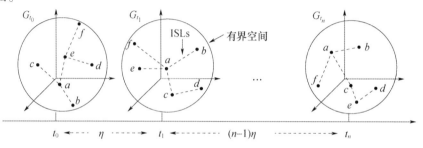

图 7-11 卫星集群编队网络拓扑快照方法

图 7 – 11 中，t_0 和 t_1 时刻卫星 a – f 的拓扑以及两个时刻的拓扑变换可用邻接矩阵分别表示为

$$G_{t_0} = \begin{bmatrix} 0 & 1 & 1 & 0 & 1 & 0 \\ 1 & 0 & 0 & 0 & 0 & 0 \\ 1 & 0 & 0 & 0 & 0 & 0 \\ 0 & 0 & 0 & 0 & 1 & 0 \\ 1 & 0 & 0 & 1 & 0 & 1 \\ 0 & 0 & 0 & 0 & 1 & 0 \end{bmatrix} \quad G_{t_1} = \begin{bmatrix} 0 & 1 & 0 & 1 & 1 & 1 \\ 1 & 0 & 0 & 0 & 0 & 0 \\ 1 & 0 & 0 & 1 & 0 & 0 \\ 0 & 0 & 1 & 0 & 1 & 0 \\ 1 & 0 & 0 & 0 & 0 & 0 \\ 1 & 0 & 0 & 0 & 0 & 0 \end{bmatrix}$$

$$\Delta G_{t_0}^{t_1} = \begin{bmatrix} 0 & 0 & -1 & 1 & 0 & 1 \\ 0 & 0 & 0 & 0 & 0 & 0 \\ 0 & 0 & 0 & 1 & 0 & 0 \\ 0 & 0 & 1 & 0 & -1 & 0 \\ 0 & 0 & 0 & -1 & 0 & -1 \\ 1 & 0 & 0 & 0 & -1 & 0 \end{bmatrix}$$

(7 – 17)

式中：$\Delta G_{t_0}^{t_1} = \{a_{ij}\} = G_{t_1} - G_{t_0}$ 为 t_0 和 t_1 时隙的拓扑变换矩阵，当 $a_{ij} = 1$ 时表示建立卫星 i 到 j 的通信链路，当 $a_{ij} = -1$ 时表示断开卫星 i 到 j 的通信链路。在集群编队网络拓扑更新过程中，只需要对状态改变的链路进行标注并更新。

7.4.2 快速响应卫星集群编队工作模型

在快速响应卫星集群编队任务中，集群中各卫星依据不同的载荷类型可划分为三类：任务卫星（Mission Satellites, MS）、对地数传卫星（Ground – Station Communication Satellites, GSC）以及数据中继卫星（Data Routing Satellites, DRS），即 $V_{N \times 3} = V_{MS} + V_{GSC} + V_{DRS}$。任务卫星是指搭载任务载荷的卫星，如对地干涉成像载荷等，并且其轨道配置满足当前任务需求的一类卫星；对地数传卫星是指卫星集群编队中配置有大型对地数传天线的卫星，负责将任务卫星采集到数据传回地面站；其余卫星则在此次任务中均被配置为数据中继卫星，将任务卫星采集到的图像数据通过各个星间的数据路由，稳定实时地传输到对地数传卫星。

如图 7 – 12 所示，两颗任务卫星通过协同工作完成对目标的同时观测，并分别将采集到的数据经由各个数据中继卫星传回地面站。这类任务协同工作

模式不仅可以实现对传统卫星单一工作模式的工作扩展,还可以满足各类突发情况下对大量数据的实时传输需求。

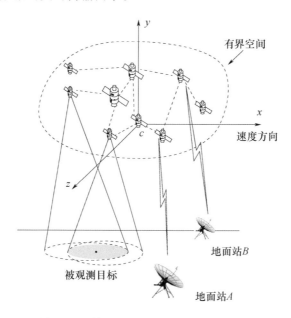

图 7-12　快速响应卫星集群编队工作模式

在快速响应卫星集群编队任务中,用 s_i、r_i 和 g_i 分别表示任务卫星、数据中继卫星和对地数传卫星,可表示为 $s_i \in V_{MS}$,$r_i \in V_{DRS}$ 和 $t_i \in V_{GSC}$;用 n 和 m 分别表示参与任务中的卫星和对地数传卫星的数目。另外,令 l 表示一次拓扑时隙中参与数据路由的数据中继卫星数目,l' 表示该次拓扑时隙中其余未参与任务的数据中继卫星数目。依据卫星任务的参与状态不同,可将卫星集群编队网络拓扑划分为 G'_t 和 G''_t 两个子拓扑,则有

$$G_t = G'_t + G''_t$$
$$= G(s_1,\cdots,s_n,r_1,t_1,\cdots,t_m) + G(r_{l+1},\cdots,r_{l+l'}) \quad (7-18)$$

式中:G'_t 为参与任务的卫星连接关系,为连通拓扑结构;G''_t 为未参与任务或休眠状态的卫星连接关系,不一定连通。综上所述,快速响应卫星集群编队工作模型为

$$\begin{cases} n + m + l + l' = N \\ V_{MS} = \{s_1,\cdots,s_n\} \\ V_{DRS} = \{r_1,\cdots,r_l,r_{l+1},\cdots,r_{l+l'}\} \\ V_{GSC} = \{t_1,\cdots,t_m\} \end{cases} \quad (7-19)$$

7.4.3 快速响应卫星集群编队数据流模型

考虑到式(7-18)所示的任务协同工作模式,在仅考虑任务卫星生成的数据的情况下,可将任务中数据流简化为多个由任务卫星和对地数传卫星构成的通信对(s,t)。

另外,快速响应卫星集群编队任务中,执行任务的卫星的轨道、姿态、时间等关键参数有时需要严格同步,因此,集群网络中要求任务星的导航信息等实时交互。同时,任务完成后有可能还需将数据经由中继/导航等卫星传输到对地数传卫星,再传回地面。

快速响应卫星集群编队信息网络中各卫星生成的数据类型多,因此结合7.3节中的泊松分布数据流,将所有任务卫星生成的数据流定义为满足均值为λ的泊松分布数据流,表示为$P(\lambda)$。针对不同的任务,采用不同均值λ_i的泊松流$\{S_i(t,\lambda), t \geq 0\}$。

综上所述,快速响应卫星集群编队数据流之和满足

$$F = \sum (s_i(P(\lambda_i)), t_j) = \sum S_i(t,\lambda), i=1,\cdots,n; j=1,\cdots,m \tag{7-20}$$

7.5 卫星集群编队的数据传输模型

卫星集群编队网络中通信环境复杂,涉及不同空间和时间跨度下的数据传输,为构建合适的卫星集群编队网络仿真模型,本节将从信号衰减和可见性角度出发构建星间的数据传输模型。依据通信工况的不同,卫星集群编队数据传输模型可分为集群内星间数据传输和集群间数据传输两部分。集群内数据传输的性能主要考虑来自各近距离从星之间的数据传输干扰的影响,集群间数据传输则主要分析卫星可见性以及长距离传输信号衰减带来的不良影响。

7.5.1 内部网络数据传输模型

集群内部数据传输需考虑星间相互绕飞时,天线的方向角变化对通信链路稳定性的影响,因此先对集群编队内的通信天线进行建模,然后对星间链路的连通性进行分析。

假设集群编队内卫星的数传天线采用四臂螺旋天线,群内通信天线方案采用如图 7 – 13 所示的四臂螺旋天线模型,两个双臂螺旋天线环偶极子模型叠加[137-138]。

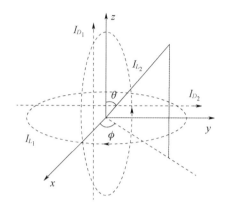

图 7 – 13　四臂螺旋天线简化模型
(I_D 为偶极子天线电流,I_L 为环天线电流)

图 7 – 13 中两个环偶极子的辐射场分别为

$$\begin{cases} E_{\theta_1} = \mathrm{j}K\sin\theta \cdot [\mathrm{e}^{-\mathrm{j}(kr+\alpha)}] \\ E_{\phi_1} = K\sin\theta \cdot [\mathrm{e}^{-\mathrm{j}(kr+\alpha)}] \end{cases} \quad (7-21)$$

$$\begin{cases} E_{\theta_2} = K\mathrm{e}^{-\mathrm{j}kr}(\sin\phi + \mathrm{j}\cos\phi\cos\theta) \\ E_{\phi_2} = K\mathrm{e}^{-\mathrm{j}kr}(-\mathrm{j}\sin\phi + \cos\phi\cos\theta) \end{cases} \quad (7-22)$$

式中:$\alpha = \pi/2$,表示两个环偶极子的相位正交;K 为与距离、结构等相关的参数;$k = 2\pi/\lambda$,λ 为通信载波波长。根据天线叠加原理,四臂螺旋天线辐射的归一化总场为

$$\begin{cases} E_{\theta_T} = E_{\theta_1} + E_{\theta_2} = (\cos\theta + 1)\mathrm{e}^{-\mathrm{j}\phi} \\ E_{\phi_T} = E_{\phi_1} + E_{\phi_2} = (\cos\theta + 1)\mathrm{e}^{-\mathrm{j}(\phi-\pi/2)} \end{cases} \quad (7-23)$$

经分析可知,四臂螺旋天线的方向图如图 7 – 14 所示,在 xy 平面内各个方向的辐射相等,在 yz 平面内的辐射场为一心形方向图。同时,由式(7 – 21)可计算出天线的方向系数 $D(\theta, \phi)$。

同时,考虑到四臂螺旋天线在水平面(yz 面)的全向一致性以及卫星对地通信需求,忽略卫星自身姿态变化以及体积,假设天线装配在卫星对地定向的方向上,由天线坐标系到 LVLH 坐标系的转换矩阵可表示为

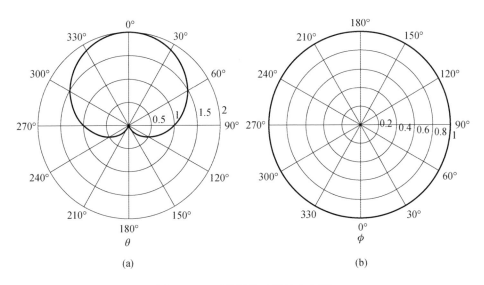

图 7-14 四臂螺旋天线的方向图
(a)xy 平面内的波瓣图;(b)yz 平面内的波瓣图。

$$T_A = \begin{bmatrix} 0 & 0 & -1 \\ 1 & 0 & 0 \\ 0 & -1 & 0 \end{bmatrix} \quad (7-24)$$

令 $p_A = [x_A, y_A, z_A]'$ 为编队中目标卫星在天线坐标系下的位置向量,$p = [x, y, z]'$ 为 LVLH 系下的位置向量,则有 $p_A = T_A^{-1} p$。因此,目标卫星在天线坐标系下的方向可表示为

$$\begin{cases} \theta = \arcsin \dfrac{\sqrt{x_A^2 + y_A^2}}{\|p_A\|_2} \\ \phi = \arcsin \dfrac{y_A}{\|p_A\|_2} \end{cases} \quad (7-25)$$

由自由空间信号衰减(FSPL)公式可知,通信载波频率 f 的信号传输到距离 d 处的信号衰减为

$$\text{FSPL} = 20\lg(d) + 20\lg(f) + 32.45(\text{dB}) \quad (7-26)$$

集群内卫星 j 接收到来自距离为 d 的另一个卫星 i 的信号功率 P_r 可计算为

$$P_r = p_t + G_t + G_r + D(\theta, \phi) - \text{FSPL} \quad (7-27)$$

式中:P_t 为信号的发送功率;G_t 和 G_r 分别为发送和接收的天线增益。

在卫星集群编队网络中,由于天线的全向特性,卫星 j 不仅接收来自 i 的

信号,还包括其他卫星的干扰信号。因此,依据信号干扰噪声比(SINR)的定义可知,为保证集群中卫星数据的正常传输,卫星 j 处接收到的各类信号功率需满足

$$\mathrm{SINR} = \frac{P_r(i)}{P_N + \sum_{k \neq i,j} P_r(k)} \geq \beta_0 \qquad (7-28)$$

式中:P_N 为空间环境噪声功率;β_0 为集群内卫星 j 成功接收到来自卫星 i 发送数据的 SINR 阈值。

若卫星集群编队网络在 UBG 下的拓扑结构 $G_{\mathrm{UBG}} = (V, E_{\mathrm{UBG}})$,则通信链路集合 E_{UBG} 的邻接矩阵 $A_{\mathrm{UBG}} = (a_{ij})$ 的计算方法为

$$a_{ij} = \begin{cases} 1 & (P_r \geq \beta_0) \\ 0 & (\text{其他}) \end{cases} \qquad (7-29)$$

由此可知,当忽略各类干扰信号影响时,卫星的传输范围为理想的球形空间,随发送功率 $P_i(t)$ 取值的变化而改变。由于集群网络中卫星数目众多,多星同时传输数据的情况经常发生,其产生的干扰信号会直接影响卫星 i 和 j 之间的数据传输,影响星间有效通信范围。

7.5.2 外部网络数据传输模型

不同于集群内卫星数据交互,不同的集群编队一般位于不同轨道,距离较远,易受到地球的遮挡。因此,假设集群间数据传输采用理想的全向天线模型,首先考虑中心天体地球的遮挡,对集群间的物理可见性进行分析,然后分析空间电磁波远距离传输衰减的约束条件。

通过对地球以及两个集群进行几何分析可知,集群间的可见性一般包含如图 7-15 中所示三种情况,其中 R_e 为地球平均半径,D 为地心 O 到两个卫星集群编队 A 与 B 连线的垂直距离。令 r_{OA} 和 r_{OB} 分别为卫星集群编队 A 和 B 到地心 O 的距离,r_{AB} 为卫星集群编队之间的距离,则由三角关系可知,集群间连线与集群到地心连线之间的夹角分别为

$$\begin{cases} \alpha = \arccos\left(\dfrac{r_{OB}^2 + r_{AB}^2 - r_{OA}^2}{2 r_{OB} r_{AB}}\right) \\ \beta = \arccos\left(\dfrac{r_{OB}^2 + r_{AB}^2 - r_{OB}^2}{2 r_{OB} r_{AB}}\right) \end{cases} \qquad (7-30)$$

因此,地心 O 到两个卫星集群编队 A 与 B 连线的垂直距离 $D = r_{OB} \sin \alpha$。

第 7 章 快速响应卫星集群编队的星间网络建模与分析

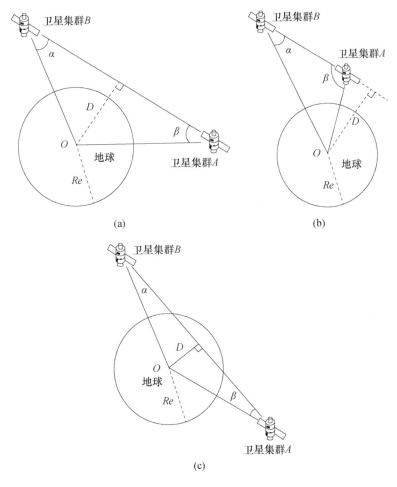

图 7 – 15 卫星集群编队 A 与 B 可见性分析
(a) 可见;(b) 不可见;(c) 不可见。

结合图 7 – 15 中所示三种情况,卫星集群编队间可见性判断条件包括如下三种:

(1) 若 $D > Re$,卫星集群编队 A 与 B 之间不受地球遮挡,物理上可见,如图 7 – 15(a) 中所示;

(2) 若 $D < Re$,且 α 或者 β 有一个大于 $\pi/2$,如图 7 – 15(b) 中所示,卫星集群编队 A 与 B 之间可建立通信链路;

(3) 若 $D < Re$,且 α 和 β 均小于 $\pi/2$,如图 7 – 15(c) 中所示,卫星集群编队 A 与 B 之间无法建立通信链路。

对于满足可见条件的卫星集群编队 A 和 B，假设集群 A 将数据发送给集群 B，则依据弗里斯自由空间衰减模型以及式(7-28)，其信号干扰噪声比同样需要满足以下约束，即

$$\frac{P_A(t)G_AG_B\lambda^2}{(4\pi r_{AB})^2 LN_0} \geqslant \beta_0 \qquad (7-31)$$

式中：$P_A(t)$ 为集群 A 在 t 时刻的发送功率；G_A 为卫星 A 的发送天线增益；G_B 为卫星 B 的接收天线增益。

7.6 卫星集群编队网络仿真建模

卫星集群编队网络仿真平台主要面向单个卫星集群编队网络以及多个卫星集群编队构建的综合网络，可验证卫星集群编队网络相关技术的应用性能，如路由算法、拓扑优化算法、任务调度协同策略等。当前卫星集群编队的网络仿真平台普遍采用基于网络仿真软件 NS-2 和 OPNET 的卫星星座设计模式，但卫星集群编队网络的拓扑不同于卫星星座，其网络服务需求也与卫星星座存在很大区别，现有仿真模型难以满足卫星集群编队网络仿真的需求。

目前，主流的开源网络仿真软件包括 NS-2，OMNET++，NS-3 等。选用三维运动模块扩展性更好的 NS-3 作为卫星集群编队网络仿真环境搭建的基础，并结合卫星仿真软件 STK 用于卫星场景显示，实现仿真平台搭建。

7.6.1 仿真模型结构

卫星集群编队网络仿真模型由卫星运动模块、卫星集群编队生成模块、任务数据模拟、组网通信协议、STK 显示模块等部分构成，主要在 NS-3 中的移动自组网仿真模型基础上，引入卫星集群编队的运动模型和任务数据模型，配合拓扑优化、数据传输等策略，实现对卫星集群编队的组网通信仿真。

图 7-16 是卫星集群编队网络仿真模型示意图。卫星运动模块负责依据给定的初始参数 $[x_0,y_0,z_0,\dot{x}_0,\dot{y}_0,\dot{z}_0]'$ 计算仿真中通信协议所需的位置和速度信息。卫星集群编队生成模块则是负责依据用户设定的参数（中心卫星轨道参数、最大分布范围 R、卫星数目等）随机生成符合要求的卫星集群编队。任务数据模拟模块主要是依据设定的任务信息生成不同参数 λ 的泊松流。组网通信协议采用 Adhoc 模式下的 IEEE 802.11 DCF 协议框架，并结合不同的拓扑优化

和数据传输策略对网络层的数据路由算法进行自定义配置。STK 显示模块则主要通过导入仿真中生成的各卫星的运动轨迹数据对卫星集群编队的仿真场景进行 3 维显示,便于后续的卫星集群编队运动场景还原。

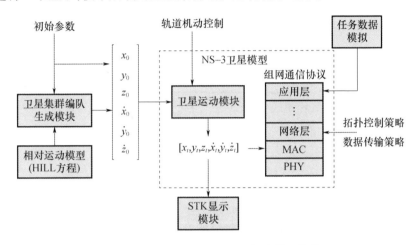

图 7 – 16　卫星集群编队网络仿真模型结构

7.6.2　仿真环境搭建

本节主要从卫星运动模块和卫星集群编队生成模块两个方面介绍仿真环境搭建的详细步骤,然后通过同 STK 轨道递推数据进行对比,验证仿真模型的有效性。

1. 卫星运动模块

卫星运动模块是用来模拟卫星集群编队中的各个卫星单元在仿真过程中的位置和速度变化,如图 7 – 17 所示。在 NS – 3 软件的标准移动模块(MobilityModel 类)的基础上,加入了具有卫星特性的参数预处理、轨道机动、轨道动力学三个模块。

参数预处理模块将仿真输入的各个卫星平均轨道要素转化为轨道动力学模块运行的位置和速度数据(地心惯性坐标系)。如图 7 – 17 所示,该模块首先将第 i 颗卫星的平均轨道要素 $[\bar{a}_i, \bar{e}_i, \bar{i}_i, \bar{\Omega}_i, \bar{\omega}_i, \bar{M}_i]$ 转化为瞬时轨道要素 $[a_i, e_i, i_i, \Omega_i, \omega_i, M_i]$,然后通过常规轨道六要素到位置速度的方程得到该卫星仿真初始时刻 $t = 0$ 的状态 $[x_0, y_0, z_0, \dot{x}_0, \dot{y}_0, \dot{z}_0]'$。轨道机动模块依据空间任务要求将轨道控制指令转化为第 i 颗卫星在不同时刻的速度脉冲增量 $[0, 0, 0, \Delta \dot{x}_i, \Delta \dot{y}_i, \Delta \dot{z}_i]_t$,从而近似地实现轨道机动功能。轨道机动模块是预留

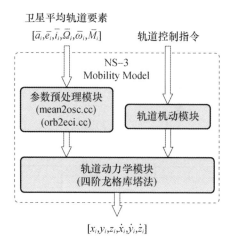

图 7-17 卫星运动模块功能划分

给用于卫星集群编队任务协同工作时可能发生的轨道维持与协同控制算法,例如,当快速响应卫星集群编队中需要两颗相同类型载荷的卫星进行对地观测成像时,这两颗卫星需要进行合适的轨道机动以满足成像需求。卫星轨道动力学模型可表示为

$$\begin{cases} \ddot{X} = -\dfrac{\mu X}{r^3}\left[1+\dfrac{3}{2}J_2\left(\dfrac{Re}{a}\right)^2\left(3-5\dfrac{Z^2}{r^2}\right)\right] \\ \ddot{Y} = \ddot{X}\dfrac{Y}{Z} \\ \ddot{Z} = -\dfrac{\mu Z}{r^3}\left[1+\dfrac{3}{2}J_2\left(\dfrac{Re}{a}\right)^2\left(3-5\dfrac{Z^2}{r^2}\right)\right] \end{cases} \quad (7-32)$$

轨道动力学模块将参数预处理模块得到的卫星仿真初始时刻 $t=0$ 的状态 $[x_0,y_0,z_0,\dot{x}_0,\dot{y}_0,\dot{z}_0]'$ 代入式(7-32)所示的卫星轨道动力学模型,并结合传统的四阶龙格库塔法对卫星的运动轨迹进行预报,从而满足卫星集群编队网络仿真过程中对各个卫星位置和速度的需求。

基于 NS-3 内部的 Mobility Model 类搭建了适用于 NS-3 仿真的卫星运动模型,使得由 NodeContainer 类定义的移动节点均可配置卫星运动模型。该卫星运动模块不仅适用于卫星集群编队群内和群间网络,同样适用于其他以卫星为运动节点的通信网络,如行星际通信网络、空间信息网络等。

同时,为了能直观地观察仿真过程中卫星的运动情况,仿真平台还支持实时仿真模式。该模式基于 NS-3 内部的实时仿真模块以及 STK 的 Connect 接口,通过配置 NS-3 的 SimulatorImplementationType 属性,在仿真过程中将各个卫星的位置和速度数据以传输控制协议/互联协议(TCP/IP Socket)形式发送给 STK,从而驱动 STK 显示窗口的卫星集群编队实时运动。

2. 卫星集群编队生成模块

卫星集群编队生成模块依据双星编队飞行动力学模型,以指定的中心卫星构建相对运动坐标系,并在给定的卫星集群编队范围 R 随机生成指定数量的卫星。

$$\begin{bmatrix} x \\ y \\ z \end{bmatrix} = \begin{bmatrix} -3\cos(nt) & 0 & 0 & \dfrac{\sin(nt)}{n} & \dfrac{-2\cos(nt)}{n} & 0 \\ 6\sin(nt) & 1 & 0 & \dfrac{2\cos(nt)-2}{n} & \dfrac{2\cos(nt)-2}{n} & 0 \\ 0 & 0 & \cos(nt) & 0 & 0 & \dfrac{\sin(nt)}{n} \end{bmatrix} \begin{bmatrix} x_0 \\ y_0 \\ z_0 \\ \dot{x}_0 \\ \dot{y}_0 \\ \dot{z}_0 \end{bmatrix}$$

(7-33)

令中心卫星的初始轨道参数为 $[a_0, e_0, i_0, \Omega_0, \omega_0, M_0]$,需要随机生成的其他卫星数目为 l,卫星集群编队的绕飞周期为 T,轨道递推步长为 Δt,则卫星生成模块的计算步骤如下:

步骤一:随机生成一组初始位置速度向量 $\boldsymbol{V} = [x, y, z, \dot{x}, \dot{y}, \dot{z}]$,并使其满足约束 $x^2 + y^2 + z^2 \leqslant R^2$。

步骤二:代入式(7-33)中计算步长时间 Δt 后的向量 $\boldsymbol{V}_{\Delta t}$,若满足约束关系 $x_{\Delta t}^2 + y_{\Delta t}^2 + z_{\Delta t}^2 \leqslant R^2$,则重复该步骤,直到完成一个绕飞的轨道递推,即重复 $\dfrac{T}{\Delta t}$ 次后退出,否则执行步骤一。

步骤三:重复步骤一和步骤二,直到搜索到 l 个在一个绕飞周期内均满足约束条件的初始位置速度向量,并组成 $l \times 6$ 阶矩阵 $[\boldsymbol{V}]_{l \times 6}$。

步骤四:依据式(7-1)所示的坐标系转换关系 $T_{LS} = T_3 T_2 T_1$,结合中心卫星轨道参数 $[a_0, e_0, i_0, \Omega_0, \omega_0, M_0]$,将 $[\boldsymbol{V}]_{l \times 6}$ 中 l 个行向量由相对运动坐标系转为地心惯性系,从而得到新的初始位置速度矩阵 $[\boldsymbol{V}]'_{l \times 6}$,其中 $[\boldsymbol{V}]'_{l \times 6}$ 中的 l 个行向量即为生成的卫星集群编队初始参数信息。

图 7-18 为集群生成模块依照上述步骤,在 $R = 10\text{km}$ 范围内(灰色区域)随机生成的 20 颗卫星在单个绕飞周期内的相对运动轨迹,其中灰色区域约束

即为最大传输范围。因此可知,卫星集群编队生成模块可随机生成任意范围约束以及任意数量的卫星集群编队,从而方便后续研究中对不同卫星集群编队的仿真需求。

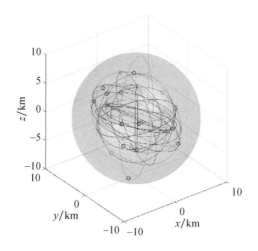

图 7-18　在 $R=10\text{km}$ 范围随机生成 20 颗卫星的运行轨迹

3. 仿真模型有效性验证

为了确保卫星集群编队网络仿真模型数据来源的准确性,仿真实验首先对卫星集群编队建模中自定义的卫星运动模块的精度进行验证。图 7-19 为本章所构建的卫星集群编队模型同卫星仿真软件 STK 在各个方向位置上的结果对比。从图中可以看出,单颗卫星在 400km 轨道绕地球运行一圈后,各个方向上的绝对位置偏差均不超过 5m,这表明了基于 NS-3 所构建的卫星集群编队

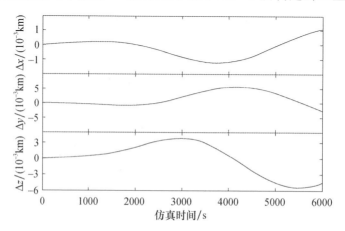

图 7-19　基于 NS-3 的卫星集群编队各个方向上的位置偏差(同 STK 比较)

运动模块与生成模块具有非常高的精度,能够确保仿真过程中卫星运动数据的有效性。另外,本章最后仿真结果显示 OLSR 算法在网络拓扑变化剧烈时性能最稳定,同理论分析期望的结果一致。

7.6.3 仿真主要流程

基于 NS-3 的非实时模式下卫星集群网络仿真流程可分为以下 4 个步骤。

(1)卫星集群编队仿真节点初始化。

首先,利用 NS-3 中的 NodeContainer 类定义了指定数目的卫星节点,将主星的平均轨道要素及卫星运动模型配置到卫星节点对象中。然后,结合卫星集群编队生成模块随机生成仿真所需的其余卫星初始与速度数据。

(2)网络仿真环境配置。

将各卫星的通信协议模型配置为移动自组网中常用的 IP 和 Ad-hoc(IEEE 802.11)框架,并将星间传输模型设置为适用于自由空间通信的 Friis 传输模型,忽略宇宙背景辐射的影响,并配置卫星的发射功率为 30dBm,接收灵敏度为 90dBm,传输速率为 2Mbit/s。

(3)星间任务数据生成模型定义。

配置仿真所需的任务数据,其中任务数据采用用户数据协议(UDP)的数据传输模式,默认数据包的长度为 512B,依据卫星集群编队不同的工作状态,制定了两类数据生成例子:①当卫星处于协同控制模式时的少量数据交互(低延时、低误码率);②当卫星处于任务数据回传模式时的大量数据交互,如卫星完成对地成像任务后将数据传输到它星进行处理并传回地面的过程。

(4)卫星集群网络性能分析。

结合 NS-3 内部的流监测模块 FlowMonitor、时延统计模块(Delay-Jitter-Estimation.H)等网络性能分析模块,将卫星集群编队网络仿真过程中的各项关键数据保存到不同的 CSV 文件,以供后续对路由算法的各项性能的进一步分析与研究。

7.6.4 路由算法及性能评价指标

目前,专门针对卫星集群编队网络设计的网络路由算法的文献较少且不够成熟,所以参考具有相似网络拓扑结构特征的无人机集群网络和移动传感器网络[139-141],将典型的成熟的移动自组织网络(Mobile Ad-hoc Network,MANET)路由技术应用到卫星集群编队网络,检验其网络性能变化。现对典型的路由算法进行简单介绍。

(1) 链路状态优化路由。

链路状态优化路由(Optimized Link State Routing Protocol, OLSR)是一类表驱动路由算法,通过"Hello"和拓扑优化消息感知链路状态,并将这类状态信息传输到网络中所有节点。网络中单个节点利用网络链路拓扑信息,并结合最短路径算法计算下一跳路由节点信息。

(2) 目标序列距离矢量路由。

目标序列距离矢量路由(Destination Sequenced Distance Vector routing, DSDV)是一类表驱动路由算法。网络中任一节点更新并维护着其到达各个目的节点的路由信息,降低了传输路径构建过程中的时延,但同时由于周期性地路由表更新,增加了各节点的能量和带宽消耗。

(3) 自组网按需距离矢量路由。

自组网按需距离矢量路由(Ad-hoc On-Demand Distance Vector Routing, AODV)是一类按需路由算法,其在源节点需要发送数据且没有存储到目的节点的有效路由时,才在网络中发起路由查找过程,找到合适的传输路径。

(4) 动态源路由。

动态源路由(Dynamic Source Routing, DSR)协议同 AODV 路由类似,是一类按需路由算法,当需要发送数据时才构建路由路径,从而有效降低带宽消耗。但不同于 AODV, DSR 使用源路由信息,即节点所发送的数据分组均携带完整有序的路由信息。

同时,为了分析卫星集群编队网络的数据传输性,仿真中采用如下 6 种性能评价指标。

(1) 端到端平均延时,是指数据报文在发送卫星和接收卫星 IP 层之间传输所耗费的平均时间。该指标直接影响卫星集群协同工作性能,平均延时过大会导致姿态协同等控制算法精度降低,同时延长任务有效数据的传输时间,增大数据丢包的概率。

(2) 分组交付率,是指卫星在一定时间内接收的数据报文数目和发送数目之间的比值。该指标反映了网络传输的稳定性,较低的分组交付率表明大部分数据在传输过程中未能正常到达接收卫星,严重影响多星协同工作的性能,甚至导致整个卫星集群网络无法正常工作。

(3) 归一化路由开销,是指卫星网络中发送的路由控制报文数同接收的数据报文数之比。该指标反映了网络的拥塞程度,较高的路由开销会阻碍网络中的关键数据传输,导致数据丢包或者平均延时增加。另外,卫星集群网络结构动态变化剧烈时,路由信息的维护开销会明显增加,致使数据传输出现局部拥塞。

(4)吞吐量,是指网络中所有卫星单位时间内所传输的数据量之和。该指标直接反映出当前网络中的数据总量,以及网络的总体负载情况。

(5)数据传输断开次数,是指网络中通信路径切换的次数。较多的链路切换次数直接影响通信的稳定性。

(6)有效工作时间比率,是指数据传输时间占总仿真时间的比率。该指标反映出各个路由算法的传输时间覆盖情况。

7.7 仿真结果及性能分析

7.7.1 仿真场景

快速响应卫星集群编队网络仿真实验根据卫星编队轨道设置,以如表 7-1 所列的两颗卫星为参照,为了更好地验证本章所提方法的有效性,将快速响应卫星集群编队中成员星的个数由 10 个扩展到 16 个,即用卫星集群编队生成模块在 $R=30$ km 的范围内随机生成额外 14 颗卫星,从而构建了包含 16 颗卫星的仿真场景,如图 7-20 所示。

表 7-1 卫星集群编队中主星轨道参数

轨道根数	卫星 Sat1	卫星 Sat2
半长轴/km	6778.14	6778.14
偏心率	0	0.0008
轨道倾角/(°)	97.0346	97.0346
近地点幅角/(°)	179.159	290
升交点赤经/(°)	279.066	279.167
平近点角/(°)	180.97	69.9139

假设仿真场景中包含有 8 个任务卫星,均在仿真开始 100s 时依次向指定对地数传卫星发送泊松分布数据流。网络中每个卫星发射功率设置为 30dBm,传输速率设置为 2Mbit/s,天线模型设置为如图 7-13 所示的四臂螺旋全向天线。

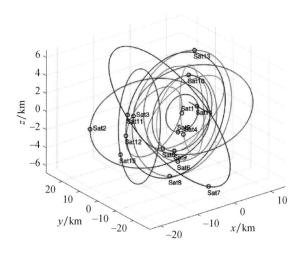

图 7-20　卫星集群编队仿真场景示意图

卫星最大通信距离限制为 10km。单个数据包大小为 512B,队列缓存上限设置为 50 个数据包。

考虑到卫星运动具有周期性,该卫星集群编队绕地球一圈的时间近似为 5554s,因此本章将仿真时长设置为 6000s,略长于卫星运行周期,以观察单个周期内的各个路由算法随卫星相对运动引起的性能变化。仿真结果均为 10 次仿真结果的平均值。

7.7.2　仿真结果及性能分析

1. 卫星运动特性

卫星集群编队的运动特性直接影响到网络中数据传输的性能,首先对卫星集群编队的运动特性进行简要分析。

图 7-21 为集群中主星 Sat2 相对于 Sat1 的位置和速度随时间变化关系。由结果可以看出,Sat2 围绕 Sat1 在相对距离 [6,23]km 的范围运动,速度区间为 [6.7,17.7]m/s,和地面无人机网络的相对运行速度相近,进一步说明卫星集群编队的网络性能分析可以采用 MANET 路由算法进行参考。综合分析仿真中所有卫星的相对位置和相对速度可知,当卫星集群编队的分布范围在 $R = 30$km 的有界空间时,星间相对运行速度在 (0,25)m/s 区间变化。

图 7-21 中,当仿真时间为 1000s 左右时,相对速度和相对位置的变化曲线的波峰和波谷在时间上接近,会导致此时星间的相对角速度较大。考虑到实际

第 7 章　快速响应卫星集群编队的星间网络建模与分析

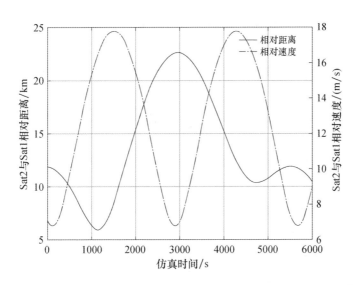

图 7-21　卫星 Sat2 和 Sat1 之间相对位置和相对速度随时间变化趋势

中卫星天线的方向角，此时的星间通信链路连接时间较短，性能降低。当仿真时间为 3000s 左右时，此时星间相对角速度较小，但较大的星间距离会造成星间链路不稳定甚至断开，同样影响星间通信性能。另外，在图 7-22 中，两星间的方位角和俯仰角变化幅度较小，从而受到天线心形方向角的影响较小。那么，在本仿真中 Sat2 和 Sat1 之间通信链路连通主要受到两星之间相对距离的约束。

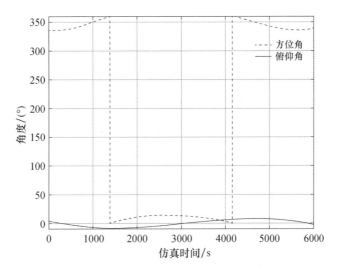

图 7-22　卫星 Sat2 和 Sat1 之间角度随时间变化趋势

因此，在建立 Sat2 和 Sat1 之间数据传输链路时，结合两星的相对距离、速度、角度等变化趋势，搭建星间链路的时间窗口应尽量选择图中仿真时间(0, 1000s)或(5000s,6000s)的区间,此时的相对距离和相对速度均较小,可以建立稳定的通信链路。

图 7-23 为仿真场景中各星间通信链路的存活时间统计情况,其中链路存活时间指链路建立到断开的时间间隔。仿真中通信链路的中断主要受到星间距离和天线方向角的影响。由图中可知,仿真场景中链路的存活时间在[0, 50s]区间内分布较多,表明集群内星间存在大量的不稳定通信链路,会严重影响网络中数据传输的性能,因为通信链路每一次断开均导致数据传输路径的重新计算。因此,为了保障任务中数据传输的稳定性,需要针对卫星集群编队网络的链路切换(拓扑优化方法)进行研究。

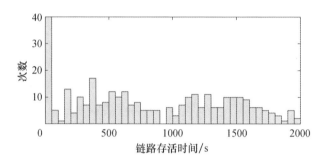

图 7-23 卫星集群编队内链路存活时间统计

2. 数据传输性能分析

下面从不同角度对快速响应卫星集群编队网络中的数据传输性能进行仿真。仿真中,考虑到不同任务中产生的泊松分布数据流 $\{S(t,\lambda),t \geq 0\}$ 直接关系到网络负载的差异,所以将数据流发包速率的均值 λ 表示网络负载的情况。在仿真中,网络负载分为 $\lambda = 2、4、6、8、10 \text{packet/s}$ 共 5 种情况。

(1) 固定负载情况。

在固定负载情况中,将任务产生的数据流设置为 $\{S(t,\lambda = 4),t \geq 0\}$,分析卫星集群编队网络数据传输性能随网络拓扑变化的趋势,并从分组交付率、平均时延、归一化路由开销和网络吞吐量等性能指标讨论快速响应卫星集群编队网络中数据传输性能的优化思路。

图 7-24 为卫星 Sat2 到 Sat1 的数据分组交付率随仿真时间的变化趋势。由仿真结果可知,当仿真时间位于[2000s,3000s]区间时,AODV 和 DSDV 算法

的分组交付率性能急剧减小,而 OLSR 算法变化较小。这是因为此时星间相对距离超过了最大星间通信距离,且卫星集群编队网络拓扑变化为非连通拓扑,使得 AODV 和 DSDV 无法发现合适的路由路径,而 OLSR 算法具备链路状态感知特性,能及时发现不稳定的链路并切换,确保卫星集群编队网络通信的稳定。当在仿真时间[1000s,2000s]和[5000s,6000s]区间内,OLSR 和 DSDV 的分组交付率略低于 AODV,存在数据丢包。

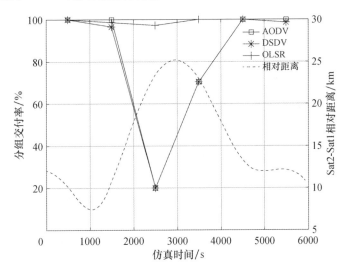

图 7 - 24　分组交付率性能随时间变化

图 7 - 25 为平均时延随仿真时间的变化趋势。由仿真结果可知,三种路由算法的平均时延变化趋势同星间相对距离一致,且 OLSR 在整个仿真过程中的平均时延最小,且时延抖动最小。在仿真时间[1000s,3000s]区间时,两颗卫星的相对距离增加,三种算法的平均时延也相应增加,表明路由路径中的跳数在增加。但 OLSR 增加到一定上限,开始呈下降趋势,而其他两种算法的时延则继续增大。在[2000s,3000s]时,由于拓扑动态变化加剧,DSDV 需要维护一些无用路由信息,致使此时的时延最高。在[3000s,4000s]时,网络连通性开始恢复,AODV 的平均时延最高,是因为反应式的路由策略导致此时依旧维护时延较高的路由路径。

图 7 - 26 为归一化路由开销随仿真时间的变化趋势。由仿真结果可以看出,OLSR 算法的归一化路由开销和波动均较小,其他两种算法在仿真中变化剧烈。这是由于 OLSR 算法中只需 MPR 节点周期性广播路由更新,使得在网络拓扑剧烈变化时,依旧能保持较低的路由开销。

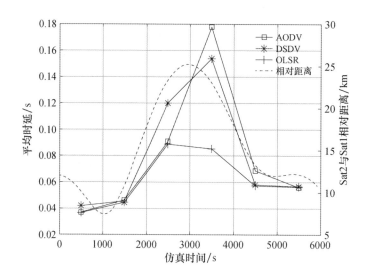

图7-25 不同仿真时间区间内的时延性能

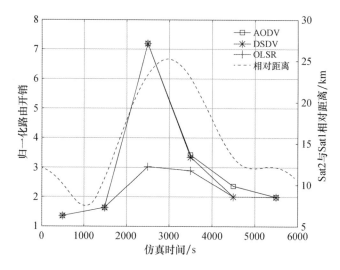

图7-26 不同仿真时间区间内的归一化路由开销性能

图7-27为卫星集群编队网络吞吐量随网络拓扑结构变化情况。由仿真结果可知,三种数据路由传输算法的网络吞吐量性能基本一致,在网络结构稳定时,网络吞吐量均较高,反之则均呈现急剧下降趋势。在仿真时间为[0,2000s]区间时,网络吞吐量达最大值,说明此区间范围内的网络拓扑最为稳定,有利于星间数据的路由传输。

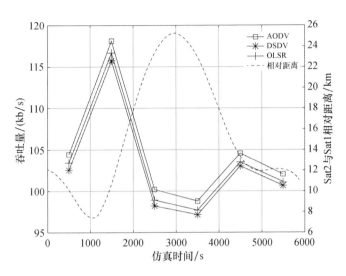

图 7 - 27　不同仿真时间区间内的吞吐量变化趋势

综上,可以看出,卫星集群编队网络拓扑的动态变化对任务的数据传输性能影响非常大,因此在后续的研究中需要针对网络拓扑的动态变化特性进行分析,从而提出一种适合卫星集群编队网络的数据路由策略。

(2) 不同负载情况。

在不同负载情况中,将任务产生的数据流设置为 $\{S(t,\lambda),t\geqslant 0\}$,其中 λ 分别为 2、4、6、8、10packet/s,从而分析卫星集群编队网络数据传输性能在网络不同负载工况下的变化趋势,并从平均时延、数据传输断开次数以及有效工作时间比率等指标讨论当前路由算法的改进思路。

图 7 - 28 为网络平均通信时延随网络负载的变化情况,其中网络负载的变化由不同的数据包产生速率表示。由仿真结果可知,DSR 路由算法受网络负载的变化影响最小;而其余三种算法当数据包产生速率超过 4packet/s 后,平均通信时延急剧增加,其中 OLSR 的性能稍好于其他两种。这是由于各卫星的队列缓存有限,在高负载情况下数据传输队列空闲资源紧张,不利于星间的数据传输。

图 7 - 29 为不同网络负载情况下各路由算法的数据传输断开次数统计。经对比可知,OLSR 算法随着网络负载增大,通信路径的切换次数快速增多,搜寻网络中的负载较低的卫星通信节点。两类按需路由算法 AODV 和 DSR 在此次结果对比中性能均较差,体现出按需搜寻通信路径的策略在卫星集群编队网络中通信的不足。

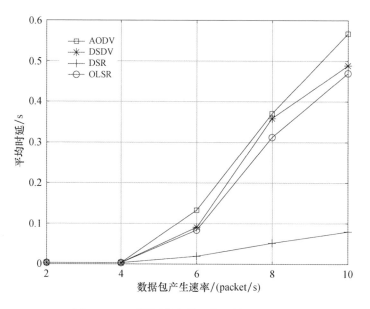

图7-28 不同网络负载下的平均时延性能

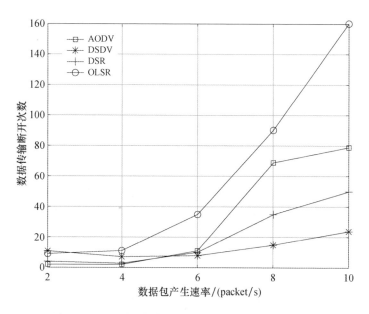

图7-29 不同网络负载下的数据传输断开次数情况

图7-30为不同算法有效工作时间比率的性能对比。通过对比图7-28可以看出,DSR算法在网络高负载时依旧表现较好的平均通信时延性能,是因为随着负载的增加,其相较于其他算法难以找到有效的通信路径,导致有效工

作时间比率急剧下降,即大部分时间处于搜寻有效传输路径的过程。

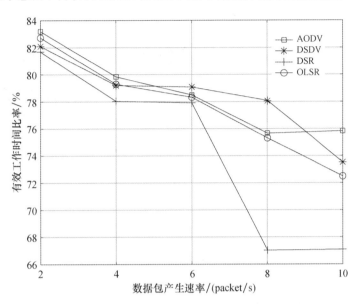

图 7-30　不同网络负载下的有效工作时间比率

从上述仿真结果可以看出,卫星集群编队网络拓扑的动态变化,即星间相对距离的周期性变化,以及网络负载的变化,会严重影响数据传输的性能。按需路由算法 AODV 和 DSR 算法由于其反应式数据传输路径生成策略,导致这两种算法在卫星集群编队网络仿真中性能最差。OLSR 算法则在仿真中受到拓扑变化的影响较小,其 MPR 机制相较于其他两种算法的平面拓扑更能适应星间的周期性相对运动。另外,OLSR 算法的链路状态感知机制能及时发现网络中链路的变化,较快地切换到稳定的路由路径,从而保证整个仿真过程中的分组交付率、时延、路由开销、数据传输断开次数等性能的稳定。

第 8 章
快速响应卫星集群编队的星间网络优化与改进

快速响应卫星集群编队稳定工作的基础是星间无线通信链路的数据稳定传输,然而星间通信链路会受到空间电磁干扰影响,近距离卫星同时通信时会出现信道竞争等问题,因此本章将基于第 7 章建立的星间网络模型,构建面向任务的快速响应卫星集群编队网络的数据传输性能的理论模型,并通过分析卫星集群编队网络拓扑的动态变化特性,研究面向任务的拓扑优化方法,为星间协同工作提供稳定的数据传输链路网络[142]。

本章首先阐明卫星集群编队网络容量的相关模型、定义和假设条件,然后结合第 7 章的卫星运动模型对卫星集群编队的分布特性进行深入分析,从而得到其分布范围、体积等相关参数,再从容量优化的角度提出卫星集群编队网络的数据传输方法,基于排队论相关理论构建时延约束下的网络容量模型,并通过对比仿真验证了其有效性。最后,本章对面向任务的快速响应卫星集群编队网络拓扑的可靠性和能耗进行分析,提出链路可靠性权值指标,再依据图论相关理论建立可靠性优先的集群网络拓扑优化方法,并通过仿真结果验证本章提出的可靠性优化拓扑优化方法的可行性及数据传输性能。

8.1 卫星集群编队网络容量模型

网络容量的渐近模型研究是针对卫星集群编队网络中所有类型网络结构下的容量估计,为保障研究对象的通用性,首先对卫星集群编队网络的一般性模型进行描述:卫星集群编队网络分布在一个不规则三维有界空间 Ω,网络内

包含 N 颗卫星,每颗卫星的运动是独立的,在 Ω 内任意一点的出现概率相同,且在 Ω 内任一点沿任意方向运动的概率相同;此外,有界空间 Ω 的范围可表示为 R(中心到边界最远处的距离),卫星在有界空间内的分布密度可表示为 $\rho = N/\|\Omega\|$。

结合面向任务的工作模型,对卫星集群编队网络内业务模型进行说明:

(1)网络内任一卫星均同时承担任务卫星、数据中继卫星和对地数传卫星的功能,即每个节点既可作为数据的源节点、目标节点,也可以作为数据中继节点;每颗卫星向有界空间中随机选择的另一卫星发送数据。

(2)每颗卫星发送的数据流满足排队论中 $M/M/1/\infty$ 模型,即单位时间内产生的数据量满足均值为 $\lambda(\lambda>0)$ 的泊松分布,单位时间内处理的数据量满足均值为 $\mu(\mu>0)$ 的负指数分布,且数据包的长度满足均值为 X 的负指数分布;每颗卫星的信道带宽为 W,则有对应关系 $\mu = W/X$,且卫星数据队列缓存长度为无限大。

另外,由无线多跳传输及排队论模型可知,如图 8-1 所示,卫星集群编队网络的时延为数据包从离开数据源卫星到目的卫星之间所耗费的时间,则对于图中一个 n 跳的传输路径,其时延的计算公式为

$$\begin{aligned} T &= \sum_{i=1}^{n} T_s(i) \\ &= \sum_{i=1}^{n} [W_s(i) + t_{\text{space}}(i)] \\ &= \sum_{i=1}^{n} [W_q(i) + \mu(i) + t_{\text{space}}(i)] \end{aligned} \quad (8-1)$$

式中:$T_s(i)$ 为数据在路径中第 i 个卫星和第 i 跳传输所耗费的时间;$\mu(i)$ 和 $W_q(i)$ 分别为数据在第 i 个卫星的服务时间和队列等待时间;$W_s(i) = \mu(i) + W_q(i)$ 为数据在第 i 个卫星的逗留时间;$t_{\text{space}}(i)$ 为数据在自由空间第 i 跳的传输时间。

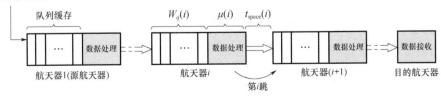

图 8-1 卫星集群编队多跳传输时延

由于数据在自由空间的传输时延 $t_{\text{space}}(i)$ 很小,因此当忽略 $t_{\text{space}}(i)$ 时,式(8-1)可简化为

$$T = \sum_{i=1}^{n} W_s(i) = \sum_{i=1}^{n} [W_q(i) + \mu(i)]$$

则本章中卫星集群编队网络时延可定义如下:

定义8.1:卫星集群编队网络中所有传输数据包的端到端时延的平均值为本章研究的卫星集群编队网络时延,用 $\overline{T}$ 来表示,且满足

$$\overline{T} = \sum_{i=1}^{n} \overline{W}_s(i) = \sum_{i=1}^{n} [\overline{W}_q(i) + \overline{\mu}(i)] \tag{8-2}$$

式中:$\overline{W}_s$、$\overline{W}_q$ 和 $\overline{\mu}$ 分别表示平均逗留时间、平均队列等待时间和平均服务时间。

参考文献[143],分别对时延约束下的卫星集群编队网络吞吐量和容量作出如下定义。

定义8.2:在本章给定的卫星集群编队一般性网络模型和泊松业务模型的基础上,若网络中每个卫星均能够以 λ 的速率向目的卫星发送数据,则称此时的卫星集群编队网络吞吐量为 λ。

定义8.3:在本章中,将给定时延阈值 $\overline{T}$ 下的最大网络吞吐量 λ_T 定义为卫星集群编队网络容量 $C_T = \lambda_T$。

注释8.1:卫星集群编队网络容量 C_T 为时延 $\overline{T}$ 的函数,可表示为 $C_T = f(\overline{T})$,且当不考虑时延影响,即 $\overline{T} \to \infty$ 时,C_T 取得最大值 C_{thres},同文献[144]定义相同。

为了便于接下来对卫星集群编队网络容量的建模与分析,这里给出网络容量模型需满足的假设条件:

(1)网络中每颗卫星在任意时刻均能同中心卫星 c 通信,即最大通信范围为 R;

(2)卫星集群编队内星间距离较近,因此忽略空间背景噪声对通信的影响;

(3)通信天线为理想全向天线。

8.2 有界空间下卫星分布模型

8.2.1 有界空间分布模型

由卫星集群编队运动模型可知,集群内星间相对运动满足运动方程,即

$$\begin{bmatrix} x_t \\ y_t \\ z_t \end{bmatrix} = \begin{bmatrix} -3\cos(nt) & 0 & 0 & \dfrac{\sin(nt)}{n} & \dfrac{-2\cos(nt)}{n} & 0 \\ 6\sin(nt) & 1 & 0 & \dfrac{2\cos(nt)-2}{n} & \dfrac{4\sin(nt)}{n} & 0 \\ 0 & 0 & \cos(nt) & 0 & 0 & \dfrac{\sin(nt)}{n} \end{bmatrix} \begin{bmatrix} x_0 \\ y_0 \\ z_0 \\ \dot{x}_0 \\ \dot{y}_0 \\ \dot{z}_0 \end{bmatrix}$$

(8-3)

在本章中，主要考虑中心卫星 c 位于编队中心位置的情况，则有 $y_0 - 2\dot{x}_0/n = 0 \Rightarrow y_0 = 2\dot{x}_0/n$。因此，式(8-3)中状态转移矩阵可简化为

$$\boldsymbol{R}'(t) = \begin{bmatrix} \cos(nt) & \dfrac{\sin(nt)}{2} & 0 & 0 & 0 & 0 \\ -2\sin(nt) & \cos(nt) & 0 & 0 & 0 & 0 \\ 0 & 0 & \cos(nt) & 0 & 0 & \dfrac{\sin(nt)}{n} \end{bmatrix} \quad (8-4)$$

令 $\boldsymbol{p} = \begin{bmatrix} x_t & y_t & z_t \end{bmatrix}^\mathrm{T}$ 表示集群内任一卫星在 t 时刻中心卫星 c 的 LVLH 系下的位置矩阵，结合卫星集群编队分布范围约束，即到中心卫星 c 的最大范围为 R，则有

$$\begin{aligned}
\|\boldsymbol{p}\|_2^2 &= x_t^2 + y_t^2 + z_t^2 \\
&= \left(x_0\cos(nt) + \frac{y_0}{2}\sin(nt)\right)^2 + \left(-2x_0\sin(nt) + y_0\cos(nt)\right)^2 + \\
&\quad \left(z_0\cos(nt) + \frac{\dot{z}_0}{n}\sin(nt)\right)^2 \\
&= (x_0^2 + y_0^2 + z_0^2)\cos^2(nt) + \left(4x_0^2 + \frac{1}{4}y_0^2 + \frac{\dot{z}_0^2}{n^2}\right)\sin^2(nt) + \\
&\quad \left(\frac{2z_0\dot{z}_0}{n} - 3x_0 y_0\right)\sin(nt)\cos(nt) \\
&= \left(\frac{5}{2}x_0^2 + \frac{5}{8}y_0^2 + \frac{1}{2}z_0^2 + \frac{\dot{z}_0^2}{2n^2}\right) + \\
&\quad \left(-\frac{3}{2}x_0^2 + \frac{3}{8}y_0^2 + \frac{1}{2}z_0^2 - \frac{\dot{z}_0^2}{2n^2}\right)\cos(2nt) + \left(\frac{z_0\dot{z}_0}{n} - \frac{3}{2}x_0 y_0\right)\sin(2nt)
\end{aligned}$$

(8-5)

令 $A = \frac{5}{2}x_0^2 + \frac{5}{8}y_0^2 + \frac{1}{2}z_0^2 + \frac{\dot{z}_0^2}{2n^2}, B = -\frac{3}{2}x_0^2 + \frac{3}{8}y_0^2 + \frac{1}{2}z_0^2 - \frac{\dot{z}_0^2}{2n^2}, C = \frac{z_0\dot{z}_0}{n} - \frac{3}{2}x_0y_0$,
$d = \|\boldsymbol{p}\|_2$,则式(8-5)可简化为

$$\begin{aligned} d^2 &= A + B\cos(2nt) + C\sin(2nt) \\ &= A + \sqrt{B^2 + C^2}\sin(\phi + (2nt)) \\ &\leq A + \sqrt{B^2 + C^2} \end{aligned} \quad (8-6)$$

$$\phi = \arcsin(B/\sqrt{B^2 + C^2})$$

由于 B 和 C 满足关系式 $-1 \leq B/\sqrt{B^2 + C^2} \leq 1$,可知:存在 B 和 C 使得等式 $\phi = -2nt + \pi/2 + 2n\pi$($n$ 为非负整数)成立,即 $\sin(\phi + 2nt) = 1$ 且式(8-6)中等号成立。同时,因为集群中各星位置满足不等式 $\|\boldsymbol{p}\|_2 \leq R$,所以有

$$A + \sqrt{B^2 + C^2} \leq R^2 \quad (8-7)$$

由于 A, B, C 均为自变量,是 $(x_0, y_0, z_0, \dot{z}_0)$ 的函数,令 $g(x_0, y_0, z_0, \dot{z}_0) = A + \sqrt{B^2 + C^2}$,则式(8-7)可变为

$$g(x_0, y_0, z_0, \dot{z}_0) - R^2 \leq 0 \quad (8-8)$$

经上述各步骤的分析可知,当卫星 i 在 t 时刻的位置满足关系式 $d = \sqrt{x_t^2 + y_t^2 + z_t^2} \leq R$ 时,i 的初始位置 (x_0, y_0, z_0) 满足约束 $g(x_0, y_0, z_0, \dot{z}_0) - R^2 \leq 0$。

此外,因为卫星集群编队中卫星数量足够多,且各卫星均绕中心卫星 c 的运行轨迹为圆(参考式(8-4)),那么可以在集群中找到另一颗卫星 k($k \neq i, c$)满足等式 $(x'_0, y'_0, z'_0, \dot{z}'_0) = (x_t, y_t, z_t, \dot{z}_t)$,其中 (x'_0, y'_0, z'_0) 表示卫星 k 的初始位置。由于 k 在卫星集群编队中,因此其同样满足关系式 $g(x'_0, y'_0, z'_0, \dot{z}'_0) - R^2 \leq 0$。分析可知,卫星 i 在 t 时刻的位置同样满足式(8-8)约束条件 $g(x_t, y_t, z_t, \dot{z}_t) - R^2 \leq 0$。

由上述分析可知,卫星集群编队中任意卫星在任意时刻均满足约束条件(在有界空间 Ω 中),即

$$\Omega : g(x, y, z, \dot{z}) - R^2 \leq 0 \quad (8-9)$$

$$g(x, y, z, \dot{z}) = \left(\frac{5}{2}x^2 + \frac{5}{8}y^2 + \frac{1}{2}z^2 + \frac{\dot{z}^2}{2n^2}\right) + \sqrt{\left(-\frac{3}{2}x^2 + \frac{3}{8}y^2 + \frac{1}{2}z^2 - \frac{\dot{z}^2}{2n^2}\right)^2 + \left(\frac{z\dot{z}}{n} - \frac{3}{2}xy\right)^2}$$

式中:(x, y, z) 为任意卫星在卫星集群编队中的位置;$\dot{z}$ 为卫星在 z 轴方向的

第 8 章 快速响应卫星集群编队的星间网络优化与改进

速度。

综上所述,本章将式(8-9)定义为单个卫星集群编队的分布模型,其模型表明卫星的分布范围同卫星在 z 轴方向的速度相关,不同的 $\dot{z}$ 取值直接影响卫星集群编队的有界运动空间 Ω 的大小。

8.2.2 分布模型特性分析

通过搭建一个卫星集群编队仿真场景对卫星的分布特性进行分析。假定集群内卫星的最大通信范围 R 为 30km,中心卫星 c 的轨道半长轴 a 为 6778km(轨道高度为 400km),则 c 的瞬时轨道角速率 $n = \sqrt{\mu/a^3} \approx 0.0011 \text{rad/s}$,其中 $\mu = 3.986 \times 10^5 \text{km}^3/\text{s}^2$ 为地球引力常数。结合式(8-4)和分布范围约束 $\|\boldsymbol{p}\|_2 \leqslant R$ 可知,分布模型中 z 轴的速度 $\dot{z}$ 满足不等式 $|\dot{z}/n| \leqslant R$,即 $|\dot{z}| \leqslant nR \approx 0.033 \text{km/s}$。

图 8-2(a)为在不同 R 和 $\dot{z}$ 取值下的卫星分布范围情况。由图可知:当 $\dot{z}$ 增大时,分布空间在 z 轴方向的范围减小,而在 xy 方向的范围略微增加;当 $\dot{z}$ 减小时,分布范围减小。图 8-2(b)考虑了所有 $\dot{z}$ 取值的情况,其结果说明了卫星集群编队的分布范围是不规则的,且小于由最大通信范围得到的分布空间 $x^2 + y^2 + z^2 \leqslant R^2$。

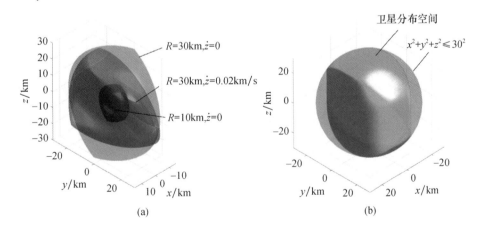

图 8-2 卫星集群编队的分布范围

(a)不同 R 和 $\dot{z}$ 下的卫星分布空间;(b)考虑所有 $\dot{z}$ 取值时的卫星分布空间。

对图 8-2(b)中卫星集群编队有界空间的体积和星间平均距离进行分析。星间平均距离表示为集群内任意两颗卫星相对距离的均值,由 $\overline{L}$ 表示。由式(8-9)分析可知,难以通过数学推导有界空间体积 V 和平均距离 $\bar{L}$ 的解析表达式。因此,本节采用数值枚举的方法计算 V 和 $\bar{L}$ 的近似值,具体的计算步骤如下:

(1)如图8-3所示,将不规则的有界空间 $g(x,y,z) \leq 0$ 划分为 n 个边长为 a 的小正方体。

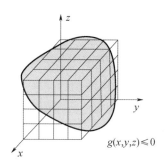

图8-3　不规则有界空间的划分方法

(2)计算至少有4个顶点在有界空间中的小正方体数量,由 m 表示,则图中灰色区域的体积可近似计算为 $V = ma^3$。

(3)假定每个小正方体中心包含1颗卫星,令 d_{ij} 表示卫星 i 和 j 的距离,则集群内星间平均距离可近似计算为

$$\bar{L} = \frac{\sum_{i=1}^{m-1}\sum_{j=i+1}^{m}d_{ij}}{C_m^2} = \frac{2}{m(m-1)}\sum_{i=1}^{m-1}\sum_{j=i+1}^{m}d_{ij} \tag{8-10}$$

(4)适当减小小正方体的边长,并重复上述步骤,直到两次结果之差满足体积和平均距离的精度要求。

通过以上数值枚举方法,得到如表8-1所列的不同 R 取值下的 V 和 $\bar{L}$ 的近似解,其精度需求分别设置为 1km^3 和 10m。

表8-1　不同 R 取值下的体积 V 和星间平均距离 $\bar{L}$ 的近似解

最大通信距离 R/km	体积 V/km^3	星间平均距离 $\bar{L}$/km
10	2.626×10^3	9.36
20	2.1041×10^4	1.872×10
30	7.0361×10^4	2.811×10

8.3 容量优化的卫星集群编队数据传输

为了构建集群编队网络容量模型,需要对集群编队内部网络的数据传输方法进行分析。不同的数据传输方法直接影响到网络容量的渐近模型,因此,本节将从容量优化的角度,考虑相邻星间的信号干扰,采用多时隙并发传输方法,然后着重分析任意两星间的数据传输路径。

8.3.1 多时隙并发传输方法

集群编队中主星和各成员星均处于相对运动状态,不能长时间保持稳定的通信链路。但由于星间相对运动速度一般很小,那么短时间内的星间距离变化量相较于星间距离可以忽略不计。因此,集群编队中星间的通信时间可以划分为多个通信时隙,用 Δt 表示。在每个 Δt 时隙区间内,集群内任意两颗卫星的相对距离可视为不变。

因为集群内成员星数目较多,由信号干扰噪声比模型可知,距离相距较近的多颗卫星同时通信时,会产生严重的通信干扰,增加通信时延与丢包率,妨碍星间协同任务的进行。因此,为了尽量降低星间通信时的干扰,卫星集群编队分布空间在每个 Δt 时隙区间内被划分为若干个直径为 d 的球体子空间,如图 8-4 所示。因此,多时隙并发传输策略为在每个 Δt 时隙区间内位于球体中心的卫星发送数据,其余卫星处于接收数据状态。

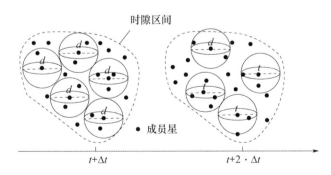

图 8-4 卫星集群编队分布有界空间被划分为若干个球体子空间

注释 8.2:由集群编队网络的一般性模型可知,有界空间中任意一点存在一颗卫星的概率均相同,那么通过合适的球体空间划分方法可使得每个球体的中心均包含一颗卫星。

下面对多时隙并发传输方法下的集群编队信号与噪声进行分析。如图 8-5 所示，成员星 i 向相对距离为 r 的成员星 j 发送数据。由于已知假设每颗卫星的天线为理想的全向天线，因此成员星 j 不仅接收到来自成员星 i 的有效数据，同时还有来自其他成员星 $\{k|k\neq i,j\}$ 的干扰数据。因此，基于 Fiis 自由空间传播模型可得，当忽略空间背景噪声 P_N 时，成员星 j 的信号噪声比值 SINR 可表示为

$$\text{SINR} = \frac{\dfrac{PG_tG_r\lambda^2}{4\pi^2Lr^2}}{\sum\limits_{k\neq i,j}\dfrac{PG_tG_r\lambda^2}{4\pi^2Ld_{kj}^2}} = \frac{r^{-2}}{\sum\limits_{k\neq i,j}d_{kj}^{-2}} \quad (8-11)$$

式中：P 为卫星的数据发送功率；d_{kj} 为卫星 k 和 j 之间的距离；G_t 为卫星发送天线增益；G_r 为接收天线增益；λ 为通信载波波长；L 为系统损耗因子。令 β 表示卫星成功接收有效数据的信号噪声比值的阈值，则可得到关系式 $\text{SINR} \geq \beta$。

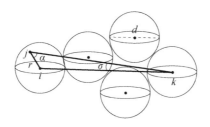

图 8-5　卫星 j 同时接收到有效数据和干扰数据示意图

若图 8-5 中有界空间划分为足够多的紧密相邻的球体空间，由几何关系可知，卫星 j 和 k 之间的距离可近似表示为

$$d_{kj} = d_{rk}\cos(\sigma) + r\cos(\alpha) \approx a_kd + b_kr \quad (8-12)$$

式中：$a_k(a_k \geq 1)$ 和 b_k 为任意实数。因此，令 $Q = r/d$，式(8-11)可简化为

$$\text{SINR} = \frac{r^{-2}}{\sum\limits_{k\neq i}(a_kd + b_kr)^{-2}} = \frac{1}{\sum\limits_{k\neq i}(a_kQ^{-1} + b_k)^{-2}} \geq \beta \quad (8-13)$$

式(8-13)中，由于 $a_k \geq 1$，经分析可知 SINR 为 Q 的单调递减函数。因此易知，当 $\text{SINR} = \beta$ 时，Q 取得最大值 $Q_{\max}$。又由于 $Q = r/d$，当 $Q = Q_{\max}$ 时，球体的直径 d 取得最小值，$d_{\min} = r/Q_{\max}$，其中 r 表示集群内多跳传输时单跳的距离，与 Q 和 d 相关。所以，有界空间内单个球体的最小体积可表示为 $\min(V_s) = (4/3) \times \pi(d_{\min}/2)^3 = \pi d_{\min}^3/6$，从而集群编队有界空间可划分为小球体空间的最大数量

表示为

$$\max(n) = \frac{V}{\min(V_s)} = \frac{6V}{\pi d_{\min}^3} = \frac{6VQ_{\max}^3}{\pi r^3} \qquad (8-14)$$

式中：$V = \parallel \Omega \parallel$ 为集群编队有界空间体积。

将集群编队网络并发通信率 ψ 定义为集群中球体数量 n 同卫星数目 N 的比值，即 $\psi = n/N$，则集群中的最大并发通信率可表示为

$$\max(\psi) = \frac{\max(n)}{N} = \frac{6VQ_{\max}^3}{\pi N r^3} = \frac{6Q_{\max}^3}{\pi \rho r^3} \qquad (8-15)$$

式中：$\rho = N/V$ 为集群编队中的卫星分布密度。

8.3.2 数据多跳传输方法

在具有无线多跳传输特性的集群编队内部网络中，依据导航信息是否全局共享，可将数据传输路径生成方法分为两类：

（1）内部网络中任一成员星均已知其余所有卫星的导航信息，即可依据如式(8-4)所示的相对运动方程计算得到任意时刻的相对位置向量 $\boldsymbol{p}$；

（2）星间导航信息均未知，但在通信时隙开始时，卫星由路由路径搜索算法得到当前时隙的网络传输路径信息，包括目标卫星编号、下一跳卫星编号和当前时隙内的传输跳数。

1. 导航信息已知

在卫星导航信息全局共享的情况下，网络内的数据多跳传输方法可依据目标卫星的导航信息以及单跳平均传输距离推导出数据多跳传输的最短路径以及跳数。因此，首先对卫星集群编队单跳传输路径进行分析。

（1）单跳传输路径分析。

在分析卫星集群编队单跳传输路径时，先对所有卫星静止时的传输路径进行研究。如图8-6所示为数据由成员星 i 传输到成员星 j 的多跳路由。为了尽量减小多跳通信给其他卫星节点带来的信号干扰，提高网络容量，采用的路由策略为：①以星 i 与星 j 的连线为中心线，两星的距离为高，半径为 q 构建一个圆柱体空间；②从源卫星 i 开始，每一跳数据传输均选择在圆柱体空间内距离最短，且方向指向目标成员星 j 的路由节点。

图8-6为集群编队多跳路由路径中单跳投影模型。在圆柱体空间中，成员星 i 将数据沿着 $\overrightarrow{ij}$ 方向传输到距离最近的成员星 j。图中单跳 $l_1 l_2$ 在星 i 到星 j 的位置矢量 $\boldsymbol{h}_{ij}$ 上的投影长度为 w。

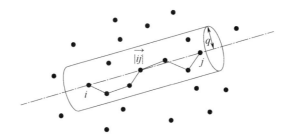

图 8-6　卫星 i 在圆柱体空间内将数据传输到 j

令 $P_{\bar{l}_2}$ 表示卫星 l_2 不在图 8-7 灰色区域中的概率(即灰色区域中不存在卫星的概率),以及 $P(w'>w)$ 为能够找到另外一颗卫星 l_3 使其作为 l_1 的下一跳节点的概率,且其投影长度 w' 满足关系式 $w'>w$,那么,可推导出

$$P(w'>w) \approx P_{\bar{l}_2} \tag{8-16}$$

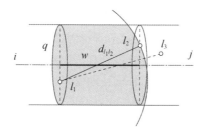

图 8-7　路由路径上单跳投影模型(l_1 不包含在灰色区域中,且 $d_{l_1 l_2}>2q$)

由于各成员星在集群编队中独立运行,且在有界空间中任意一点存在一颗卫星的概率相同,因此图 8-7 中灰色区域所包含的成员星数目满足泊松分布,且其均值可近似计算为 $\pi q^2 w\rho$。所以,在图中灰色区域存在 x 颗卫星的概率可表示为

$$P(x) = \frac{(\pi q^2 \rho w)^x}{x!} e^{-\pi q^2 \rho w} \tag{8-17}$$

当图 8-7 中灰色区域不存在卫星,即 $x=0$ 时,此时的概率

$$\begin{aligned} P_{\bar{l}_2} &= P(0) \\ &= \frac{(\pi q^2 \rho w)^0}{0!} e^{-\pi q^2 \rho w} \\ &= e^{-\pi q^2 \rho w} \end{aligned} \tag{8-18}$$

又结合式(8-16)和式(8-18)可推导得

$$P(w'>w) \approx e^{-\pi q^2 \rho w} \tag{8-19}$$

因此,由式(8-19)可知,w 的概率分布函数可表示为 $F_w = P(w' < w) \approx 1 - e^{-\pi q^2 \rho w}$,其对应的概率密度函数为 $f_w \approx \pi d^2 \rho e^{-\pi d^2 \rho}$。所以,集群编队路由路径中单跳的平均距离可表示为

$$E(w) = \int_0^\infty w f_w \mathrm{d}w$$

$$= \int_0^\infty \pi q^2 \rho w e^{-\pi q^2 \rho w} \mathrm{d}w$$

$$= \frac{1}{\pi q^2 \rho} \tag{8-20}$$

(2)平均跳数计算。

在考虑集群内部网络中各成员星运动情形时,结合星间的平均距离 $\overline{L}$,综合所有成员星的绕飞轨道情形后的运动轨迹为轨道平面内的半径为 $\overline{L}$ 的圆,如图 8-8 所示。另外,卫星静止情形下的单跳路径模型在运动情形下同样适用,即单跳距离期望为 $E(w) = 1/\pi q^2 \rho$。

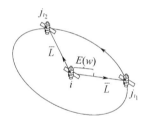

图 8-8　导航信息已知时多跳传输方法

图 8-8 中,在 t_1 时刻,卫星 i 由当前目标卫星 j 的导航信息,计算出 j 在数据接收时刻的位置 j_{t_2},从而选择 $h_{ij_{t_2}}$ 作为数据多跳传输的路由路径,且此时所有路由路径的平均跳数可表示为

$$n_{\text{hop}} = \frac{\|\boldsymbol{h}_{ij_{t_2}}\|_2}{E(w)} = \frac{\overline{L}}{E(w)} \approx \pi q^2 \rho \overline{L} \tag{8-21}$$

2. 导航信息未知

当导航信息未知时,在各个时隙的开始阶段,网络内各卫星相互更新邻居卫星信息,从而储存各个卫星的数据传输路由表(由目标卫星编号、下一跳卫星编号、跳数等组成)。因此,数据发送卫星进行数据传输时,在邻居卫星中,首先搜索距离目标卫星最近(跳数最小)的卫星作为下一跳传输中继节点。如图 8-9 所示,卫星 i 在 t_0 时刻将邻居卫星中到达目标卫星所需跳数最

小的节点 r_1 作为下一跳的中继卫星,在下一个时隙选择 r_2,依次可得到最终的数据路由路径。

为了推导出图 8-9 所示数据传输的跳数,将图中数据路由问题等效为目标的追踪问题。参考文献[145]中比例导引法,可建立如图 8-10 所示的目标追踪的极坐标系,其中:v_j 为目标卫星的运动速度;v_i 为数据在星间的传输速度,可等效用 $\psi/(E(w)\Delta t)$(其中,$E(w)$ 为单跳传输距离,Δt 为时隙大小)表示。

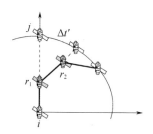

图 8-9 导航信息未知时多跳传输方法   图 8-10 追踪法导引数据与目标的相对运动关系

在如图 8-10 所示的追踪法导引时,数据相对位置与目标卫星之间的相对运动关系可表示为

$$\begin{cases} \dfrac{dr}{dt} = v_j\cos\eta - v_i \\ r\dfrac{dq}{dt} = -v_j\sin\eta \\ \alpha = \sigma + \eta \end{cases} \quad (8-22)$$

式中:σ 为目标卫星 x 方向的夹角;r 为数据相对位置到目标卫星之间的距离;α 为数据同目标卫星之间的连线与 x 方向的夹角。

由图 8-8 和图 8-9 可知,σ 为时间函数,随 t 线性变化。在本章中,为了推导出式(8-22)的解析解,将 σ 定为一常数。对式(8-22)积分,可解得

$$r = r_0 \frac{\tan^p \dfrac{\alpha-\sigma}{2}\sin(\alpha_0-\sigma)}{\tan^p \dfrac{\alpha_0-\sigma}{2}\sin(\alpha-\sigma)} \quad (8-23)$$

式中:$p = v_i/v_j$ 为数据在星间的传输速度与目标卫星的运动速度比值。

在数据传输初始时刻,$r_0 = \overline{L}$ 为星间平均距离,$\alpha_0 = \pi/2$。同时,令目标卫星的运动角度 $\sigma = \pi/4$,则式(8-23)可简化为

$$r = \frac{\sqrt{2}\bar{L}}{4\tan^p \frac{\pi}{8}} \frac{\sin^{(p-1)}\frac{4\alpha-\pi}{8}}{\cos^{(p-1)}\frac{4\alpha-\pi}{8}} \quad (8-24)$$

由式(8-4)可知,集群内卫星的相对运动具有周期性,且运动周期相同。若令绕飞周期为 T_c,则目标卫星的速度 v_j 可表示为 $v_j = 2\bar{L}\pi/T_c$。所以,式(8-24)中 p 可表示为

$$p = \frac{v_i}{v_j} = \frac{T_c \psi}{2\pi \bar{L} E(w) \Delta t} \quad (8-25)$$

综上所述,由式(8-24)和式(8-25)可计算出图 8-9 中的数据由卫星 i 到目标卫星 j 的传输路径。同时,对式(8-22)积分,还可推导出数据传输到目标卫星所耗费的时间 t_k 为

$$t_k = \frac{r_0 [p + \cos(\alpha_0 - \sigma)]}{(v_i - v_j)(1+p)} = \frac{\bar{L}(2p + \sqrt{2})}{2(v_i - v_j)(1+p)} \quad (8-26)$$

则当导航信息未知时,路由路径的平均跳数 n'_{hop} 为

$$n'_{\text{hop}} = \frac{t_k}{\Delta t/\psi} = \frac{\bar{L}\psi(2p + \sqrt{2})}{2\Delta t(v_i - v_j)(1+p)} \quad (8-27)$$

8.4 时延约束下的网络容量

8.4.1 网络容量模型

由式(8-15)所示的网络并发通信率 ψ 的定义可知,卫星集群编队网络单个通信周期需要至少划分为 $N/(N\psi) = 1/\psi$ 个通信时隙,从而保证网络中所有卫星至少发送一次数据。因此,结合卫星集群编队网络内业务模型,当卫星集群编队网络采用并发通信策略后,每颗卫星上的平均数据处理时间 μ' 满足 $\mu' = \mu/(1/\psi) = \mu\psi$。

另外,由于每颗卫星均产生一条数据流,那么卫星集群编队网络中共有 N 条数据流。令每条数据流的平均跳数为 n_h,那么 $(n_h - 1)$ 可以表示为每条数据流上的数据中继卫星数目。所以,每颗卫星需要处理的数据流数量可以计算为 $(n_h - 1)N/N + 1 = n_h$。因此,当采用容量优化的多跳路由策略后,每颗卫星单位时间内发送的数据量可表示为 $\lambda' = n_h \lambda$,且由图 7-8 可知,每颗卫星的数据流在合成或分解之后仍为泊松流。

因此，由排队论中 $M/M/1/\infty$ 模型可知，当 $\lambda' < \mu'$，即 $n_{\text{hop}}\lambda < \mu\psi$ 时，结合式(7-12)所示的平均逗留时间公式，单跳的平均通信时延 $\overline{T}_s$ 满足

$$\overline{T}_s = \frac{1}{\mu' - \lambda'} = \frac{1}{\mu\psi - n_h\lambda} \qquad (8-28)$$

式中：n_h 为集群网络内数据传输的平均跳数。

将式(8-28)代入式(8-1)，则有

$$\overline{T} = n_h \overline{T}_s = \frac{n_h}{\mu\psi - n_h\lambda} \qquad (8-29)$$

对式(8-29)进行变换，可得

$$\lambda = \frac{\mu\psi}{n_h} - \frac{1}{\overline{T}} \qquad (8-30)$$

那么，在时延 $\overline{T}$ 约束下的卫星集群编队网络容量模型 $C_{\overline{T}}$ 可表示为

$$C_{\overline{T}} = \lambda X = \frac{\mu\psi X}{n_h} - \frac{X}{\overline{T}} \qquad (8-31)$$

式中：X 为发送数据包的平均长度。

结合式(8-21)和式(8-27)，式(8-31)中 n_h 满足

$$n_h = \begin{cases} n_{\text{hop}} = \pi q^2 \rho \overline{L} & （如果导航信息共享）\\ n'_{\text{hop}} = \dfrac{\overline{L}\psi(2p + \sqrt{2})}{2\Delta t(v_i - v_j)(1+p)} & （如果导航信息未知） \end{cases} \qquad (8-32)$$

因此，接下来分两种情况讨论卫星集群编队的网络容量。

(1) 当集群网络内各星间导航信息共享时，将式(8-15)和式(8-32)代入式(8-31)，则有

$$C_{\overline{T}} = \frac{6\mu Q_{\max}^3 X}{\pi^2 q^2 \rho^2 r^3 \overline{L}} - \frac{X}{\overline{T}} \qquad (8-33)$$

(2) 当集群网络内各星间导航信息未知时，将式(8-15)、式(8-20)、式(8-25)和式(8-32)代入式(8-31)，则有

$$C'_{\overline{T}} = \frac{(36\Delta t T_c^2 q^4 Q^6 - 4\pi^2 L^2 \Delta t^3 r^6)\mu X}{6\pi L T_c^2 q^2 Q^3 r^3 + \sqrt{2}\pi^2 T_c \Delta t L^2 r^6} - \frac{X}{\overline{T}} \qquad (8-34)$$

考虑到某些多星协作任务的导航信息共享需求，本章将着重对导航信息共享下的卫星集群编队网络容量进行分析。结合如图 8-7 所示的单跳传输模型的约束，可由式(8-33)推导出如下定理。

定理 8.1：在平均通信时延为 $\overline{T}$ 时，卫星集群编队网络容量 $C_{\overline{T}}$ 满足

$$C_{\bar{T}} = (Y\xi - \bar{T}^{-1})X \tag{8-35}$$

式中：$Y = 6\mu Q_{max}^3/(\pi^2 \bar{L})$ 为卫星集群网络特性决定的一个常量；$\xi = (4q^{10/3}\rho^{4/3} + \pi^{-2}q^{-8/3}\rho^{-2/3})^{-3/2}$ 为当前的卫星集群编队任务以及采用的路由策略决定的一个参数(变量)。

证明：在图 8-7 中，路由中单跳的最远距离(对角线)为 $\sqrt{1/(\pi q^2 \rho)^2 + 4q^2}$。为保证网络的连通性，每颗卫星的通信距离 r 需满足 $r \geqslant \sqrt{1/(\pi q^2\rho)^2 + 4q^2}$。同时，式(8-33)表明时延约束下的卫星集群编队网络容量 $C_{\bar{T}}$ 同单跳范围 r 呈反比例关系，那么当 $r = \sqrt{1/(\pi q^2\rho)^2 + 4q^2}$ 时，网络容量 $C_{\bar{T}}$ 取得最大值。因此，式(8-33)中所表示的卫星集群编队网络容量可变换为

$$\begin{aligned}
C_{\bar{T}} &= \frac{6\mu Q_{max}^3 X}{\pi^2 q^2 \rho^2 [4q^2 + (\pi q^2\rho)^{-2}]^{3/2}\bar{L}} - \frac{X}{\bar{T}} \\
&= \frac{6\mu Q_{max}^3 X}{\pi^2 \bar{L} [4q^{10/3}\rho^{4/3} + \pi^{-2}q^{-8/3}\rho^{-2/3}]^{3/2}} - \frac{X}{\bar{T}} \\
&= (Y\xi - \bar{T}^{-1})X \tag{8-36}
\end{aligned}$$

$$Y = 6\mu Q_{max}^3/(\pi^2 \bar{L})$$

$$\xi = (4q^{10/3}\rho^{4/3} + \pi^{-2}q^{-8/3}\rho^{-2/3})^{-3/2}$$

Q_{max} 和 $\bar{L}$ 在卫星集群编队网络中可看作定值(由卫星集群编队网络的特性决定)，因此 Y 同样为定值，由卫星集群编队的初始参数确定。又因为卫星密度 ρ 当卫星集群编队网络构建后可看作定值，所以 ξ 随网络中路由配置的变化而变化(不同的路由参数 q)。

8.4.2 时延和网络容量的折中关系

将定理 8.1 中 $C_{\bar{T}} = (Y\xi - \bar{T}^{-1})X$ 作为卫星集群编队导航信息共享下的网络容量模型可以得到如下定理。

定理 8.2：当网络路由参数 q 满足 $q = 5^{-1/6}\pi^{-1/3}\rho^{-1/3}$ 时，时延约束下的卫星集群编队网络容量 $C_{\bar{T}\_max}$ 满足

$$C_{\bar{T}\_max} = (Y\zeta - \bar{T}^{-1})X \tag{8-37}$$

$$\zeta = (4 \times 5^{-5/9} + 1)\pi^{-10/9}\rho^{2/3}$$

证明：在式(8-35)中，经分析可知：时延约束下的网络容量 $C_{\bar{T}}$ 是关于路由参数 q 和平均通信时延 $\bar{T}$ 的二元函数，且 q 和 $\bar{T}$ 互不相关。$C_{\bar{T}}$ 对路由参数 q 求偏导可得

$$\frac{\partial C_{\bar{T}}}{\partial q} = YX\frac{\partial \xi}{\partial q}$$

$$= -\frac{3}{2}(4q^{10/3}\rho^{4/3} + \pi^{-2}q^{-8/3}\rho^{-2/3})^{-5/2}\left(\frac{40}{3}q^{7/3}\rho^{4/3} - \frac{8}{3}\pi^{-2}q^{-11/3}\rho^{-2/3}\right)$$

(8-38)

令 $\frac{\partial C_{\bar{T}}}{\partial q} = 0$，有 $\frac{40}{3}q^{7/3}\rho^{4/3} - \frac{8}{3}\pi^{-2}q^{-11/3}\rho^{-2/3} = 0$，即 $q = 5^{-1/6}\pi^{-1/3}\rho^{-1/3}$。经分析可知：当 $q \in (0, 5^{-1/6}\pi^{-1/3}\rho^{-1/3})$ 时，网络容量 $C_{\bar{T}}$ 呈单调递增趋势；当 $q \in (5^{-1/6}\pi^{-1/3}\rho^{-1/3}, \infty)$ 时，网络容量 $C_{\bar{T}}$ 呈单调递减趋势。那么，当路由参数 q 的取值为 $5^{-1/6}\pi^{-1/3}\rho^{-1/3}$ 时，网络容量 $C_{\bar{T}}$ 取得最大值 $C_{\bar{T}\_\max}$。

将 $q = 5^{-1/6}\pi^{-1/3}\rho^{-1/3}$ 代入式（8-35）可知，网络容量最大值

$$C_{\bar{T}\_\max} = (Y\zeta - \bar{T}^{-1})X \quad (8-39)$$
$$\zeta = (4 \times 5^{-5/9} + 1)\pi^{-10/9}\rho^{2/3}$$

定理 8.3：在卫星集群编队网络中，最小的平均通信时延 $\bar{T}_{\min}$ 可表示为

$$\bar{T}_{\min} = \xi Y^{-1} \quad (8-40)$$

证明：依据网络容量定义可知，$C_{\bar{T}} \geq 0$。又结合式（8-35），可推导出关系式 $(Y\xi - \bar{T}^{-1})X \geq 0$。因为网络中发送数据包的平均长度必大于 0，即 $X > 0$，所以可推导出关系式 $\bar{T} \geq \xi Y^{-1}$，即 $\bar{T}_{\min} = \xi Y^{-1}$。

注释 8.3：当卫星集群编队网络中不考虑通信时延约束，即 $\bar{T} \to \infty$ 时，网络容量阈值 C_{thres} 满足关系式 $C_{\text{thres}} = Y\zeta X$，其中 $\zeta = (4 \times 5^{-5/9} + 1)\pi^{-10/9}\rho^{2/3}$。所以，卫星集群编队网络容量的上界可表示为 $O(Y\zeta X)$。

8.5 网络容量模型的数值仿真及结果分析

为了进一步分析卫星集群编队网络容量模型的特性，本节将通过一个实例给出理论分析的数值结果，然后，通过同第 7 章构建的面向任务的卫星集群编队网络仿真模型结果进行对比，验证时延约束下的网络容量模型的有效性。

8.5.1 模型特性分析

假定卫星集群编队由 100 颗卫星构成，网络卫星均处于如图 7-12 所示的协同工作模型，且同时承担任务卫星、数据中继卫星和对地数传卫星的功能。

中心卫星的轨道参数如表 8-2 所列，其余卫星围绕中心卫星在最大距

为 R 的范围内运行。卫星依据不同的任务需求处于休眠或工作状态,N 表示处于工作状态的卫星数目。R 的取值分别为 10km,20km 和 30km。除中心卫星外,其余卫星的轨道参数均依据式(8-9)在有界空间内随机生成。此外,每颗卫星的通信速率 W 设置为 2Mbit/s,数据包的平均长度 X 为 512B。那么,每颗卫星单位时间内处理的数据数量平均值 μ 可由计算公式 $\mu=W/X$ 计算得到。另外,由于卫星的信号噪声比阈值 β 配置为 0dB,代入式(8-13),参数 Q_{max} 近似值可计算为 0.2585。仿真结果为采用蒙特卡罗法多次仿真的平均值。

表 8-2 中心卫星的轨道参数

轨道根数	参数
半长轴	6779km
偏心率	0
轨道倾角	97°
近地点幅角	0
升交点赤经	279°
平近点角	0

首先,采用以上仿真参数配置,对本章所提出的时延约束下网络容量模型进行了仿真验证,其结果如图 8-11 所示,反映了包含 40 颗卫星的卫星集群编队网络理论容量随路由参数 q 和平均通信时延 $\overline{T}$ 的变化情况。图中实线、点划线和虚线分别代表当 $R=10$km、$R=20$km 和 $R=30$km 时,不同平均时延 $\overline{T}$ 约束下所对应的网络容量最大值,即 $C_{\overline{T}\_max}$。通过对比可以看出,网络容量在 $R=10$km 时随路由参数 q 的变化更快,说明网络容量 $C_{\overline{T}}$ 在分布范围 R 较小时受 q 的影响较大。因此,当配置卫星集群编队网络路由策略时,为了尽量增加网络理论容量,需要选取合适的路由参数 q 变化范围。

为了进一步说明时延约束下卫星集群编队网络容量 $C_{\overline{T}}$ 随平均时延 $\overline{T}$ 的变化情况,本章依据 $R=30$km 的仿真结果绘制了图 8-12,给出了不同情况下的网络容量 C 随平均时延 $\overline{T}$ 的变化趋势。由定理 8.2 可知,为使网络容量 C 取最优值 $C_{\overline{T}\_max}$,此时网络参数 $q=5^{-1/6}\pi^{-1/3}\rho^{-1/3}\approx 6.303$km。由图 8-12 可知,网络容量 $C_{\overline{T}}$ 随平均时延 $\overline{T}$ 的增加而增加,两者呈正比例关系。当网络参数 $q=6.303$km 时,一方面能保证卫星集群编队网络的容量 $C_{\overline{T}}$ 最高,另一方面也能获得较低的通信平均时延 $\overline{T}$。此时,当 $\overline{T}$ 趋近于无穷大时,网络容量趋近于对应的

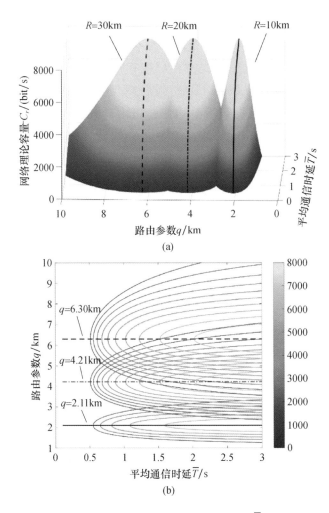

图 8-11　网络理论容量随路由参数 q 和平均通信时延 $\bar{T}$ 的变化趋势（$N=40$）

最大网络容量 $C_{thres}=8607\text{bit/s}(q=6.303\text{km})$。另外，该卫星集群编队网络的平均时延存在一个最小值，如当 $q=6.303\text{km}$ 时，$\bar{T}_{min}=0.48\text{s}$。

本节假定 4 种卫星集群编队工作任务模式，其需求的卫星数目分别为 100/75/50/25 颗。同时，为了节省能量，除工作的其他卫星均被置为休眠模式，即不参与卫星网络数据传输。其他仿真基本参数保持不变，4 种不同任务模式下对应的网络容量取得最大值 $C_{\bar{T}\_max}$ 与平均通信时延 $\bar{T}$ 的结果如图 8-13 所示。由图 8-13 可知，随着卫星集群编队网络中处于工作状态卫星节点数目的减少，卫星网络容量最大值 $C_{\bar{T}\_max}$ 相应增大，因为数据在传输过程中受到来自其他卫

第 8 章　快速响应卫星集群编队的星间网络优化与改进

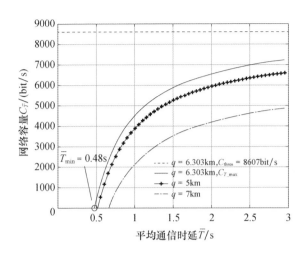

图 8-12　网络容量 $C_{\bar{T}}$ 在不同路由参数 q 下的变化趋势（$R=30\text{km}$）

星的干扰减少，则单位时间内传输的数据量随之增加。卫星集群编队网络中，若所有成员卫星同时参与到卫星任务中，则会严重降低网络的容量。因此，卫星集群编队网络需针对不同空间任务需求，合理分配卫星资源，适当减少工作卫星数目，以提高网络容量。

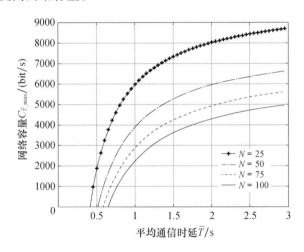

图 8-13　网络最大容量 $C_{\bar{T}\_\max}$ 在卫星数目 N 下的变化趋势（$R=30\text{km}$）

8.5.2　容量模型有效性验证

基于第 7 章提出的面向任务的卫星集群编队网络仿真模型和链路状态优化路由协议（OLSR），对采用上述配置的卫星集群编队网络进行网络性能仿真，从而得到卫星集群编队网络容量的仿真结果。图 8-14 为卫星集群编队网络容量随平均通信时延约束的仿真结果和理论结果的对比,其中所有的容量仿真结果均为 10 次仿真结果的均值。

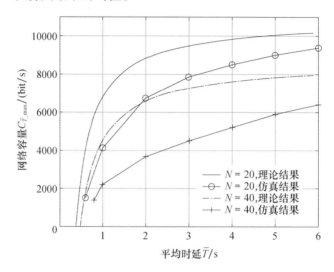

图 8-14 网络容量仿真结果同理论结果对比($R=20km$)

由图 8-14 可以看出,当卫星数量 N 分别为 20、40 时,网络容量的理论结果随平均通信时延的增加而增加,同基于 NS-3 的仿真结果一致。随着卫星数目增加,网络容量的理论结果和仿真结果均呈现降低趋势。另外,当平均通信时延约束相同时,网络容量的仿真结果略小于理论结果,这是由于网络容量的理论模型是基于理想的简化的通信模型构建,并且网络仿真中采用的路由算法 OLSR 不是针对最大化网络容量而设计。因此,经分析可知,网络容量的理论结果能够反映卫星集群编队网络的实际容量变化情况,从而验证了本章所构建的网络容量模型的有效性,并为接下来对卫星集群编队网络拓扑控制和数据路由策略的研究奠定了基础。

8.6 面向任务的卫星集群编队网络拓扑特性分析

8.6.1 拓扑可靠性分析

快速响应卫星集群编队网络中,由于共享的导航信息存在测量误差,从而导致各卫星的位置以及其他运动参数和实际情况存在一定的偏差。另外,基于

第8章 快速响应卫星集群编队的星间网络优化与改进

卫星相对运动动力学模型进行的它星短期轨道预报在考虑各项摄动情况下同样存在随时间累积的计算误差。可见,卫星集群编队网络中交互的各项基本参数均包含不同程度的偏差,进一步考虑太阳风暴等不可预测自然因素影响,星间的通信链路状态存在不确定性,如链路断开时间、带宽降低等。因此,为了确保任务过程中数据的稳定传输,要求所构建的网络拓扑具备较高的可靠性。

假设某条链路正常工作概率是 $r(0<r<1)$(由于每条链路受到的干扰因素一致,因此可看作为链路的损毁概率一样),卫星绕另一颗卫星运动的周期为 T,单个周期内的该链路的有效工作时间为 τ,则该链路在单个绕飞周期内正常工作的概率 Y(可靠指数)可表示为

$$Y = r\tau T^{-1} \tag{8-41}$$

又由第7章中任务工作模型可知,卫星集群编队网络拓扑可划分为两个子拓扑,其中,工作拓扑 G' 是任务执行中某一时隙的工作网络结构,有

$$G = G' + G'' \\ = G(s_1,\cdots,s_n,r_1,\cdots r_l,t_1,\cdots,t_m) + G(r_{l+1},\cdots,r_{l+l'}) \tag{8-42}$$

在工作拓扑 G' 中,令任一通信路径 $(s_i \to t_j)$ 可靠指数为 Y_{ij},则有

$$Y_{ij} = \underbrace{Y_1 \cdots Y_e \cdots}_{\alpha_{ij}} = r^{\alpha_{ij}} \prod_{e=1}^{\alpha_{ij}} (\tau_e T_e^{-1}) \tag{8-43}$$

$$1 \leqslant \alpha_{ij} \leqslant N-1, 1 \leqslant i \leqslant n, 1 \leqslant j \leqslant m \tag{8-44}$$

式中:α_{ij} 为通信路径 $(s_i \to t_j)$ 上的链路数目,即该路径上的数据路由跳数;n 和 m 分别为任务卫星与对地数传卫星的数目。

在执行任务中,任务状态正常意味着所有采集到的数据均成功传输到对地数传卫星。另外,由任意任务卫星到对地数传卫星的传输子拓扑 $s_i \to (t_1,t_2,\cdots,t_m)$ 的构建过程是独立的、互不相关事件,令卫星集群编队网络正常工作的概率为 P,并依据概率论可知,有

$$P\{(s_1,s_2,\cdots,s_n) \to (t_1,t_2,\cdots,t_m)\} \\ = P\{(s_1 \to (t_1,t_2,\cdots,t_m)) \cap \cdots \cap (s_n \to (t_1,t_2,\cdots,t_m))\} \\ = P(s_1 \to (t_1,t_2,\cdots,t_m)) \cap \cdots \cap P(s_n \to (t_1,t_2,\cdots,t_m)) \\ = \prod_{i=1}^{n} P_i \tag{8-45}$$

因此,结合式(8-45)可知,为了确保网络中数据的稳定传输,网络的可靠性需要满足以下约束

$$\max P = \max \prod_{i=1}^{n} P_i = \prod_{i=1}^{n} \max P_i \qquad (8-46)$$

式(8-46)说明,为使得卫星集群编队网络的拓扑可靠性最优,需要各子拓扑的可靠性均最优。另外,如图 8-15 所示,当所有子拓扑均配置为图中多条路径并联的结构时,子拓扑的可靠性最优。那么,式(8-45)可变换为

$$\max P = \prod_{i=1}^{n} \max \left[1 - \prod_{j=1}^{m} (1 - Y_{ij}) \prod_{q=1}^{k} (1 - Y_{iq}) \right]$$

$$= \prod_{i=1}^{n} \max \left\{ 1 - \prod_{j=1}^{m} \left[1 - r^{\alpha_{ij}} \prod_{e=1}^{\alpha_{ij}} (\tau_e T_e^{-1}) \right] \prod_{q=1}^{k} \left[1 - r^{\alpha_{iq}} \prod_{e=1}^{\alpha_{iq}} (\tau_e T_e^{-1}) \right] \right\}$$

$$(8-47)$$

$$1 \leqslant \alpha_{ij} \leqslant N-1, 1 \leqslant \alpha_{iq} \leqslant N-1, 1 \leqslant Y_j, 1 \leqslant Y_q, r \leqslant 1 \quad (8-48)$$

式中:k 为子拓扑 $s_i \rightarrow (t_1, t_2, \cdots, t_m)$ 中冗余路径的数目。

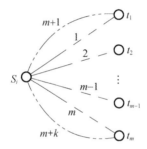

图 8-15 可靠性最高的子拓扑结构(m 条最短路径,n 条冗余路径)

由式(8-47)分析可知,当 $\alpha_j = 1, \alpha_k = 2$ 时,该拓扑的可靠性最高,且正常工作的概率为

$$\prod_{i=1}^{n} \left[1 - \prod_{j=1}^{m} (1 - r\tau_j T_j^{-1}) \prod_{q=1}^{k} (1 - r\tau_q T_q^{-1}) \right]$$

然而,在实际执行任务中,受限于最大星间通信距离,难以实现 $\alpha_j = 1$ 条件,即任务卫星直接同对地数传卫星建立通信链路。

另外,由于式(8-47)中各变量互不相关,因此可进一步简化为

$$\max P = \begin{cases} \max k \\ \min \alpha_{ij} \\ \min \alpha_{iq} \end{cases} \qquad (8-49)$$

因此,为了提高网络拓扑的可靠性,一方面需要尽量减少每条通信路径的跳数 α_{ij} 和 α_{iq},另一方面需要增加冗余路径的数目 k。

8.6.2 网络单跳与多跳能耗分析

参照一阶射频的能耗模型[146],如图 8-16 所示,将 φ 比特数据由卫星 i 单跳传输到卫星 j,卫星 i 所消耗的发送数据能量 E_{tr} 与卫星 j 接收数据所消耗的能耗 E_{re} 满足

$$\begin{cases} E_{tr} = E_{elec}\varphi + \varepsilon_{amp}\varphi d_{ij}^2 \\ E_{re} = E_{elec}\varphi \end{cases} \quad (8-50)$$

式中:E_{elec} 为卫星通信电路每处理单位比特数据的能量消耗(包括发射和接收);ε_{amp} 为卫星通信设备发射信号的能耗参数;d_{ij} 为卫星 i 和 j 之间的距离。由于通信参数 E_{elec} 和 ε_{amp} 一般由通信硬件决定,所以在采用相同通信硬件的卫星集群编队网络中各卫星的这两个通信参数均相等,且可看作常数。

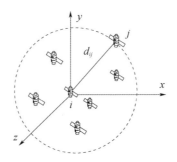

图 8-16 卫星集群编队内单跳通信示意图($N_i=6$)

由式(8-50)可知,卫星集群编队网络中每条链路每传输 1 比特数据所耗费的网络总能量为

$$E_{ij} = E_{elec}(N_i + 1) + \varepsilon_{amp} d_{ij}^2 \quad (8-51)$$

式中:N_i 为在卫星 i 的 d_{ij} 通信半径范围内的所有卫星数目。如图 8-16 中,$N_i=6$,因为在区域范围内的其他卫星同样可以接收到来自卫星 i 的信号。

式(8-51)给出了卫星集群编队内单跳的能耗模型,接下来对多跳情况下的能量消耗进行分析。如图 8-17 所示,卫星 i 将数据经多次卫星中继传输到卫星 j,令该条数据路径上的中继卫星数目为 m,则结合式(8-51)可知,多跳传输的能量消耗 E'_{ij} 可表示为

$$\begin{aligned} E'_{ij} &= E_{i1} + E_{i2} + \cdots + E_{(m-1)m} + E_{mj} \\ &= E_{elec}(N_i + N_1 + \cdots + N_m + m + 1) + \varepsilon_{amp}(d_{i1}^2 + d_{12}^2 + \cdots + d_{mj}^2) \end{aligned}$$

$$= E_{\text{elec}}\left(N_i + m + 1 + \sum_{k=1}^{m} N_k\right) + \varepsilon_{\text{amp}}\left(d_{i1}^2 + d_{mj}^2 + \sum_{k=1}^{m-1} d_{k(k+1)}^2\right) \quad (8-52)$$

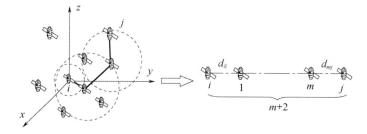

图 8-17 卫星集群编队内多跳通信示意图

假设卫星集群编队中卫星均匀分布,令分布密度为 ρ,则集群内单跳能耗 E_{ij} 和多跳能耗 E'_{ij} 可变换为

$$E_{ij} = \frac{4}{3}\pi d_{ij}^3 \rho E_{\text{elec}} + \varepsilon_{\text{amp}} d_{ij}^2 \quad (8-53)$$

$$E'_{ij} = \frac{4}{3}\pi\rho\left(d_{i1}^3 + d_{mj}^3 + \sum_{k=1}^{m-1} d_{k(k+1)}^3\right)E_{\text{elec}} + \varepsilon_{\text{amp}}\left(d_{i1}^2 + d_{mj}^2 + \sum_{k=1}^{m-1} d_{k(k+1)}^2\right)$$
$$(8-54)$$

令 $f(E_{ij}, E'_{ij}) = E'_{ij} - E_{ij}$,则有

$$f(E_{ij}, E'_{ij}) = \frac{4}{3}\pi\rho\left(d_{i1}^3 + d_{mj}^3 + \sum_{k=1}^{m-1} d_{k(k+1)}^3\right)E_{\text{elec}} + \varepsilon_{\text{amp}}\left(d_{i1}^2 + d_{mj}^2 + \sum_{k=1}^{m-1} d_{k(k+1)}^2\right) -$$

$$\left(\frac{4}{3}\pi d_{ij}^3 \rho E_{\text{elec}} + \varepsilon_{\text{amp}} d_{ij}^2\right)$$

$$= \frac{4}{3}\pi\rho\left(d_{i1}^3 + d_{mj}^3 + \sum_{k=1}^{m-1} d_{k(k+1)}^3 - d_{ij}^3\right)E_{\text{elec}} +$$

$$\varepsilon_{\text{amp}}\left(d_{i1}^2 + d_{mj}^2 + \sum_{k=1}^{m-1} d_{k(k+1)}^2 - d_{ij}^2\right)$$

$$= \frac{4}{3}\pi\rho S_1 E_{\text{elec}} + \varepsilon_{\text{amp}} S_2 \quad (8-55)$$

$$S_1 = d_{i1}^3 + d_{mj}^3 + \sum_{k=1}^{m-1} d_{k(k+1)}^3 - d_{ij}^3$$

$$S_2 = d_{i1}^2 + d_{mj}^2 + \sum_{k=1}^{m-1} d_{k(k+1)}^2 - d_{ij}^2$$

经分析可知,若采用如图 8-6 所示的数据路由策略,即多跳传输限制在半径为 q 的圆柱体空间内,且 $d_{ij} > 2q$,则一般有 $S_1 > 0$ 和 $S_2 < 0$。若 $f(E_{ij}, E'_{ij}) > 0$,

即单跳能耗更高,那么一方面可能网络中卫星密度 ρ 足够大,使得受到干扰影响所造成的能耗剧增,另一方面可能两星间距离 d_{ij} 足够近。所以,对于节点稀疏的卫星集群编队网络,采用多跳传输策略可以尽量减小网络的干扰能耗。另外,星间距离动态变化,多跳的传输策略也更加适合。

同时,当卫星集群编队网络中所有节点都采用同样的通信功率,令此时的最大通信范围为 R_{max},则结合式(8-51)可知,单跳情况下,能量消耗仅与干扰节点数目 N_i 相关。因此,式(8-51)的形式可变化为

$$E(i) = E(i,j) = N_i E_{elec} + \Phi \quad (8-56)$$

式中:$\Phi = E_{elec} + \varepsilon_{amp} R_{max}^2$,是一个常量。

基于式(8-55)和式(8-56),若某个空间协同任务由 ψ 个数据通信服务(Communication Service,CS)构成,则其能耗可表示为

$$E = \sum_{\alpha=1}^{\psi} \left(E(s_\alpha) + \sum_{k=1}^{n} E(r_\alpha^k) + \sum_{l=1}^{m} E(t_\alpha^l) \right)$$

$$= E_{elec} \left(\sum_{\alpha=1}^{\psi} N_{s_\alpha} + \sum_{\alpha=1}^{\psi} \sum_{k=1}^{n} N_{r_\alpha^k} + \sum_{\alpha=1}^{\psi} \sum_{l=1}^{m} N_{t_\alpha^l} \right) + (m+n+1)\psi\Phi$$

$$= E_{elec} N_{all} + \Phi' \quad (8-57)$$

式中:N_{all} 为一个空间协同任务中所有的干扰节点数目;$\Phi' = (m+n+1)\psi\Phi$ 为一个常量。

定理8.4:令 N_i 表示每个拓扑边的权值 $w(i,j)$,即 $w(i,j) = N_i$,构建的网络不仅能保证所生成的拓扑的最小能耗,也能保证最小干扰。

证明:拓扑构建的过程由一系列搜寻给定节点间最小权值边集合 $\min \sum w(i,j)$,并将其连接的步骤构成。当令 $w(i,j) = N_i$ 时,可得 $\sum w(i,j) = \sum N_i = N_{all}$。那么,拥有最小权值集合的拓扑也能保证网络中干扰节点数目最小。另外,式(8-57)说明了总能耗 E 和总干扰节点 N_{all} 之间的关系 $E = E_{elec} N_{all} + \Phi'$,其中:$E_{elec}$ 和 Φ' 均为定值。因此,$\min \sum w(i,j)$ 也能保证网络最小能耗 $\min E$。

8.7 拓扑优化方法

8.7.1 静态拓扑优化方法

最小生成树(MST)图是满足连接所有节点的距离之和最小的连接图,但对于节点冗余的网络,欧氏 steiner 最小树(Euclidean Steiner Minimum Tree,ESMT)

可通过引入 Steiner 节点使得网络的链路权值之和更小[148]。MST 和 ESMT 的链路权值和存在关系 $L_{\text{ESMT}} \geqslant \frac{\sqrt{3}}{2} L_{\text{MST}}$。

注释 8.4：对于 N 个卫星节点构成的集合 G，若执行任务中的工作卫星数目为 $k(0 \leqslant k \leqslant N)$，则工作拓扑 G' 的时间复杂度为 $O(N\log N)$，能量扩展因子满足 $P_f\left(\frac{G'}{\text{UDG}}\right) = O\left(\frac{N}{k+1}\right)$，且链路数量最大值为 $(N+k-1)$。

对于面向任务的卫星集群编队网络，已知网络内的通信对 (s,t) 信息，网络的拓扑优化方法可以式(8-42)中所示的工作拓扑 G' 展开分析。因此，对于指定协同工作任务的卫星集群编队网络，ESMT 图的构建方法更适合。

1. 基于 ESMT 图的静态拓扑

下面对拓扑构建过程中用到的一些特性进行说明。

注释 8.5：节点 i 的干扰度，表示所有在节点 i 的最大通信范围 $R_{\max}$ 内的其余节点的集合 $j(j \neq i, j \in V)$。

注释 8.6：若拓扑的边权值满足 $w(i,j) = N_i$，那么拓扑是有向图，即 $w(i,j) = N_i \neq w(j,i) = N_j$。

IOT 拓扑的具体构建过程如下：

(1) 构建每个 CS 对应的根树。对于在空间信息网络中的每个服务 $\{s_\alpha, t_\alpha^1, \cdots, t_\alpha^m\}$，包括集群间和集群内。

如果 $m = 1$，即通信服务满足 $\text{CS}_\alpha = [s_\alpha, t_\alpha]$，那么服务拓扑的构建方法是搜寻从节点 s_α 到 t_α 的最短路径，可表示为 $ST_\alpha = \text{ShortestPath}(s_\alpha, t_\alpha)$。

如果 $m > 2$，令 φ 表示为任意其余节点的集合，$\varphi = \{v_1, \cdots, v_i, \cdots\}$，其中 $v_i \in V/\{s_\alpha, t_\alpha^1, \cdots, t_\alpha^m\}$ 和 $0 \leqslant \|\varphi\| \leqslant m-1$。然后，采用最小权值构建节点集合 $\{s_\alpha, t_\alpha^1, \cdots, t_\alpha^m, \varphi\}$ 的根树拓扑，并通过计算每种根树的权值和，最后得到拥有最小权值和 $W_{\min}$ 的根树拓扑，可表示为

$$W_{\min} = \min(W_1, \cdots, W_\xi) \qquad (8-58)$$

$$\begin{cases} \xi = C_{\kappa-m-1}^0 + C_{\kappa-m-1}^1 + \cdots + C_{\kappa-m-1}^{m-1} \\ \kappa = \|V\| \end{cases} \qquad (8-59)$$

式中：W 为所构建的根树拓扑的最小边权值和。

注释 8.7：依据 ESMT 的特性可知，新加入的节点集合 φ 满足 $0 \leqslant \|\varphi\| \leqslant (m+1) - 2 = m - 1$。

(2) 综合所有根树拓扑。经过步骤(1)，得到了每种 CS 对应的拓扑

$ST_\alpha(\alpha \in \Psi)$。然后,将所有连接的边综合考虑,最终的拓扑可由节点连接矩阵表示为

$$ST = \sum_{\alpha=1}^{\kappa} ST_\alpha = \begin{bmatrix} \eta_{11} & \cdots & \eta_{1\kappa} \\ \vdots & & \vdots \\ \eta_{\kappa 1} & \cdots & \eta_{\kappa\kappa} \end{bmatrix}_{\kappa \times \kappa} \quad (8-60)$$

$$\begin{cases} \eta_{ij} = \sum_{\alpha=1}^{\kappa} ((a_{ij})_\alpha) & (1 \leq i,j \leq \kappa) \\ \eta_{ij} = 0 & (\forall i,j = i) \\ \kappa = \|V\| \end{cases} \quad (8-61)$$

在式(8-60)中,矩阵中每个元素 η_{ij} 为边的使用频率。当 $\eta_{ij}=0$ 时,表示节点 i 和 j 之间不存在通信连接;而当 $\eta_{ij} \geq 1$ 时,表示节点 i 和 j 之间存在通信连接,且值越大,这条通信链路 E_i^j 的负载越高。

(3)连接剩余节点。首先,将所有在协同工作任务中的节点用一个特殊节点集合 υ 表示。该节点 υ 继承了内部所有的节点的对外连接关系。然后,检测剩余节点集合 $R = V/\{[s_\alpha, r_\alpha^1, \cdots, r_\alpha^n, t_\alpha^1, \cdots, t_\alpha^m]\}$ 的连通性。

如果 R 连通,构建剩余的节点的最小生成树拓扑 T_{MST}。接着,搜寻特殊节点 υ 到 T_{MST} 的最短路径 E_{special},并将其连接起来。最后,网络的拓扑可表示为 $\text{IOT} = T_{\text{MST}} + E_{\text{special}} + ST$。

如果 R 不连通,将 R 划分为多个连通的子拓扑 R_λ,且有 $R = R_1 + R_2 + \cdots + R_\lambda$。然后,每个 R_λ 构建最小生成树拓扑 T_{MST}^λ。最后,该网络的拓扑为 $\text{IOT} = T_{\text{MST}}^\lambda + E_{\text{special}}^\lambda + ST$。

因此,由 IOT 所得到的拓扑可表示为

$$\text{IOT} = T_{\text{MST}}^\lambda + E_{\text{special}}^\lambda + ST \quad (8-62)$$

$$\begin{cases} \lambda = 1, & R \text{ 连通} \\ \lambda \geq 2, & R \text{ 不连通} \end{cases} \quad (8-63)$$

注释8.8:在卫星集群编队网络中,除了处于任务中的节点,为了保证网络的连通,其余节点需要维持基本的信息交互,如卫星状态信息等。由于这类通信模式下的无序性,为了便于后续的分析,有向边的权值可简化为

$$w = [w(i,j) + w(j,i)]/2 = (N_i + N_j)/2 \quad (8-64)$$

定理8.5:当 $\Psi=0$,由 IOT 所得到的拓扑为强连通拓扑。

证明:由于 T_{MST}^λ 为有向 MST 图,即 $\forall v_j, v_k \in T_{\text{MST}}^\lambda$,存在一条从节点 v_j 到 v_k 路

径,也能找到一条 v_k 到 v_j 的路径。那么,T_{MST}^{λ} 为强连通。当 $\Psi = 0$ 时,所有在空间信息网络中的节点处于非工作模式,即 $E_{special} = \varnothing$, $ST = \varnothing$, $\lambda = 1$。所以,IOT $= T_{MST}$ 为强连通拓扑。

2. 静态拓扑特性分析

为了进一步说明 IOT 算法过程及其优化性能,下面给出了一个简单的处于任务中的卫星集群编队网络运行此算法的流程。

在该仿真算例中,假定拥有 15 颗卫星,其中 7 颗卫星处于任务中,如图 8 - 18(a)所示。集合 $\{2,3,5,6,7,9,13\}$ 为处于协同工作模式的卫星,其余的卫星 $\{1,4,8,10,11,12,14,15\}$ 处于自由飞行模式。另外,本算例假定在对地观测模式下存在 2 类通信服务,$CS_1 = \{5,2,3,6,7,9,13\}$ 和 $CS_2 = \{5,9\}$,其中,由前述的定义可知,卫星 5 是数据源节点,卫星 13 和 9 是数据传输目标节点。

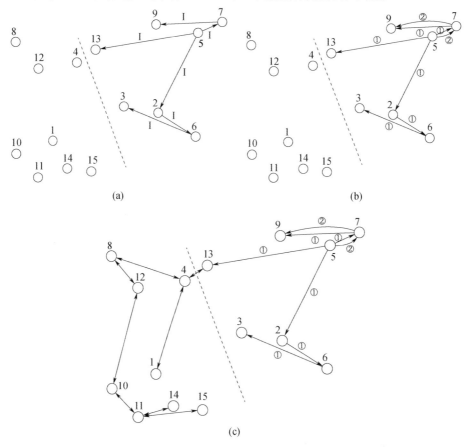

图 8 - 18 IOT 算法的过程说明

第 8 章 快速响应卫星集群编队的星间网络优化与改进

图 8-18 给出了 IOT 算法的拓扑构建流程。图 8-18(a)、图 8-18(b)、图 8-18(c) 分别表示拓扑构建的主要三个步骤。图 8-18(a) 为通信服务 CS_1 的子拓扑；图 8-18(b) 为两种不同通信服务拓扑的叠加，分别用①和②表示。在图 8-18 中，左边的卫星集合为非工作模式的卫星，首先基于简化的权值关系 $w(i,j) = N_i$ 构建 MST 拓扑，然后搜寻特殊节点集合 v 到该拓扑的最短路径 $e(4,13)$ 并连接。

通过比较图 8-19(b) 和图 8-18(c) 可以发现，图 8-18(c) 显示在边选择时更趋向于选择远离中心的链路，如在子拓扑 $\{4,8,12\}$，图 8-18(c) 中卫星 4 首先与卫星 8 构建通信链路，然后再与 12 建立连接。然而，在图 8-19(b) 中，通信的路径为 $4 \leftrightarrow 12 \leftrightarrow 8$。通过分析统计数据，可得到三种不同的拓扑 (UDG, MST, IOT) 下的卫星干扰度关系如表 8-3 所列。分析表中数据可知，IOT 相较于 MST 和 UDG 分别降低了 39% 和 82% 相对干扰度。另外，由定理 8.4 的讨论可知，卫星网络干扰度的优化同样可带来网络传输能耗的降低。该算例简要说明了 IOT 在任务协同模式下的拓扑构建过程，也验证了该算法具有更优的组网通信性能，从而延长了网络的工作寿命。

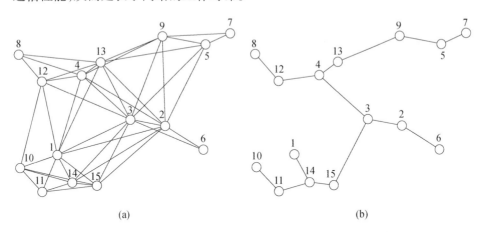

(a)　　　　　　　　　　　　　　(b)

图 8-19　UDG 和 MST

表 8-3　IOT、MST 和 UDG 拓扑下的干扰度

	IOT	MST	UDG
卫星干扰度	108	178	602

8.7.2 可靠性优先的动态拓扑优化方法

本章对卫星集群编队网络拓扑的可靠性和能耗进行了分析,给出了提高网络可靠性的解决思路,如增加通信路径的冗余,同时基于 ESMT 图构建了网络的静态拓扑构建方案。在本节中,基于先前针对网络可靠性的分析以及静态拓扑,构建可靠性优先的网络拓扑,以满足具体任务对稳定通信网络的性能要求。

1. 链路可靠性权值

参考其他常见的移动自组网的拓扑优化方法,在构建卫星集群编队网络可靠性优先拓扑时,采用链路稳定性权值代替距离权值的方案。下面将结合卫星的拓扑可靠性模型以及动力学模型,建立适用于卫星集群编队网络的链路稳定性权值模型。

由式(8-41)可知,集群中每条链路的可靠性可表示为 $Y = r\tau T^{-1}$,在采用 Min – Max 归一化步骤后,链路的可靠性权值为

$$\chi_{ij} = (Y_{ij} - Y_{\min})(Y_{\max} - Y_{\min})^{-1}$$
$$= [(\tau T^{-1})_{ij} - (\tau T^{-1})_{\min}][(\tau T^{-1})_{\max} - (\tau T^{-1})_{\min}]^{-1} \quad (8-65)$$

由集群内卫星相对运动方程可知,集群内卫星的绕飞周期 T 满足以下关系式(主星运行在圆轨道),即

$$T = \pi/n = \pi\sqrt{\frac{a^3}{\mu}}$$

令 $p = [x(t) \quad y(t) \quad z(t)]^T$ 表示卫星在 LVLH 坐标系下的位置向量,则每个周期内的有效工作时间 τ 可表示为

$$\tau = \sum_i \Delta t = \sum_i \{\Delta t_i \mid \|p\|_2 \leq R, 0 \leq \Delta t_i \leq T\} \quad (8-66)$$

采用式(8-66)作为卫星集群编队可靠性优先拓扑构建中的链路权值模型。通过卫星集群编队网络中的各星的轨道预报模型,结合式(8-65)和式(8-66),可计算得到整个网络在第 κ 个工作时隙内各链路的可靠性权值,即

$$[\chi_{ij}]_\kappa = \begin{bmatrix} \chi_{11} & \cdots & \chi_{1j} \\ \vdots & & \vdots \\ \chi_{i1} & \cdots & \chi_{ij} \end{bmatrix}_\kappa \quad (8-67)$$

式中:$0 \leq \chi_{ij} \leq 1$ 表示卫星 i 到 j 的链路可靠性权值。

2. 可靠性优先拓扑优化方法

考虑到卫星集群编队网络中各卫星的大致位置与速度均可通过轨道动力

学模型推导得到,因而采用集中式的网络拓扑优化方法,即集群中周期性选举一个卫星对接下来几个工作时隙的网络拓扑进行计算与预报,并将结果分发给网络中各个卫星的方案。因此,可靠性优先拓扑构建策略的核心包括两个步骤:拓扑矩阵计算与分发。

首先,选举集群中一颗卫星,并由其分析网络中各链路当前状态,从而依据拓扑优化方法得到目标拓扑矩阵。然后,在拓扑分发过程中,目标拓扑矩阵经由现有拓扑链路传输到各个卫星并存储,作为接下来数个通信时隙的网络通信依据。完成拓扑矩阵的分发后,在接下来的拓扑时隙开始时,整个卫星集群编队网络依据拓扑矩阵的链路连接关系重新配置网络拓扑。

步骤一:拓扑矩阵计算。

在本步骤中,提出一种面向可靠性优先的集中式拓扑优化方法。由集群内卫星选举出的一颗卫星计算整个网络的拓扑。具体步骤包括:步骤 1.1 计算由任意一颗任务卫星 s_i 到 $(t_1,t_2,\cdots,t_m)$ 的数据传输路径,即 $p_i = \{s_i \rightarrow (t_1,t_2,\cdots,t_m)\}$,其中包括冗余路径;步骤 1.2 重复上述步骤,直到获得所有从任务卫星到对地数传卫星的子拓扑,即 $G_{sg} = \{p_1,\cdots,p_m\}$;步骤 1.3 连接剩余的孤立卫星到子拓扑 G_{sg},从而得到最终的网络拓扑 G_t。集中式的拓扑优化方法如算法 1 所示,其中 s、t 和 r 分别表示任务卫星、对地数传卫星和数据中继卫星的位置矩阵。

算法 1 可靠性优先拓扑优化方法(RAT)

Input: s,t,r 和 $[\chi_{ij}]$

Output: $G_t = (V_t, E_t)$

1: 步骤 1.1 和步骤 1.2;

2: $V_t = (s,t,r), E_t = \varnothing, n = \text{length}(s), m = \text{length}(t)$;

3: **for** $i = 1$ to n **do**

4:     **for** $j = 1$ to m **do**

5:         在 s_i, t_j, r 中计算 $p_{s_i g_i} = \text{Dijkstra}(s_i, t_j)$;

6:     **end for**

7:     $p_{s_i g_i} = \{p_{s_1 g_1},\cdots,p_{s_1 g_m}\}$;

8:     依据链路权值 $[\chi_{ij}]$ 将 p_{sg} 按升序排列;

9:     分别令 $r_1,\cdots,r_m$ 作为子拓扑 $p_1,\cdots,p_m$ 的中继卫星集合;

10:     **for** $k = 2$ to m **do**

11: **if** $r_k \cap (r_1 \cup \cdots r_{k-1}) \neq \varnothing$ **then**
12: 在 $s_i, t_k, r/(r_1 \cup \cdots \cup r_{k-1})$ 计算 $p'_k = \text{Dijkstra}(s_i, t_k)$；
13: **if** $p'_k = \varnothing$ **then**
14: $p'_k = p_k$；
15: **end if**
16: **else**
17: $p'_k = p_k$；
18: **end if**
19: **end for**
20: $p'_{s_1 t} = \{p'_1, \cdots, p'_m\}$；
21: **end for**
22: $G_t = \{p'_{s_1 t}, \cdots, p'_{s_n t}\}$；
23: 步骤 1.3；
24: **if** G_t 中存在孤立卫星 **then**
25: **for** 任一孤立卫星 **do**
26: 连接孤立卫星与其最近的非孤立卫星，得到 G_t；
27: **end for**
28: **end if**
29: **return** G_t

经计算可知，RAT 算法的时间复杂度为 $O(nm\|V\|^2)$，空间复杂度为 $O(\|V\|^2)$。当卫星集群编队网络中的某类任务卫星与对地数传卫星均仅有一颗时，即 $n=1, m=1$，此时的 RAT 算法复杂度为 $O(\|V\|^2)$。由于考虑到单颗卫星成本较高，集群内卫星数目有限，而且算法对卫星硬件的计算负载要求较低，所以该算法在实际工程应用中可以实现。

定理 8.6：如果卫星集群编队初始拓扑是连通的，那么经由 RAT 算法后得到的拓扑也是连通的。

证明：假设由可靠性优先拓扑优化方法 RAT 得到的拓扑 G_t 为非连通拓扑，那么网络可划分为多个互不连接的子拓扑，即 $G_t = G_0 + \cdots + G_s$。因为集群网络初始拓扑连通，且 RAT 算法将各个孤立卫星同邻近卫星相连，也无法改变网络拓扑连通性，那么网络拓扑非连通的原因步骤二，即在于 $G_t = \{p'_{s_1 g}, \cdots, p'_{s_n g}\}$ 为非连通，即 $G_t = G'_0 + \cdots + G'_s$，其中 $G'_0, \cdots, G'_s$ 无交集。这样由步骤一和步骤二建立的所有路径均包含共有的卫星交集,如对地数传卫星。因此,同假设情况矛盾,即证。

步骤二:拓扑预报。

基于拓扑快照时隙 η 以及各卫星运动的初始位置,卫星在下一拓扑时隙的位置矩阵 $V_t = \{V_t | t = t_0 + n\eta\}$ 可经由卫星轨道动力学模型以及 Runge-Kutta 四阶解法递推得到。然后,重复步骤一,使得拓扑优化矩阵包含所有快照时隙的矩阵信息,即 $G_t = \{G_t | t = t_0 + n\eta\}$。

步骤三:矩阵分发。

拓扑计算卫星由当前各卫星位置信息得到网络的 MST 拓扑 G_{MST},然后将网络各个时隙的拓扑变化矩阵 $\Delta G_t = \{\Delta G_t | t = t_0 + n\eta\}$ 经由 G_{MST} 拓扑链路分发到其他各卫星。

步骤四:更新拓扑优化方法。

在接收到拓扑优化矩阵后,所有卫星从执行任务的初始时刻 t_0 到下一次拓扑切换时刻 $t = t_0 + n\eta$ 期间,均依据 G_t 维护必要的邻近卫星链路连通,其中 $G_t = G_{t_0} + \sum_i \Delta G_{t_i}$。

通过上述可靠性优先的动态拓扑优化方法,可实现对面向多卫星协同工作任务的卫星集群编队网络拓扑进行优化控制,确保星间关键通信链路的稳定性与冗余能力,从而提高集群网络中的数据传输性能。

8.8 网络拓扑优化仿真结果及性能分析

下面通过一个快速响应卫星集群编队网络的仿真场景,进一步分析所提出拓扑优化方法的性能,并同当前两种常见的拓扑优化方法 MST 和 $FIYG_{\pi/3}$ 进行性能对比。MST 是一种集中式的拓扑优化方法,通过最小生成树构建链路连接关系。$FIYG_{\pi/3}$ 是一种基于 Yao 图的三维分布式拓扑优化方法,通过将传输球划分为多个顶角为 $\pi/3$ 的椎体子空间,从而连接各子空间最近的节点构建网络拓扑。

卫星集群编队网络仿真场景包含 16 颗卫星,包括 2 颗任务卫星(Sat1 和 Sat2),两颗对地数传卫星(Sat15 和 Sat16)以及 12 颗数据中继卫星(Sat3~Sat14)。仿真场景的具体参数配置如表 8-4 所列。在仿真时,任务卫星分别经由数据中继卫星将采集到的数据传输给对地数传卫星。

表 8-4　卫星集群编队主要参数配置

主要参数类型	取值
链路带宽/(Mbit/s)	10
队列类型	FIFO
队列缓存大小/Packet	100
仿真时间/s	5000
数据包大小/B	512
最大通信范围/km	12

令 Sat1 作为卫星集群编队相对运动的中心卫星,那么其余卫星在其(0, 30km)内运行。Sat1 的主要轨道参数如表 8-5 所列。图 8-20(a)为卫星集群编队中各卫星绕 Sat1 相对运动的场景,图 8-20(b)为 Sat16 相对于 Sat1 距离的周期性变化,其中 $R=12\text{km}$ 为卫星的最大通信距离。

表 8-5　卫星 Sat1 的轨道参数

轨道根数	参数
半长轴/km	6778.14
偏心率	0
轨道倾角/(°)	97.0346
近地点幅角	0
升交点赤经/(°)	279.066
平近点角	0

在对仿真结果进行分析之前,首先对卫星集群编队网络在 $t=0$ 时刻采用不同拓扑优化方法后的拓扑连接进行说明,如图 8-21 所示。

图 8-21(a)为应用 RAT 算法中步骤 1.1~步骤 1.2 后的网络连接情况,是确保数据由 Sat1 传输到 Sat15 和 Sat16 的核心拓扑,其中实线表示确保数据传输的必要链路(Essential Inter-Satellite Links,EISL),虚线表示提高网络可靠性的冗余链路(Redundant Inter-Satellite Links,RISL)。

图 8-21(b)为应用 RAT 算法中步骤 1.3 后的网络连接情况,在图 8-21(a)基础上添加 Sat2 数据传输的核心拓扑。

图 8-21(c)为应用 RAT 算法后的最终拓扑结构,其中点划线表示确保网络连通的额外星间链路(Additional Inter-Satellite Links,AISL)。

第 8 章 快速响应卫星集群编队的星间网络优化与改进

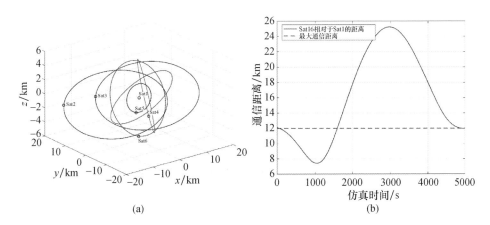

(a)

(b)

图 8-20 仿真场景中卫星 Sat2~Sat6 绕中心卫星 Sat1 的相对运动(见彩图)

(a)仿真集群相对运动;(b)仿真集群相对距离。

图 8-21(d)为不采用拓扑优化方法的网络拓扑连接情况,所有卫星均同最大通信范围内任意卫星建立数据链路。

图 8-21(e)和图 8-21(f)分别为应用 $FIYG_{2\pi/3}$ 和 MST 算法后的网络拓扑情况。

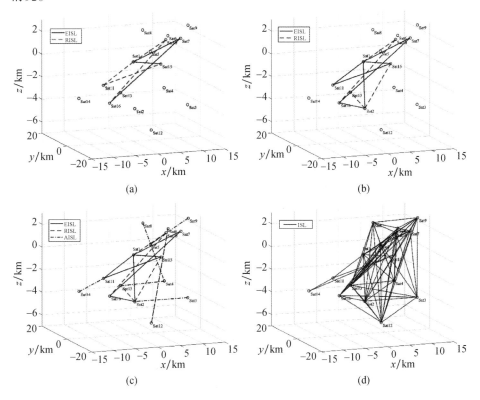

(a)

(b)

(c)

(d)

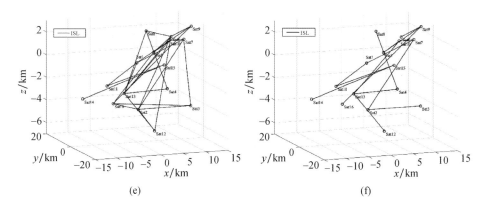

图 8-21 不同拓扑优化方法下的卫星集群编队网络拓扑(见彩图)

下面通过拓扑更新次数以及平均拓扑生命周期来评价网络拓扑的稳定性。在卫星集群编队网络中，卫星拓扑发生变换将导致卫星拓扑的重新计算，从而增加网络的平均传输时延。因此，较低的拓扑更新次数有利于提高网络的稳定性。另外，平均拓扑生命周期直接影响到单个拓扑周期内的数据传输总量。

图 8-22(a)给出了拓扑更新次数随不同拓扑快照时隙的变换趋势。由图中可知，三种拓扑优化方法结果均随着时隙的增加而减小，且当 $\eta=500s$ 时，三种算法下的拓扑更新次数趋向一致。作为对比，图中带小方块的实线为不采用任何拓扑优化方法下的仿真结果，其拓扑更新次数基本维持在 280 次左右，多数情况下远高于采用拓扑优化方法的结果。当拓扑时隙满足 $\eta \in (0,100)$ 时，算法 $FIYG_{2\pi/3}$ 下的仿真结果由 335 次迅速下降至 49 次，并当 η 增至 200s 时，仿真结果呈稳定趋势。因此，对比不采用拓扑优化方法和采用 $FIYG_{2\pi/3}$ 算法两种情形，采用 RAT 或者 MST 算法的拓扑更新次数均较小，性能相近，从而为上层通信协议，如路由算法等，提供了稳定的数据传输路径。

图 8-22(b)为三种拓扑优化方法(MST、$FIYG_{2\pi/3}$ 和 RAT)下的平均拓扑生命周期变化趋势。由图中易知，在无拓扑优化方法情况下，拓扑的平均生命周期与拓扑时隙 η 无关，为一定值(17.9s)。三种拓扑优化方法的仿真结果都随拓扑时隙 η 的增加呈现增大趋势，且 MST 具有最长的平均拓扑生命周期。另外，当拓扑时隙 η 增加到 200s 之后，RAT 和 $FIYG_{2\pi/3}$ 两种算法下的结果趋近于一致。因此，由分析可知，随着拓扑时隙 η 的增加，拓扑优化方法可以明显增加拓扑的平均生命周期，从而使得网络在单次通信时隙中传输更多的数据。

第 8 章 快速响应卫星集群编队的星间网络优化与改进

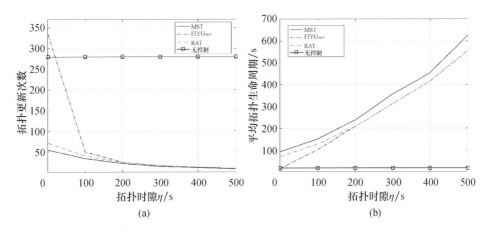

图 8-22 不同拓扑优化方法下拓扑更新次数和平均拓扑生命周期的仿真结果
(a)拓扑更新次数;(b)平均拓扑生命周期。

此外,对接收的数据总量和平均丢包率进行分析,其中丢包率的计算公式为

$$\frac{P_{\text{send}}(\text{Sat1}) + P_{\text{send}}(\text{Sat2}) - P_{\text{received}}(\text{Sat15}) - P_{\text{received}}(\text{Sat16})}{(P_{\text{send}}(\text{Sat1}) + P_{\text{send}}(\text{Sat2}))t} \quad (8-68)$$

式中:$P_{\text{send}}(\text{Sat1})$ 和 $P_{\text{send}}(\text{Sat2})$ 分别为卫星 Sat1 和 Sat2 采集的图像数据总量;$P_{\text{received}}(\text{Sat15})$ 为卫星 Sat15 由 Sat1 接收到的所有数据总量;$P_{\text{received}}(\text{Sat16})$ 为卫星 Sat16 由 Sat2 接收到的所有数据总量。

图 8-23(a)为接收数据总量随仿真时间的变化情况。由图中可知,MST 拓扑接收到的数据总量增长缓慢,特别是当仿真时间 $t > 1000\text{s}$ 后,Sat15 和 Sat16 几乎不能接收到数据。$\text{FIYG}_{2\pi/3}$ 相较于 MST 呈现稍好的性能。对比无拓扑优化和 RAT($\eta = 1\text{s}$)两种情况的仿真结果,可以看出数据接收总量基本一致。整个仿真中,无拓扑优化网络中接收到数据总量为 10125 包,RAT($\eta = 1\text{s}$)策略下仅丢失 2 包数据,总量为 10123 包,由此可以看出 RAT 拓扑优化方法相较于其他算法较好地保障了网络传输的可靠性。另外,在 RAT 策略下,当拓扑时隙 η 增加时,网络接收到的数据总量呈下降趋势,但优于 $\text{FIYG}_{2\pi/3}$ 和 MST 两种算法。此外,图中仿真时间在[1000,2000]区间时,所有情况下的数据总量均未增加,这是由于这段时间内拓扑变化速度较快,路由算法未能找到合适的数据传输路径。

图 8-23(b)为平均丢包率随仿真时间的变化趋势。由图中易知,MST 算法下的性能最差,呈现出超过 90% 数据丢包率;$\text{FIYG}_{2\pi/3}$ 以 80% 的丢包率次之。

同时,RAT($\eta=1s$)表现出最好的丢包率性能,同无拓扑优化情况下有较小的差异。另外,尽管 RAT($\eta=200s$)相较于 RAT($\eta=1s$)的性能稍差,但是其拓扑更新次数少了将近62%,从而有效减少了网络中拓扑优化信息的传输。所以,RAT算法能够较好地适应网络拓扑的动态变化,在卫星集群编队网络数据传输中的丢包率性能最好。

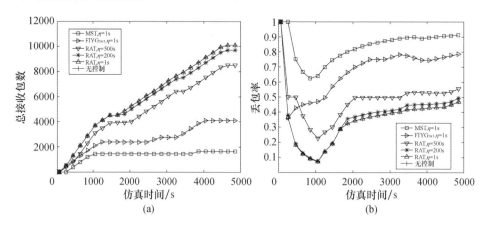

图 8-23 不同拓扑优化方法下接收数据总量与丢包率的仿真结果
(a)接收数据总量;(b)丢包率。

综上可知看出,$FIYG_{2\pi/3}$在所有性能对比中均表现一般,MST 表现出最少的拓扑更新次数以及最长的平均拓扑生命周期,但是其丢包率性能最差,高达90%。尽管 RAT($\eta=1s$)算法相较于 MST 的平均拓扑生命周期性能稍弱,但是其表现出最好的平均丢包率性能。然而,采用 RAT($\eta=1s$)算法会使得拓扑更新频繁,使得网络对各卫星数据的同步性能以及采用的动力学运动模型有较高的精度要求。所以,对比可知,RAT($\eta=200s$)算法拥有最好的综合性能,在保证数据丢包率性能的情况下,确保了拓扑更新周期的可行性,使其能直接应用在对地成像任务中。

第 9 章

快速响应卫星集群编队的应用设计

快速响应卫星集群编队系统理念创新、技术先进,是未来空间设施体系向网络化、综合化、智能化以及弹性化发展的重要趋势之一。通过系统的设计和集成,预计可对卫星快速响应、组网通信、任务自主规划、数据处理与融合分发等卫星智能化技术进行验证[148],为快速响应空间技术在我国空间设施体系中建设奠定坚实的技术基础。

本章将重点从体系架构、应用模式、编队构型、空间网络、信息融合等方面开展快速响应卫星集群编队系统的应用设计,并对建立的快速响应卫星集群编队系统进行任务满足度分析。

9.1 卫星集群编队的应用模式

广义上讲,"卫星应用"是指基于空间信息支撑下的信息系统集成和服务,是新一代信息技术产业的重要组成要素[149]。卫星应用模式主要包括广播电视业务、全球定位系统(GPS)终端及应用、卫星大数据业务等。快速响应空间卫星集群编队主要有聚合、串联、均匀三种构型,每种构型在星间通信能力、覆盖率及响应速度等方面特点各异,不同构型具有不同应用场景、不同应用模式。其中,聚合构型一次过境可生成全局状态,可同时观测多个目标,获得重点/重要目标/区域的同时相、多维度信息;串联构型可对重点目标实施长时间连续跟踪观测;均匀构型可对重点目标进行高频观测。

结合编队的三种典型构型,设计快速响应卫星集群编队的三种典型应用模式为单星应急观测、多星综合观测、多星接力观测。

9.1.1 单星应急观测模式

主星接收地面或其他卫星初步/初级信息,同时也肩负将卫星集群编队信息发送给用户的重任,是整个集群的任务发起者和完成者。广域巡检星、区域普查星具有广域观测或局部区域快速定位的能力,能够及时发现、捕获重要区域的信息,通过与信息库的比对,识别出区域状态和初步信息,形成对灾害区域或突发事件现场广域视场内的综合空间信息。区域详查星、视频跟踪星具有积累重点目标各类特性的能力,与事先掌握的特征库进行匹配,识别出待观测区域内不同的区域特性或者目标灾害类别。

编队系统通过主星、广域巡检星和区域普查星快速获取多个疑似区域的初步信息后,通过星间网络将引导信息发送至区域详查星和视频跟踪星,通过对区域内多个重点/重要目标/区域进行分散或聚合观测,形成区域和目标的动向分析信息,实现单星应急观测。

9.1.2 多星综合观测模式

快速响应卫星集群编队中各成员星在主星、广域巡检星或区域普查星的引导信息和先验信息支撑下,进行特定区域内的目标快速检测和识别,主星对成员星生成的初步/初级信息进行融合,形成目标确认信息。各成员星获取的观测信息因获取手段不同可获取不同的特性。在待观测区域检测、识别和确认处理过程中,各成员星依据先验信息缩小检测范围和类别范围,提升检测速度和准确度。

先验信息的利用主要体现在以下三个方面:

(1) 利用待观测区域高精度数字底图。基于各行各业已有的遥感数据形成对地观测高精度数据底图,成员星数据处理时可直接将获取的遥感图像与高精度数据底图进行匹配定位,得出带地理投影的遥感图像,然后分割出标注的目标区域,最后直接对目标区域进行目标检测和识别,从而节省数据处理时间,提升目标检测识别效率和目标定位的精度。

(2) 利用待观测区域类别先验知识。目前,针对地震高发带、城市、港口等热点观测区域的信息,已经积累了大量几何、光谱和散射特征数据,可以利用这些已经掌握的特征信息进行目标识别和初步确认,提升目标识别的精度。

(3) 利用重点区域目标历史活动规律。经过大量的历史观测数据积累和信息关联(目标关联、时间关联、空间关联和事件关联),目前已经掌握了很多特定区域目标活动的信息,根据这些信息可以对区域中目标的重要性进行分级,确定重点观测的目标。在进行这些区域观测时,可以优先观测重要目标,从而提升观测效率。

根据上述各种手段获得的目标多源信息,采用信息融合手段,达到对重点目标的初步确认、识别、最终确认,通过相互结合可有效提高观测准确性,达到对目标协同聚焦观测的目的。

9.1.3 多星接力观测模式

通过集群编队内部星间接力,实现对目标长时间连续观测,多星接力观测时可实现对单一目标的累计跟踪。假设每颗星载荷的工作时间为 5min,10 颗星可持续观测 50min,多星接力跟踪观测示意图如图 9-1 所示。此外,还可采用分散跟踪方法,考虑较长时间凝视观测和成像卫星多角度观测等方式,实现集群编队系统同时对 10 个运动目标的跟踪观测。

图 9-1 多星接力跟踪观测示意图

9.1.4 卫星集群编队协同应用模式可行性分析

快速响应卫星的主要任务之一就是实现状态感知的单星应急观测。以美国作战响应空间卫星(ORS)计划为例,第一阶段的目标就是利用战术小卫星弥补航天系统情报、监视、侦查和通信能力的不足,第二阶段的目标是研制和部署模块化卫星[150]。随着快速响应单星向卫星集群编队的扩展和升级,多星协同应用的需求日趋显现,例如美国的 SeeMe 项目。除单星应急观测模式外的多星协同观测模式主要包括针对重点目标的多星综合拼接协同观测和针对运动目标的多星接力协同观测两种类型。

1. 拼接协同的可行性分析

卫星集群编队利用成员星进行宽幅载荷拼接推扫,可实现一次过顶大范围目标状态获取的目的。以 6 种载荷为例,假设各成员星携带的宽幅成像载荷主要指标如表 9-1 所列,假设各载荷视场角总和为 94°。假设各卫星的指向精度为 0.05°,各成员星的条带搭接部分等效角度为 0.5°(两侧各 2km),6 颗卫星,累计 3.1°,故视场角的有效角度总和为 90.9°,能够满足左右侧摆 45°范围内(星下点近千千米)的成像要求。

表 9-1 卫星携带宽幅成像载荷的主要指标

载荷类型	分辨率/m	幅宽/km	视场角/(°)
宽幅	5	300	30
红外	10	150	15
可见光	5	150	15
SAR	10	150	4
高光谱	5	150	15
视频	10	150	15

各载荷的分辨率 5~10m 不等,为使得所获取的图像分辨率尽可能相近,从左到右可按 SAR、高光谱、可见光、视频、红外、宽幅的顺序排列。其中,SAR 入射角度大,有利于成像[151],因此处于最左侧。宽幅分辨率高,处于最右侧。由于两个轨道面的升交点差 0.5°,两个轨道每个周期交叉 2 次,故对于每次条带拼接任务,各卫星侧摆的角度会有所不同,具体可通过任务规划事先给出。两个轨道交叉时,累计有效幅宽不小于 1050km,若考虑 3+3 布局,两个轨道面最大相差 30km,则拼接的幅宽还可最多增加 30km。

2. 接力协同的可行性分析

以 10 颗卫星组成的快速响应卫星集群编队为例,考虑 10 星接力协同观测的极限情况,假设卫星轨道高度为 500km,10 颗卫星前后可形成总长约数万千米的串行队列。如图 9-2 所示,以接力的方式对同一地面目标进行观测,从而提供对特定目标的连续观测。接力协同观测时,每颗卫星利用自身的姿态机动能力,对目标进行尽可能长时间的观测[152]。其中,成像卫星以凝视跟踪方式对目标多次成像以获取目标信息。

第 9 章 快速响应卫星集群编队的应用设计

图 9-2 接力观测模式示意图

9.2 卫星集群编队的编队构型

集群编队构型设计通过调整星间相对距离，丰富其系统应用模式，在确保多星空间距离安全、数据传输满足应用要求的前提下，采用相对稳定的松散构型，无须满足严格的相位关系。根据星间距离的不同，编队构型可分为聚合构型、串联构型和均匀构型。

（1）聚合构型。星间距离几十千米，所有卫星几乎同时到达指定轨道。因此多星协同工作时，可获取全域同一时间的状态变化，亦可实现同一时间对同一待观测区域综合信息的获取。各成员星可以在一个轨道面上，同时综合考虑多星部署、星间数传、构型维持和多星同时获取综合信息等因素，也可采用聚合式钟摆构型，各成员星位于两个轨道面（升交点赤经相差 0.5°），此时集群编队观测覆盖范围可达到近千千米及以上。

（2）串联构型。串联构型由聚合集群编队调相机动形成，各卫星依次通过目标点接力协同，实现对指定运动目标的连续跟踪观测。此时各卫星相距数千千米，根据轨道特点每颗卫星可对目标持续跟踪数分钟。结合目标运动规律和轨迹模型等先验信息，进行多星接力。

（3）均匀构型。均匀构型由串联构型通过调相机动形成，以适应特定观测区域状态快速更新的任务需求。此时，集群编队内各卫星均匀分布在轨道上，相邻两星真近点角相差 51.4°。可根据需要在特定时段内实现特定目标的高频次连续观测。一天内有两个 2h 连续观测时段，每时段内间隔 14min 观测一次（9 次）。

综上所述，聚合集群编队构型为初始构型，完成该构型条件下各项试验证任务后,可通过轨道面内的调相机动,快速转换为串联构型。同样,串联构型可在消耗少量燃料情况下,快速转换为均匀构型。因此,集群编队的构型设计主要考虑构型初始化、各个模式下构型维持策略、不同模式间的构型重构方法等三个方面问题。

9.2.1 构型初始化

采用一箭多星的发射方式来部署卫星,以两发火箭分别以一箭五星的方式按照集群编队构型来布置卫星为例。

第一组卫星以一箭五星的方式入轨后,存在半长轴、偏心率和轨道倾角偏差。由于集群编队所关注的是星间的相对状态偏差,因此轨道倾角相对偏差很小,可以不予调整。5颗星中半长轴最接近标称轨道,无须进行半长轴调整,其他卫星以此卫星的半长轴为目标进行半长轴的调整,实现所有卫星半长轴相同的目标,同时5颗星分别进行轨道圆化,使偏心率近似为零。再通过调整面质比,将星间距调整到设定值,例如30km,具体实施时也可以将第二颗调整后的星作为基准,调整其他三颗星的相对位置。

第二组卫星以一箭五星的方式入轨,且以插空的形式置入第一组卫星的间距中,具体发射时以第一组卫星的当前轨道作为标称轨道。入轨后的5颗星仍会存在半长轴、偏心率和轨道倾角偏差,按照第一组卫星的半长轴调整各卫星的半长轴,使10颗卫星的半长轴保持一致,同时5颗星分别进行轨道圆化以使偏心率近似为零,不调整轨道倾角。再通过调整面质比,将星间距调整到30km,具体实施时,同样可以以调整后的第二颗为基准,调整其他三颗星的相对位置。

由于卫星入轨参数与标称设计值存在误差,需要卫星消耗自身燃料来调整轨道,以满足任务要求。因此,为了尽可能节省燃料消耗,必须严格控制卫星的入轨精度。具体来说,为了将该部分燃料消耗控制在1kg之内,各个卫星的入轨精度应控制在如下范围:半长轴偏差1km、偏心率偏差0.001、倾角偏差0.03°。各卫星达到该入轨精度后,可以根据上述构型初始化的方法实现集群编队构型的初始组网。

9.2.2 构型维持策略

对于集群编队系统,要求构型维持,使得每两颗星相对距离保持在10～100km范围内。如果10颗星的面质比相同,由于基线长度不同(两个轨道面),

大气阻力对其影响也不相同,相对距离会发生漂移。第 2,4,6,8,10 颗星漂移速度较慢,会分别接近第 1,3,5,7,9 颗星;根据 STK(Satellite Tool Kit)软件计算可知,35 天后相对距离会达到 10km。因此需要增加第 2,4,6,8,10 颗星的面质比,使得其漂移速度增大,向其相反方向漂移。

表 9-2 给出了不同面质比差(百分比)下,漂移 10km 需要的时间。

表 9-2 漂移 10km 需要的时间

不同面质比差	+5%	+1%	+0.5%
漂移天数	14 天	30 天	46 天

因此,对于集群编队构型维持策略,我们可以在入轨时使 10 颗星面质比相同;经过 35 天后,第 2,4,6,8,10 颗星到达原位置的 -5km 处(与第 1,3,5,7,9 颗星最小距离为 10km),此时通过调整姿态增加第 2,4,6,8,10 颗星的面质比 5%;14 天后第 2,4,6,8,10 颗星到达原位置的 +5km 处(最小距离为 10km),再调整第 2,4,6,8,10 颗星的面质比恢复原值;70 天之后再控制,增加面质比 5%。之后重复该过程即可。

9.2.3 构型重构

对于共面轨道机动问题,一种重要的情况是同一轨道上的相位调整。相位调整有两种方式。

(1)通过改变面质比调相。面质比不同,轨道长半轴衰减速度不同,角速度不同,时间累积效应可完成调相。如果通过改变面质比调相,对于 500km 高度的圆轨道,假设其中一颗星面质比为 0.01,另一颗为 0.008,通过 STK 软件计算,在不同天数下相位差如表 9-3 所列。由此可看出,通过面质比调相需要时间较长,不适合做短时间调相任务。

表 9-3 面质比调相时不同天数的相位差

不同天数	7 天	15 天	1 个月
相位差	1°	4.8°	18°

(2)通过推力器直接调相。直接改变轨道长半轴长来调整角速度,实现相位调整。根据相位差的正负,也分为两种情况:①目标相位在轨道运行前方,需

要降低轨道高度,使得轨道角速度变大;②目标相位在轨道运行后方,需要提高轨道高度,使得轨道角速度变小。对于相位调整问题,过渡轨道可为圆轨道,需要4次变轨。

设轨道高度为500km,不同的相位差、不同的转移时间天数,共面圆轨道相位差调整需要的能量不同。例如:如果演化为均匀分布星座,相位差51.4°时,转移时间1天需要的能耗为11.06kg;如果演化为串联星座,相位差9°时,转移时间1天需要的能耗为1.96kg。相位差相同时,所需能耗与转移时间成反比;转移时间相同时,所需能耗与相位差成正比。另外,目标相位在轨道运行前方或后方相同角度时,相同时间所需的能耗基本相同。

9.3 卫星集群编队的空间网络

根据系统体系架构设计,集群编队网络包括集群编队内部网络和外部网络两大部分。通过集群编队内部网络,对集群编队中各成员星的指令、遥测、数据进行传递和共享,使得各有特点的多颗成员卫星,能够实现信息的整合,从而作为一个整体执行任务。通过集群编队外部网络,将集群编队作为一个集合体与其他天地基信息系统进行连接,从而可以获得外部指令、数据注入,并且将集群编队产生的遥测信息、遥感数据、信息内容快速回传地面,实现快速分发。

9.3.1 集群编队内部网络设计

根据集群编队内部网络交互的数据特点,可将集群编队内部网络分为控制网和业务网。控制网用于状态、指令的交互,具有传输速率低、信息双向传输、连接关系始终维持等特点。在聚合模式下,各成员星相距较近,采用网状拓扑结构。串行模式下,各成员星前后可以拉开较远的距离,形成间距数千千米的串行队列,此时采用树状拓扑结构实现全网信息交互。业务网用于图像数据传输,具有传输速率高、单向传输、短时间工作等特点,采用星型拓扑结构。

1. 控制网设计

控制网在自组织管理过程中,存在以下4种情形。

(1)网络自组织建立。

建立网络的步骤包括:①各节点判读是否已存在主控节点;②各节点呼叫

第 9 章　快速响应卫星集群编队的应用设计

申请建立网络;③根据优先级策略,选定主控节点;④由主控节点发送网络指令,安排其他成员节点的网络资源;⑤进入工作模式后,形成星型结构控制的网络。

(2) 网络成员增加。

增加成员的步骤包括:①新成员判读主控节点的广播控制信息;②新节点向主控节点发送接入申请;③主控节点向新节点分配网络资源,正式加入网络。

(3) 网络成员减少。

网络成员减少的三种情况主要包括:①由主控节点发起删除某个网络节点,通过广播指令告知,得到回应后,不再为其分配网络资源;②由成员节点提出退出申请,主控节点接受后通过广播回应,不再为其分配网络资源;③某成员节点故障,不再响应主控节点的指令,则主控节点取消其网络资源。

(4) 主控节点损坏。

自组织网络的主控节点角色是可以发生变化的。例如当主控节点发生故障后,成员节点接收不到主控节点信号,一定时间后各成员重新开始竞争申请重组网络。

控制网作为集群编队自组织网络的运转基础,需要保持持续的连接关系。根据集群编队空间构型设计,在聚合构型下,10 颗卫星分成两组,采用线状排列,如图 9 - 3 所示。

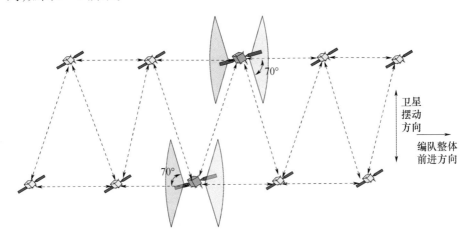

图 9 - 3　聚合模式下的快速响应卫星集群编队空间构型与通信情况

两组卫星间隔分布,相邻两颗星在前进方向上距离约为 15km 时,两组卫星分别垂直于前进方向进行横向摆动,摆幅约为 ±20km。摆幅最远的时刻,相互张角最大的两颗星夹角约为 $\theta = 70°$。卫星在执行遥感任务过程中,还可能进行最大 ±45° 姿态机动(左右倾斜和前后俯仰)。因此,控制网应当工作在宽波束模式($\geq ±80°$)下,实现最大可能的空间角度覆盖,从而确保各卫星在执行任务过程中,能够保持指令链路的连接关系。

在串联模式下,两星间距可达到数千千米,卫星的横摆幅度可以忽略不计。此时最大的挑战在于通信距离遥远。为了保障基本的控制需求,需要通过提高发射功率和天线增益的方式,增强传输能力。因此,根据距离预算,控制网络有两种工作模式来满足覆盖率和 1~1000kbit/s 的速率需求:

(1)在数十千米范围内,采用全向收发天线,2W 的发射功率可以实现 1000kbit/s 的传输能力,同时满足不低于 ±70° 的姿态和位置变化需求。

(2)在 2000km 范围内,主要考虑卫星姿态机动的 ±45° 变化范围,设计天线 45° 波束附近增益不低于 4dB,选择 4W 的发射功率,可提供 1kbit/s 的指控传输能力。

2. 业务网设计

业务网采用星型拓扑结构,由主星作为主控节点接收其他成员星的信息,进行融合并对外分发。数据网络传输速率高达 10~100Mbit/s,为了节省星上资源,考虑星间业务传输与对地 X 频段数传设备共用,因此星间业务网络选用 X 频段传输。根据快速响应集群编队系统布局,两个轨道面各分布 5 颗星,数据链路方案主要在集群编队聚合模式下进行设计。

集群编队成员协同完成任务时,星间数据网络主要完成数据融合工作,数据融合以后由各成员星发送至主星,假设传输速率 10~100Mbit/s,采用星型拓扑结构时最远成员星与主星距离 50km,最近 15km。异轨道面成员星和主星通信时,传输仰角最低(70°),则其余多数卫星均需摆动较大角度进行传输。根据上述集群编队组网方案,星间通信设备组成的星间通信链路如图 9-4 所示。

9.3.2 集群编队外部网络设计

集群编队作为一个集合体除了有与传统地面测控站和数据接收站数据接口外,可以有与其他外部网络互联的接口:与中继卫星接口、与通信卫星接口、与导航卫星接口,分别如图 9-5~图 9-7 所示。

第 9 章 快速响应卫星集群编队的应用设计

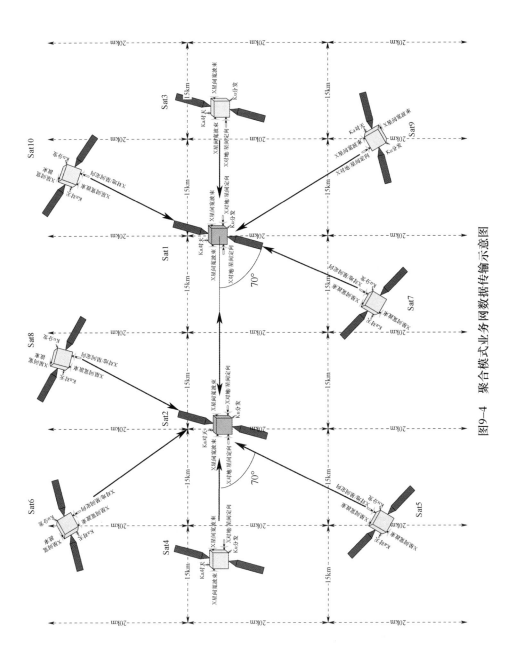

图 9-4 聚合模式业务网数据传输示意图

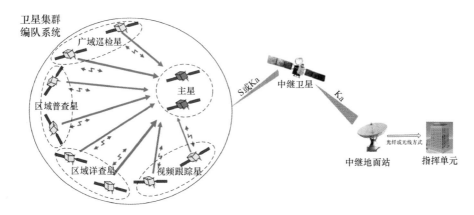

图 9-5　集群编队与中继卫星通信示意图

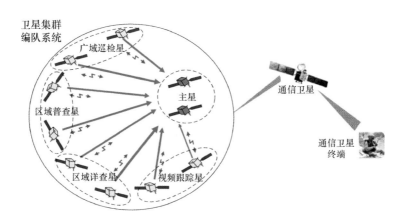

图 9-6　集群编队与通信卫星通信示意图

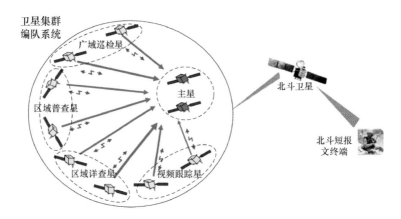

图 9-7　集群编队与导航卫星通信示意图

9.4 卫星集群编队的信息融合

集群编队信息融合是在轨数据处理与融合应用系统的简称,根据功能需求可以分为在轨可配置基础软硬件环境、在轨数据处理与融合、地面运行支撑三个部分。

9.4.1 在轨可配置基础软硬件环境

在轨可配置软硬件环境可以分为硬件环境、中间件和软件环境等。在统一的系统架构下,在轨可配置基础软硬件环境根据集群编队各成员星的功能定位不同,对硬件环境进行裁剪和定制,实现处理、存储等功能的按需配置。中间件是为了完成软件系统对硬件资源管理而开发的一系列与硬件紧密相连的板级支持包(Board Support Package,BSP),供操作系统配置、管理和调用。软件环境主要是指运行在硬件上的操作系统,用以实现对硬件资源的管理、进程的管理和调度、线程之间的同步、文件系统管理、输入输出管理等基本功能。由于在轨数据处理与融合应用系统对时间的控制要求极高,因此可以采用 VxWorks 实时操作系统进行硬件资源的管理和调用。

星上信息处理与融合硬件体系架构以高性能 COTS 器件为基础,采用高效可靠的并行计算架构,如图 9-8 所示,包括统一标准的处理板、存储板和接口板,通过改变标准板卡的数量,满足不同类型数据的处理要求,实现硬件产品通用化的要求。

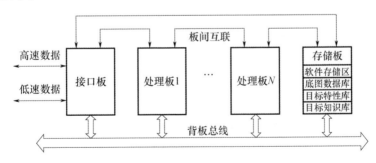

图 9-8 信息处理与融合硬件体系架构

(1)处理板负责数据处理,采用 DSP + FPGA 的混合模式,在考虑不同计算任务需求的同时,尽量采用统一的处理芯片选型。在图像处理系统中,底层预处理算法处理的数据量大,对处理速度要求高,但算法结构相对简单且固定,适合用 FPGA 实现;而高层处理算法处理的数据量较底层少,但算法的控制结构复杂,使用运算速度高、寻址方式灵活、通信机制强大的 DSP 芯片更适合。对于浮点运算密集的算法,浮点 DSP 尤其具有优势。根据技术能力不同,可开发 A 类低速和 B 类高速两类处理板,两类处理板并行接口统一。

(2)存储板采用大容量 Nand Flash 阵列存储需要长期保存的数据,采用高性能的 DDR2/3 作为过程数据的外部缓存以匹配 DSP 和 FPGA 的计算能力。目标知识库、目标特性库、底图数据库以及软件都存放在存储板卡的指定区域内,可以通过上注实现对知识、目标特征信息、底图数据以及算法软件的替换更新。

(3)接口板是平台的下位机,负责处理单元对外的通信和数据交互,分为低速接口(CAN 总线等)和高速接口(TLK2711 总线等)。

各个板卡通过基于 OpenVPX 技术的背板总线集成一体,实现处理板卡中的 DSP 之间、DSP 与 FPGA 之间的 RapidIO、Link 等接口的高速互连,完成对硬件平台性能的扩展和提升。

信息处理与融合的硬件架构支持多种载荷的功能重构,有利于提升其通用性和适应性。其中 DSP 芯片可以方便地实现算法软件的重构,而 FPGA 能根据数据流或控制流的变化实现硬件模块的重构,适应多种软件算法应用需求。在软件体系架构设计中,如图 9-9 所示,以通用的中间件内核为中心,配以各类系统监控、调度组件,通过加载算法库中不同算法插件的方式实现信息处理与融合的功能配置。

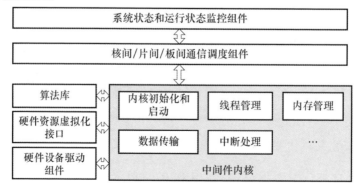

图 9-9 星上信息处理与融合可配置软件体系架构

9.4.2 在轨数据处理与融合

在轨数据处理与融合是在空间资源共享服务平台上开发集成的一系列有关载荷数据预处理、目标提取与识别、数据融合与识别相关的算法插件。它在资源共享服务平台的支撑下,根据应用需求对载荷获取的各类数据进行在轨处理和目标识别,在星间通信和星地通信网络的支持下,实现在轨信息融合和信息产品生产,并根据处理结果触发新的星间协同任务需求。根据集群编队各成员星的功能定位,在轨数据处理与融合在各成员星上部署与该成员星搭载载荷一致的数据处理与信息融合插件,实现针对该载荷的数据处理、目标识别和融合应用。

主星接收各成员星提供的多源信息,并采用特征级融合或决策级融合的方法,实现基于目标多要素信息的综合决策。多源信息融合硬件处理平台也可采用图 9-8 所示的硬件处理架构,处理板选用两块 A 类型处理板。

多源信息融合的方案,根据是否有可利用的底图信息,分为陆地目标多源信息融合和海面目标多源信息融合两类;根据采用的具体融合策略,又可分为特征级融合和决策级融合两类。由于海面缺少稳定可靠的特征点,因此进行对配准要求较高的特征级融合有一定难度,海面目标融合主要采用决策级融合策略。

多源信息融合的处理流程如图 9-10 所示,由成员星和主星之间协同完成。成员星根据特征级融合和决策级融合的不同,分别提供疑似目标的特征信息和目标识别或状态分析结果,主星完成特征关联和目标关联,进行特征级融合和决策级融合。

9.4.3 地面运行支撑

在轨数据处理与融合应用离不开地面系统的支持。随着我国高分专项工程的推进,我国卫星地面处理与服务综合应用系统积累了大量有关数据处理、目标提取和识别的算法,以及目标特征数据集等基础的算法和数据集。地面运行支撑系统是在地面构建的与空间系统基本相同的一个实物仿真验证环境。地面运行支撑系统根据任务需要完成在轨数据处理与融合应用算法开发、基础数据包的制作以及在轨处理结果的验证等功能。

集群编队系统运控时,既可采用传统的固定站对卫星进行测控,也可采用移动或手持终端通过中继、北斗卫星等链路实现卫星的实时指控。集群编队数

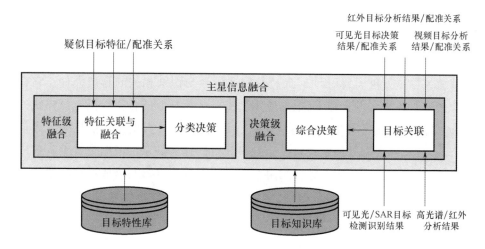

图 9–10　多源信息融合处理流程

据分发时,可通过各卫星自身的星地链路实现原始数据或初级信息的传输,亦可基于内部网络通过主星将初级信息或高级信息通过中继、通信、北斗卫星等分发路径快速分发至地面站、移动或手持终端,满足地面用户的应用需求。

9.5　卫星集群编队系统的任务满足度

9.5.1　集群编队系统载荷满足度设计

根据不同区域不同时期应急突发事件的任务需求,从轨道选择、构型设计以及载荷配置等角度进行快速响应卫星集群编队系统的针对性设计,实现广域、区域以及目标特征等多要素信息综合保障。

为提高集群编队对特定局部区域信息保障次数,卫星集群编队可针对突发事件高发地区等特定区域采用低倾角轨道设计,实现每天对目标观测次数的最大化。为了兼顾陕南川北震区、滇北川南震区等地震高发地区的信息保障任务,可采用倾角30°、高度500km的天回归低倾角轨道,实现对目标3~4次/天的观测能力,实现西南震区灾害应急监测、东北干燥地区森林火情应急监测等应用。若采用双集群编队不同/相同轨道布置,观测能力将成倍增加。

通过轨道和构型设计,可确保快速响应卫星集群编队在时空上高频次和长时间覆盖待观测区域,但要获取特定区域的多种要素,需综合考虑载荷特性,以获取更大范围区域状态信息和环境信息,重点目标几何、温度、辐射、材质等特征信息,运动目标的动向、轨迹信息等。不同载荷对不同目标要素的获取能力如表 9-4 所列。

表 9-4 不同载荷对不同目标要素获取能力

不同目标要素获取能力	宽幅光学	高光谱图像	红外图像	高分辨可见光	SAR 图像	视频数据
大范围搜索与定位	■	×	×	×	×	×
全天时/全天候工作	×	×	■	×	■	×
重点区域精确识别	□	□	×	■	□	□
重点区域初步识别	×	■	□	×	□	□
目标工作状态识别	×	×	■	×	×	×
目标动态信息获取	×	×	□	□	□	■

注:■满足;□部分满足;×不满足

由表 9-4 可见,为获取突发自然灾害事件等典型目标的位置、动向等宏观特征,以及外形、温度、材质、电磁场等详细特征,且具备全天候、全天时观测的能力,快速响应卫星集群编队需配置多种载荷,协同工作,并通过信息融合的方法才能满足观测要求。

同时,融合不同载荷获取的信息,形成对待观测区域特征更为精确、全面、丰富的描述,有利于提升目标识别确认置信度。单载荷或单次观测所提取的目标特征往往不能获得目标的完全描述,不能充分利用与目标有关的信息,从而影响目标特征集有效性和决策集可靠性,使得目标识别的总体置信度偏低。利用多传感器或多次观测,可以提取多角度、多谱段、互补性强的目标特征信息,形成对目标较为完全的描述,有利于提高目标识别正确率、降低错误概率,提升识别确认的总体置信度水平。

9.5.2 集群编队系统任务满足度分析

1. 多手段协同任务满足度分析

卫星集群编队的各种载荷需相互协同工作,发挥各自优势,实现系统效能最大化,在不同任务中实现不同的应急增强作用。

1) 全面支持持续广域观测全过程

(1) 大范围搜索与定位。以宽幅载荷为主,采用宽覆盖成像模式,实现对近千千米以上区域的观测。

(2)重点区域目标识别。以高分辨可见光载荷、红外载荷、高光谱载荷、雷达载荷为主,可根据主星的引导信息,对重点可疑区域分别或同时成像识别,并在轨完成多源信息融合、星地快速协同后确认待观测区域信息。

(3)目标动态信息获取。对于期望时长数分钟的短期目标观测,可采用视频成像载荷分时长期观测,或光学载荷多角度观测等实现;对于期望时长为数十分钟的长时间观测,可采用串联集群编队构型,以视场接力方式实现目标跟踪观测。

2)多星协同、在轨智能应用的流程设计

基本思想是利用星间网络完成多星任务协同,实现"宽幅广域巡检"引导"高分辨成像确认"。下面以集群编队聚合构型为例,介绍协同工作流程。

(1)主星前期发现目标并快速完成初步定位,生成目标引导信息、任务规划并发送给对应的其他成员卫星。

(2)收到引导指令的各成员卫星根据引导信息,对指定观测区域实施综合观测或对多个目标分散观测,并快速完成单星数据在轨处理。

(3)主星或者其他融合类卫星通过星间网络收集各卫星处理后的信息,进行在轨融合处理,进一步识别和确认待观测区域的信息,按需生成信息产品。

(4)信息产品通过空间网络快速分发至用户终端。

2. 应急信息生成与时效性分析

快速响应卫星集群编队获取目标原始初步信息后,如何快速生成初级信息,如何快速分发至地面用户,是应急信息生成与时效性分析的关键。

1)按需设计的各类信息产品类型

根据信息准确性,信息产品分为由单星处理的初步/初级信息产品和多源信息融合后的高级信息产品。初步/初级信息产品获取速度快;高级信息产品信息丰富,准确性高。

根据信息内容不同,信息产品可分为描述目标状态变化的文字类产品和描述目标详细特征的图像类产品。将未经处理但含有目标信息的数据称为原始类信息。

(1)文字类产品。用于信息变化的获取,如指定区域灾害目标有无、灾害目标数目、目标状态、目标位置等,通常数据量都在 1~10kB 量级。此类信息对时间响应要求最高,通常要求以最快速度发送至应用系统。

(2)图像类产品。用于区域目标识别和确认,通常是局部范围内带有目标详细特征的图像切片,带有目标周边环境信息,通常数据量在 10~1000MB 量级。此类信息对时间响应要求高,也要求以最快的速度发送至应用系统,结合文字类产品,支持应急行动决策。

(3)原始类信息。是成员星获取的初步信息,用于平时数据积累,是载荷获取的未经处理的原始信息,含有最全面最丰富的特征信息,数据量与成像时间相关,通常在100G~1000GB 的量级。此类信息对时间响应要求处于中等要求,在过境时下传即可。

2)信息产品按需多路径分发手段

为适应各类信息产品,设计星—地传输、星—星—地分发、星—地—端分发3类信息产品分发方式。

(1)星—地传输。以传统地面测控站和接收站为主,通过2~16kbit/s 的S测控链路收发文字类信息;通过300~600Mbit/s 甚至更快的地面数据接收站,接收图像类产品和原始类信息,以原始类信息为主。

(2)星—星—地分发。以中继卫星和通信卫星为主,通过2~16kbit/s 的S测控链路可以收发文字类信息;通过10~300Mbit/s 的全球 Ka/Ku 数据传输链路,实现全球图像类应急产品的快速回传。

(3)星—地—端分发。以北斗终端为主,将星上数据分发至应用系统。通过北斗导航系统短报文功能,以每秒最大240B 速度,向地面北斗手持终端发送文字类信息。

此外,利用终端和卫星的交互,可实现基于应用的空间数据快速服务,将用户关心的分级分类数据按需传给用户。

3. 信息保障时间链分析

根据各成员星协同工作的基本流程,从任务请求发出到收到分发的数据信息的全过程,影响信息保障时间的环节包括引导类卫星疑似目标发现、任务规划、成像类卫星姿态机动响应、载荷协同成像、数据处理、信息融合、数据产品分发等,如图9-11 所示。

根据信息保障时间链分析,验证系统信息保障的响应时间为35min,即地面用户在任务请求发出后,在35min 内即可获得需要的数据产品信息。

受不同区域或目标环境、目标特点、数据类型等影响,响应时间会有所延长,各个环节说明如下:

(1)验证系统开始执行任务时刻为 T_0;

(2)宽幅卫星发现疑似目标并在轨完成目标定位的时间为5min;

(3)主星任务规划时间为2min;

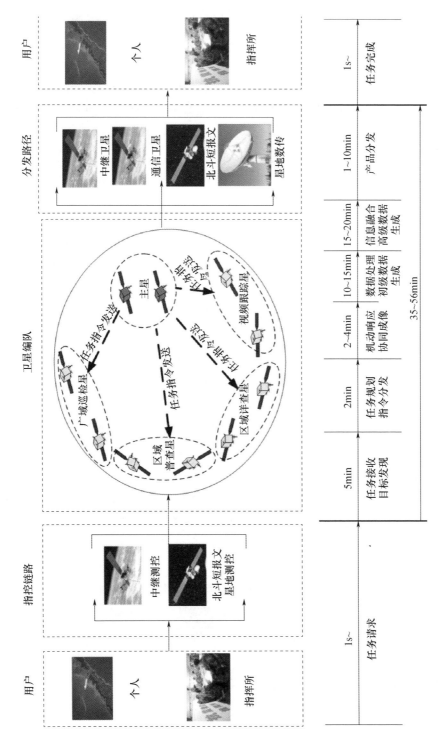

图9—11 快速响应空间系统信息保障时间链分配

(4) 成像卫星姿态机动时间为 2min；

(5) 成像卫星等待目标进入视场至成像完成时间为 0~2min；

(6) 成像卫星对原始数据进行成像处理、目标识别、图像切片、特征提取等初级数据产品生成时间为 10~15min；

(7) 集群编队主星获取初级数据产品，融合生成高级数据产品时间为 15~20min；

(8) 数据产品分发时间为 1min（文字类数据）~10min（图片类数据）。

根据任务协同要求可知，要实现主星引导成员星成像，从发现目标到获取目标信息的时间间隔越短，集群编队的快速响应能力越强。

9.6 快速响应卫星集群编队的试验验证方案设计

从验证快速响应卫星集群编队的技术能力、应用能力以及典型应用示范三方面设计试验验证方案。在研制发射阶段，可重点演示验证空间快速响应技术能力；卫星入轨组网后，可重点验证空间网络互联技术能力，包括验证单星应急观测、集群综合观测、集群接力观测等系统能力。之后，结合典型应用开展示范验证。据此，设计的试验项目安排如图 9-12 所示。

9.6.1 技术能力试验验证

1. 快速响应技术能力

1) 试验内容

快速响应技术能力验证包括卫星快速研制能力验证、卫星快速发射能力验证和在轨快速应用能力验证。

(1) 快速研制能力验证内容包括基于不同任务和载荷的快速响应卫星数字化快速任务分析和方案设计、基于标准化产品的整星软件硬件快速集成、基于自动化测试和检验性试验的整星快速测试与试验，可在软件硬件产品配套后开展。

(2) 快速发射能力试验验证内容包括靶场阵地的快速测试与星箭对接和发射阵地的射前快速检测，可在卫星到达发射基地后开展。

(3) 快速应用能力验证内容包括单颗卫星平台测试和载荷测试，可在卫星入轨后开展。

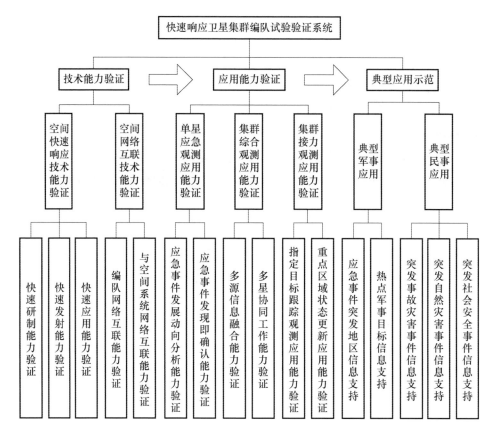

图 9-12 快速响应卫星集群编队试验验证系统试验思路

2）试验流程

快速响应空间系统的主要使命之一是对与快速响应卫星快速研制、快速发射和快速应用相关的核心技术进行工程技术演示验证，形成快速响应卫星研制、应用的标准和规范，为我国后续快速响应空间技术的发展积累经验。快速响应技术能力试验验证围绕核心指标展开。

（1）快速研制能力验证阶段。根据技术流程，在基于产品体系和技术体系的 10 型卫星产品齐套后即可开展为期 1~6 个月的快速研制能力试验验证，验证内容包括基于不同任务的快速响应卫星数字化快速任务分析和方案设计、基于标准化单机产品的整星软件硬件快速集成、基于自动化测试和检验性试验的整星快速测试与试验。

快速任务分析和方案设计验证内容包括任务需求分析与指标分解、载荷与卫星轨道确定、平台硬件通用模块确定、系统软件构件选配方案确定、卫星专用系统设计、整星力学热平衡虚拟试验和卫星效能评估。本阶段以完成完整的数字化卫星为标志。

整星软件硬件快速集成验证内容包括卫星硬件单机和产品的选配,进行功能测试后,开展卫星总装工作,同时根据卫星任务需求选择选定的软件构件快速生成软件系统,下载至硬件单机中。本阶段以具备整星测试和试验的卫星实体为标志。

卫星快速测试与试验和整星集成有并行交叉环节,在获得硬件单机,组成功能模块、分系统到组成卫星系统过程中均需开展快速测试。在卫星完成总装后,进行试验准备工作,开展检验性试验,与虚拟试验结果进行比较,作为卫星出厂放行的重要依据。

(2)快速发射能力验证阶段。结合小型运载火箭发射机会,按照1周快速发射流程,视情况安排星箭合练试验,验证内容包括靶场快速测试与对接(6~12天)和射前快速检测(1~2天)。在靶场快速测试与对接阶段,将根据测试流程对整星进行全系统的功能测试,同时开展与运载的对接工作。在发射阵地的射前快速检测主要对卫星全系统的状态进行自检工作,同时完成推进剂的加注工作。

(3)快速应用能力验证阶段。卫星入轨后展开,验证内容包括单颗卫星功能测试和性能测试。单颗卫星的功能测试主要是基于星上嵌入式测试方法,自动完成平台和载荷功能的测试。卫星的性能测试由于不同载荷工作条件不同,测试方法和时间会有所不同。

2. 网络互联技术能力

1)试验内容

在轨网络互联技术能力验证包括集群编队内部网络互联能力验证和与空间系统网络互联能力验证。根据技术流程,在每组卫星入轨初期即可开展部分技术验证,在集群编队卫星全部到达指定位置,且单星完成性能测试后开展全面技术验证。

(1)集群编队内部网络互联包括自组织网络的组网能力、内部控制网的信息交互能力、内部业务网的数据传输能力。

(2)与空间系统的网络互联包括与空间网、地基网的指控信息交互能力,与空间网、地基网的数据传输能力。

2)试验流程

集群编队网络互联技术能力验证主要包括集群编队内部网络互联能力验

证和与空间系统网络互联能力验证,根据计划安排可在单星完成测试后展开。其中:集群编队内部网络互联包括自组织网络的组网能力、内部控制网的信息交互能力、内部业务网的数据传输能力;与空间系统的网络互联包括与空间网、测控站的指控信息交互能力,与空间网、数传站的数据传输能力。各项内容可按下列顺序逐一展开。

(1)集群编队自主组网能力验证。

组网验证:采用一箭多星方式发射入轨后,通过地面指令打开网络终端设备电源,各卫星节点根据网络协议,自主建立起网络。通过遥测将网络状态发给地面进行判读。

成员星退网验证:集群编队组网完成后,通过地面指令要求某成员星关闭网络终端设备。集群编队网络状态通过遥测发给地面进行判读。

新增成员星验证:通过地面指令要求已关闭网络终端的成员星启动终端设备,集群编队网络识别并加入新成员,地面通过遥测判读。

网络重组的验证:通过地面指令,关闭集群编队网中的低速控制网中心节点设备,地面通过遥测判读其余成员星是否能够重新组网。

(2)集群编队内控制信息交互能力验证。

前向指令分发验证:地面指令发给集群编队网络中心节点卫星,要求其将一条指令转发给某成员星。地面通过该成员星的遥测状态,判断是否正确接收并执行了该指令。

返向状态验证:地面指令直接发给某成员星,其状态通过集群编队网络传给中心节点卫星,地面通过中心节点卫星遥测内容,与成员星遥测进行比对,判断返向状态是否正常。

网络健康状态检查:地面通过遥测,可直接观察集群编队的低速控制网是否正常维护。

(3)集群编队内业务信息传输能力验证。

成员星向主星传递业务数据:通过指令要求某成员星传送事先预置的数据给主星,主星进行星上数据比对,将结果通过遥测发给地面。

主星回传信息:成员星将新获取的遥感数据发送给主星,主星将完整数据通过对地数传链路发送给地面,由地面进行判读。

(4)与空间网、测控站的指控信息交互能力验证。

地面站:通过地面测控站对集群编队进行测控,包括测定轨、指令、遥测。

中继卫星:通过中继卫星S测控链路对集群编队进行测控,可以测定轨、发送指令,获取返回遥测数据。

短报文:通过北斗导航系统向集群编队发送和接收短报文。

(5) 与数传站、空间网的业务信息传输能力验证。

地面站:通过地面数传站获取集群编队的数据直接下传。

中继卫星:通过中继卫星 Ka 链路与集群编队进行数据传输,包括前向数据注入、返向数据下传。

通信卫星:通过通信卫星转发业务数据。

9.6.2 在轨应用能力验证

在轨运行期间,以特定区域固定目标、运动目标等为观测对象,验证演示系统以下三个应用能力。

1. 单星应急观测应用能力

1) 试验目标

针对应急突发事件,通过集群编队自主规划,利用单颗快速响应卫星对疑似应急突发事件划分区域观测,对确定的应急突发事件进行跟踪观测,完成应急事件发展动向分析。

2) 试验内容

应急事件发展动向分析能力验证,试验项目主要包括:主星进行任务自主规划,形成其他卫星的引导信息;可见光、高光谱、SAR、宽幅光学、红外等成员星根据引导信息,分散观测不同区域,获取 1~5m 目标图像;各成像卫星进行星上信息自主处理,获得不同目标动向的信息。

应急事件发现即确认能力验证,试验项目主要包括:主星根据获得疑似应急事件可能的分布情况,结合成像卫星的性能进行任务自主规划,形成8颗卫星的引导信息;可见光、高光谱、视频、SAR、宽幅光学、红外等成员星根据引导信息,聚合跟踪观测目标,并获取 1~4m 的详细信息;成像卫星进行星上信息自主处理,与已有特征库进行匹配比较,达到识别或确认应急事件发展程度的目的。

2. 集群综合观测应用能力

1) 试验目标

进行综合观测应用能力试验验证,重点对多源信息融合能力、多星协同工作能力进行验证,并分析各种载荷对目标综合观测的贡献率。

2）试验内容

（1）白天条件下试验内容包括：①采用可见光、SAR、宽幅光学、视频数据融合，试验对机动或特定目标的初步观测能力；②采用可见光、SAR、高光谱数据融合，试验对大型定点目标的识别确认能力；③采用宽幅光学、可见光、视频融合，试验对机动目标的检测确认能力。

（2）夜间条件下试验内容主要是采用 SAR、红外数据融合，试验对目标的观测能力。

（3）多类型快速响应卫星协同工作聚焦观测，实现白天夜晚条件下对固定或机动目标的综合观测。

3. 集群接力观测应用能力

1）试验目标

主要针对动态目标，由地面测控或空间网络系统给出目标区域导引信息，集群编队进行自主任务规划，实现指定目标连续搜索发现与跟踪观测的能力。

2）试验内容

试验 10 星接力协同，对局部区域的运动目标实现 90min 连续成像跟踪观测，验证成像跟踪观测能力。根据试验任务安排，调整集群编队构型，试验 10 星均布状态，对固定区域间隔 60min 观测更新数据信息，验证重点区域状态更新能力。

9.6.3 典型应用示范验证

典型应用示范验证主要面向典型军事应用和典型民事应用两方面开展。军事应用方面针对应急事件突发地区和热点军事目标提供信息支持，民事应用方面针对突发事故灾害事件、突发自然灾害事件、突发社会安全事件提供信息支持。

1. 典型军事应用

1）试验目标

通过快速响应空间系统支持军事应用示范试验，验证系统的快速响应、支持战场状态快速感知、重点目标综合侦察、运动目标跟踪观测等侦察应用能力，构建支持海陆空侦察应用的模式和流程，为支持战场应用奠定基础。

2）试验内容

军事用户根据任务需求，向快速响应空间系统提出侦察申请，完成侦察任务后，返回侦察信息，测算快速响应时间，评估快速响应能力。

3) 快速响应能力验证

快速响应能力主要是指军事用户向快速响应空间系统提出侦察申请后,卫星集群编队主星进行多星任务规划和成像观测、信息生产,并向地面及时反馈集群编队的时效信息。试验在聚合构型下进行,主要记录战术终端上注观测任务、卫星集群编队任务响应反馈、地面接收到信息数据3个时刻。验证过程中,针对10星快速响应卫星集群编队,设计多种任务组合,充分验证不同卫星组合下的快速反应能力。以对我国边境常规侦察为例,示范试验构成框图如图9-13所示。

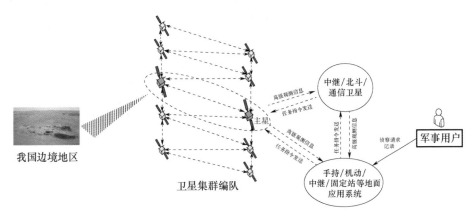

图 9-13 应用示范试验构成框图

2. 典型民事应用

1) 试验目标

基于快速响应验证系统和快速响应评估应用系统建设成果,通过空间状态及目标信息保障,验证大范围广域观测与快速定位、局部地面重点凝视与跟踪观测的应用能力,演示支持应急事件救援应用的流程,为快速响应卫星支持民事应急应用奠定基础。

2) 试验内容

对快速响应卫星对突发事故灾害事件、突发自然灾害事件、突发社会安全事件的搜索定位保障能力实施验证。

3) 应急事件搜索定位保障能力验证

重点验证快速响应卫星对应急突发事件的快速发现与综合识别能力,主要包括:①验证快速响应卫星对突发事故灾害事件、突发自然灾害事件、突发社会安全事件的快速发现能力;②验证快速响应集群编队综合利用可见光、SAR、红外、高光谱等多种载荷,对目标的多重特征进行综合识别能力。通过应急突发事件的快速发现与综合识别能力验证,提高在复杂地物背景下,救援部队或其他应急事件处理人员对可疑事件的快速发现、综合识别和评估等能力。示范试验构成框图如图9-14所示。

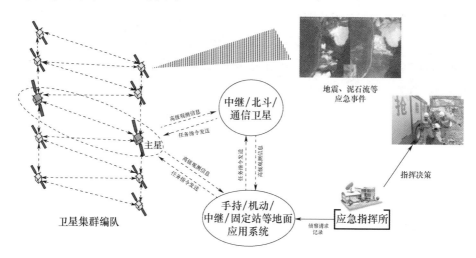

图9-14 应急事件快速发现与综合识别能力验证试验构成框图

试验流程主要包括:应急救援人员依据灾害预警系统提供的可疑应急事件信息,向快速响应卫星提出疑似区域侦察申请;快速响应卫星集群编队主星安排SAR、可见光、高光谱、红外等成员星,在指定区域进行观测;快速响应集群编队对获取的观测数据进行星上处理,并下传目标数据至指挥所或应急救援接收外部终端;指挥所利用下传后的多源目标数据,对疑似应急事件进行多源融合、综合研判、识别确认后,将救援命令发送至指挥信息系统;指挥信息系统通过应用软件模块,结合图像特征参数信息,形成应急预警分析结果,辅助指挥所决策;指挥信息系统判断是否需新增、调整或补充侦察疑似区域;应急救援人员根据接收到的救援指令开展应急救援。

参考文献

[1] Flag S, White R, Ewart R. Operationally Responsive Space Specifications and Standards: An Approach to Converging with the Community[C]. AIAA SPACE 2007 Conference & Exposition, 2007.

[2] Co T C. Operationally Responsive Spacecraft Using Electric Propulsion[D]. Dissertations & Theses – Gradworks, 2012.

[3] 董正宏,潘清,廖育荣,等. 国外空间快速响应技术发展现状及启示[C]. 2009年中国宇航学会学术年会, 2009: 201–207.

[4] 邹江南,张灿. 美军作战快速响应空间计划推动下的卫星发展概况[J]. 卫星 & 网络, 2010(12): 42–43.

[5] 王峰,叶水驰,曹喜滨. 快速响应对地观测小卫星发展现状及趋势[C]//中国空间科学学会2013年空间光学与机电技术研讨会会议论文集. 中国空间科学学会, 2013: 1–10.

[6] 曹喜滨,张锦绣,王峰. 航天器编队动力学与控制[M]. 北京: 国防工业出版社, 2013.

[7] Rabideau G, Tran D, Chien S, et al. Mission Operations of Earth Observing – 1 with Onbroad Autonomy[C]//IEEE International Conference on Space Mission Challenges for Information Technology, 2006: 367–373.

[8] 李志亮,李小将,王志恒. 敏捷卫星任务规划问题研究现状与展望[J]. 装备学院学报, 2016, 27(1): 69–73.

[9] Zhang J, Cao X, Wang J, et al. Configuration, Orbit Design of InSAR Formation Based on Mean Elements[J]. IEEE Transactions on Aerospace and Electronic Systems, 2009, 45(2): 747–752.

[10] 姜维,郝会成,李一军. 对地观测卫星任务规划问题研究述评[J]. 系统工程与电子技术, 2013, 35(9): 1879–1880.

[11] Wang F, Cao X, Chen X, et al. Near Eigenaxis Maneuver for on – Orbit – Servicing Spacecraft[C]. International Symposium on Systems and Control in Aerospace and Astronautics, 2006: 653–658.

[12] Wu B, Cao X. Robust Attitude Tracking Control for Spacecraft with Quantized Torques[J]. IEEE Transactions on Aerospace and Electronic Systems, 2018, 54(2): 1020–1028.

[13] Cao X,Shi P,Li Z,et al. Neural – Network – Based Adaptive Backstepping Control With Application to Spacecraft Attitude Regulation[J]. IEEE Transactions on Neural Networks,2018, 29(9):4303 – 4313.

[14] Pincus B R,Pownell J E,Rast J J. Pegsat – The First Pegasus Payload[R]. Goddard Space Flight Center,1990:100.

[15] 李飞. 21 世纪美国空军构想[J]. 国防科技,2002(1):7 – 12.

[16] 陈杰. 美国快速空间响应运载器发展研究[J]. 中国航天,2007(8):33 – 37.

[17] 黄志澄. 美国"太空快速响应"计划[J]. 国际太空,2006(10):14 – 18.

[18] 赵艳彬,孙杰,张云. 快速空间响应对航天器技术需求分析[C]. 快速空间响应系统技术研讨会,2008.

[19] 庞之浩. 美"快速响应航天计划渐成气候"[J]. 环球军事,2009,62(13):62 – 63.

[20] 付晓锋. 空间快速响应任务中的轨道设计问题研究[D]. 长沙:国防科技大学,2011:15 – 45.

[21] Space T R,Deno V,Jones E. Transforming National Security Space Payload[C]. AIAA 2nd Responsive Space Conference,April 19 – 22,2004.

[22] Doyne T,Wegner P,Olmedo C,et al. ORS and TacSat Activities Including the Emerging ORS Enterprise[C]. AIAA 5th Responsive Space Conference April 23 – 26,2007.

[23] 司耀锋,吴林,郝媛媛,等. 美军作战快速响应太空计划发展综述[J]. 国际太空,2012,1:33 – 41.

[24] 王景泉. 美国加速"作战快速响应太空"计划——开拓战术卫星发展的新方向[J]. 国际太空,2007,2:8 – 14.

[25] Church,Aaron,Assoc. Air Force World – Minotaur on the Chesapeake[J]. Air Force Magazine,2011,94(8).

[26] NASA. CubeSat ELaNa IV Launch on ORS – 3 [EB/OL]. [2013 – 11]. https://www.nasa.gov/sites/default/files/files/ELaNa_IV_ORS3_CubeSat_Factsheet_2013_Final.pdf.

[27] 唐琼,胡冬生,张雪梅,等. 美国"超级斯届比"新快速响应火箭分析及启示[J]. 中国航天,2017(2):13 – 17.

[28] Orbital Sciences Corporation. Pegasus user's guide [EB/OL]. [2017 – 06 – 23]. http://www.orbital.com/pegasus/pegasus – guide.pdf.

[29] 孙广勃. 金牛座火箭首次发射取得成功[J]. 中国航天,1994(7):33 – 34.

[30] Space Exploration Technologies Corporation. Falcon9 launch vehicle payload user's guide [EB/OL]. [2014 – 03 – 15]. http://www.spacex.com/falcon9/001.flguide.pdf.

[31] Tactical Technology Office. Broad Agency Announcement Airborne Launch Assist Space Access[R]. USA:DARPA – BAA,2012.

[32] Wallace K,Brooks P,Watson C,et al. The Topsat satellite[J]. Aircraft Engineering and Aerospace Technology,2001,73(4):380-382.

[33] Cawley S. TopSat:Low Cost High-Resolution Imagery from Space[J]. Acta Astronautica,2005,56(1):147-152.

[34] 刘路,斯蒂芬·麦京.小卫星与国际灾害监测星座[J].中国航天,2004,(6):19-22.

[35] Curiel A D S,Boland L,Cooksley J,et al. First Results from the Disaster Monitoring Constellation(DMC)[J]. Acta Astronautica,2005,56(1-2):261-271.

[36] Lozano F J,Romo A,Moclan C,et al. The DEIMOS-1 Mission:Absolute and Relative Calibration activities and radiometric optimisation[C]. Geoscience and Remote Sensing Symposium(IGARSS),2012 IEEE International. IEEE,2012:4754-4757.

[37] 刘韬.北京2号卫星星座[J].卫星应用,2015(8):67-67.

[38] Tyc G,Tulip J,Schulten D,et al. The RapidEye Mission Design[J]. Acta Astronautica,2005,56(1):213-219.

[39] 王乃洪,李华.俄罗斯的呼啸号运载火箭[J].中国航天,1997(6):17-18.

[40] 赵颖.呼啸号运载火箭掠影[J].国际太空,2000,(9):18-19.

[41] Fernandes M J,Clara Lázaro,Michaël Ablain,et al. Improved Wet Path Delays for all ESA and Reference Altimetric Missions[J]. Remote Sensing of Environment,2015,169:50-74.

[42] Calle A,Casanova J L,Sanz J. Caso Práctico:DNEPR:de Satán a Lanzador de Satélites[EB/OL].[2009-06-29]. http://www. aet. org. es/? q = revista32-10.

[43] 赵炜渝,王远振,韦荻山.快速空间响应航天运载器的发展[J].中国航天,2008(6):22-26.

[44] 解晓芳.联盟号轻型火箭与安加拉火箭的研制进展[J].导弹与航天运载技术,2012(4):9-9.

[45] Nakasuka S,Sugawara Y,Sahara H,et al. System Design and Control Aspect of a Novel Satellite concept "Panel Extension Satellite(PETSAT)"[J]. IFAC Proceedings Volumes,2008,41(2):14048-14053.

[46] Sugawara Y,Nakasuka S,Higashi K,et al. Structure and Thermal Control of Panel Extension Satellite(PETSAT)[J]. Acta Astronautica,2009,65(7):958-966.

[47] 辛朝军,蔡远文,王韬,等.日本Epsilon火箭发射成功的分析及启示[J].装备学院学报,2014,25(3):67-71.

[48] Morita Y,Hori K,Imoto T,et al. Advanced Solid Rocket Launcher and Beyond[C]. AAS. 12th International Conference of Pacific-basin Societies. Montreal,QC,Canada:AAS,2010:589-596.

[49] Morita Y. A Year to Launch:Japan's Epsilon launcher and its Evolution[C]. 63th International Astronautical Congress. Naples,Italy:IAF,2012.

[50] Japan Aerospace Exploration Agency. Launch Schedule Update,Epsilon-3 with ASNARO-2 aboard[EB/OL].[2018-01-16]. http://global.jaxa.jp/press/2018/01/20180116_epsilon3.html.

[51] https://www.britannica.com/topic/Shavit.

[52] Boscov J,Bernardes J A,Yoshino T,et al. Sonda IV Brazilian Rocket-The Major Step for the Future National Satellite Launcher[C]. 7th Conference on Sounding Rockets,Balloons and Related Space Systems,Ocean City,MD,USA,October 28-30,1986:150-154.

[53] 李淑. 中国成功发射快舟一号卫星[J]. 中国航天,2013(10):22.

[54] 王旭,陈新勇."快舟"再显空间"快响"能力[J]. 太空探索,2015(1):12-13.

[55] 科轩. 快舟一号甲成功发射"一箭三星"开启中国商业航天新时代[J]. 中国航天,2017(1):23-24.

[56] 一箭三星发射成功快舟火箭完成商业第一单[J]. 科技传播,2017(1).

[57] 新华."长征六号"首飞成功"一箭多星"创新纪录[J]. 军民两用技术与产品,2015(19):25.

[58] 陈龙. 长征六号成功首飞实现一箭20星[J]. 中国航天,2015(10):8.

[59] 姚天宇. 长征十一号火箭弯弓射苍穹[J]. 太空探索,2015(11):28.

[60] 唐明军. 长征十一号:打造航天发射的出租车模式[J]. 太空探索,2018,3:14-19.

[61] 姜天骄. 长征十一号火箭"一箭五星"成功发射[J]. 现代企业,2018,392(05):42.

[62] 崔霞,李厦,王世玉,等. 长征十一号成功发射"一箭七星",中国航天完成首次海上发射[EB/OL].[2019-06-05]. http://www.xinhuanet.com//tech/2019-06/05/c_1124586074.htm.

[63] Cao X,Xing Y,Wu Y,et al. Large Scale Formation Relative Navigation with Relative Measurement Time Delay and Communication Jam[C]. international conference on mechatronics and automation,2009:4544-4549.

[64] 吕建婷,曹喜滨,高岱. 卫星编队飞行的相对姿态控制[J]. 哈尔滨工业大学学报,2010,42(1):9-12.

[65] 曾占魁,曹喜滨,张世杰,等. 航天器相对视觉/IMU导航量测修正多速率滤波[J]. 哈尔滨工业大学学报,2015,47(3):1-7.

[66] Wu Y,Cao X,Xing Y,et al. Relative Motion Decoupled Control for Spacecraft Formation with Coupled Translational and Rotational Dynamics[C]. international conference on computer modeling and simulation,2009:63-68.

[67] 曲成刚,曹喜滨,张卓,等. 行星表面多漫游器编队探测系统的分布式H_∞控制器设计[J]. 宇航学报,2015,36(5):539-548.

[68] 曲成刚,曹喜滨,张泽旭. 人工势场和虚拟领航者结合的多智能体编队[J]. 哈尔滨工业大学学报,2014,46(5):1-5.

[69] Deng H, Zhong W, Sun Z, et al. Relative Navigation Algorithm Research of Chaser Spacecraft [C]. IEEE Aerospace Conference Proceedings, 2011:1-11.

[70] Guo H, Cao X, Xing Y, et al. Adaptive Synchronization of Networked Euler-Lagrange Systems under Directed Graph[C]. Conference on Industrial Electronics and Applications, 2012:1207-1211.

[71] Wu Y, Cao X, Zheng P, et al. Variable Structure-Based Decentralized Relative Attitude-Coordinated Control for Satellite Formation[J]. IEEE Aerospace and Electronic Systems Magazine, 2012, 27(12):18-25.

[72] 张冰, 邹焕新. 成像卫星任务规划模型及求解方法研究进展[J]. 计算机工程与应用, 2014, (50):116-117.

[73] 刘嵩, 陈英武, 邢立宁, 等. 敏捷成像卫星自主任务规划方法[J]. 计算机集成制造系统, 2016, 22(4):928-934.

[74] Liu M, Cao X, Shi P, et al. Fault Estimation and Tolerant Control for Fuzzy Stochastic Systems [J]. IEEE Transactions on Fuzzy Systems, 2013, 21(2):221-229.

[75] Cao X. Flexible Platform Based Micro-Satellite Design Method[J]. Aerospace Science and Technology, 2016, 53:162-168.

[76] 曹喜滨, 王峰, 陈健, 等. 基于标准化模块的卫星快速构建系统及方法: 中国, CN107273115A[P]. 2017-10-20.

[77] 李化义, 贾庆贤, 王峰, 等. 一种星上设备即插即用测试接口电路及实现即插即用式数据传输的方法: 中国, CN103631186A[P]. 2014-03-12.

[78] 陈雪芹, 王峰, 赵波, 等. 一种快速集成的卫星电源系统: 中国, CN103956822A[P]. 2014-07-30.

[79] 孙小松, 杨旭, 耿云海, 等. 大型柔性卫星平台的H_∞回路成形姿态稳定控制[J]. 系统工程与电子技术, 2005, (3):490-493.

[80] 姜文辉, 曹喜滨, 赵阳. 大型柔性天线运动对中继卫星姿态影响的分析[J]. 北京理工大学学报, 2007, 27(2):171-173.

[81] 曹喜滨, 郑鹏飞, 张世杰. 柔性绳系辅助离轨系统展开动力学研究[J]. 哈尔滨工业大学学报, 2011, 43(3):1-6.

[82] 孔宪仁, 杨正贤, 廖俊, 等. 柔性航天器自适应多层神经网络跟踪控制方法[J]. 系统工程与电子技术, 2011, 33(9):2039-2044.

[83] 刘磊, 王萍萍, 孔宪仁, 等. 基于航天器复杂动力学模型的鲁棒H_∞振动抑制算法[J]. 空间控制技术与应用, 2011, 37(2):6-13.

[84] 曹喜滨, 郑鹏飞, 张世杰. 柔性绳系辅助离轨系统展开动力学研究[J]. 哈尔滨工业大学学报, 2011, 43(3):1-6.

[85] 肖岩, 叶东, 孙兆伟. 面向刚柔耦合卫星的有限时间输出反馈姿态控制[J]. 宇航学报,

2017,38(5):516 – 525.

[86] 耿云海,侯志立,黄思萌. 柔性卫星角加速度轨迹规划与振动抑制方法[J]. 宇航学报,2016(12):1449 – 1456.

[87] Hou Z,Geng Y,Huang S. Minimum Residual Vibrations for Flexible Satellites With Frequency Uncertainty[J]. IEEE Transactions on Aerospace and Electronic Systems,2018,54(2):1029 – 1038.

[88] 张天赫. 柔性航天器模块化动力学建模及模型修正[D]. 哈尔滨:哈尔滨工业大学,2016:13 – 51.

[89] 章仁为. 卫星轨道姿态动力学与控制[M]. 北京:北京航空航天大学出版社,1998:298 – 300.

[90] 朱剑冰,汪路元,赵魏,等. 敏捷光学卫星自主任务管理系统关键技术分析[J]. 航天器工程,2016,25(4):54 – 59.

[91] Liu S,Hodgson M E. Satellite Image Collection Modeling for Large Area Hazard Emergency Response[J]. Isprs Journal of Photogrammetry & Remote Sensing,2016,118:13 – 21.

[92] 赵琳,王硕,郝勇,等. 基于能量最优的敏捷遥感卫星在轨任务规划[J]. 航空学报,2017,38(6):207 – 225.

[93] Jónsson A K,Morris P H,Muscettola N,et al. Planning in Interplanetary Space:Theory and Practice[C]. International Conference on Artificial Intelligence Planning Systems. AAAI Press,2000:177 – 186.

[94] Chien S,Sherwood R,Tran D,et al. The EO – 1 Autonomous Science Agent[C]//Proceedings of the 3rd International Joint Conference on Autonomous Agents and Multiagent Systems. IEEE,2004:420 – 427.

[95] Rabideau G,Tran D,Chien S,et al. Mission Operations of Earth Observing – 1 with Onboard Autonomy[C]//Proceedings of the 2nd IEEE International Conference on Space Mission Challenges for Information Technology. IEEE,2006:367 – 373.

[96] Herz A F,Mignogna A. Collection Planning for the OrbView – 3 High Resolution Imagery Satellite[C]. SpaceOps 2006 Conference,AIAA,2013:5798.

[97] Beaumet G,Verfaillie G,Charmeau M C. Feasibility of Autonomous Decision Making on Board an Agile Earth – Observing Satellite[J]. Computational Intelligence,2015,27(1):123 – 139.

[98] 张刚,王峰,马慧东. 一种处理基于多星搜索的目标信息以进行成像任务规划的方法、装置及计算机存储介质:中国,CN111309769A[P]. 2020 – 02 – 23.

[99] 苗悦,王峰. 敏捷成像卫星"逐级择优"在轨任务实时规划[J]. 光学精密工程,2018,26(1):150 – 160.

[100] 苗悦. 编队飞行成像卫星的自主任务规划技术研究[D]. 哈尔滨:哈尔滨工业大学,2016:31 – 38.

[101] 王峰,张刚,曹喜滨,等.一种规划敏捷卫星二维姿态机动成像任务的方法、装置及计算机存储介质:中国,CN110134914A[P].2019-08-16.

[102] 王峰,张刚,曹喜滨,等.一种规划编队卫星条带拼接成像任务的方法、装置及计算机存储介质:中国,CN110111260A[P].2019-08-09.

[103] 王峰,苗悦,吴凡,等.太阳相对近地轨道微小卫星位置的确定方法:中国,CN104729457A[P].2015-06-24.

[104] Vallado D A. Fundamentals of Astrodynamics and Applications[M]. 2nd ed. Microcosm Press, Torrance, CA, 2001.

[105] Zhang G, Mortari D. Second-Order Integral-Form Gauss's Variational Equations Under Impulsive Control[J]. Journal of Guidance Control and Dynamics, 2019, 42(2): 284-302.

[106] Zhang G, Cao X, Zhou D, et al. Two-Impulse Cotangent Rendezvous Between Coplanar Elliptic and Hyperbolic Orbits[J]. Journal of Guidance Control and Dynamics, 2014, 37(3): 964-970.

[107] 盛靖.应急观测小椭圆轨道设计及轨道机动方法研究[D].哈尔滨:哈尔滨工业大学, 2015:15-34.

[108] 盛靖,张刚,耿云海.J2摄动下脉冲推力星下点轨迹调整解析算法[J].宇航学报, 2016, 37(08): 908-916.

[109] Zhang G, Cao X, Mortari D. Analytical Approximate Solutions to Ground Track Adjustment for Responsive Space[J]. IEEE Transactions on Aerospace and Electronic Systems, 2016, 52(3): 1366-1383.

[110] Zhang G, Cao X. Coplanar Ground-Track Adjustment Using Time Difference[J]. Aerospace Science and Technology, 2016, 48: 21-27.

[111] Zhang G, Sheng J. Impulsive Ground-Track Adjustment for Assigned Final Orbit[J]. Journal of Spacecraft and Rockets, 2016, 53(4): 599-609.

[112] 陈健,王峰,曹喜滨,等.一种基于构件化模块的航天器总线路由器:中国, CN104869072A[P].2015-08-26.

[113] 夏开心.微纳卫星自主健康状态评估方法研究[D].哈尔滨:哈尔滨工业大学, 2016: 37-52.

[114] 陈健,李冬柏,王峰,等.一种基于构件代理模块的航天器接口适配器及采用该适配器实现的数据交互方法:中国,CN104883392A[P].2015-09-02.

[115] 陈健,曹喜滨,徐国栋,等.一种基于处理器阵列的航天器星载计算机系统及故障处理方法:中国,CN106933692A[P].2017-07-07.

[116] 陈健,夏开心,韦明川,等.一种可切换通信路径的纳卫星遥测遥控方法:中国, CN105812048A[P].2016-07-27.

[117] 曹喜滨,杨家军,马兴瑞.用模糊Petri网表示小卫星在轨故障诊断知识[J].系统工程

与电子技术,1998(10):21-25.

[118] 王亮,吕卫民,滕克难,等. 基于Petri网的复杂设备健康状态退化分析[J]. 系统工程与电子技术,2014,36(10):1973-1981.

[119] 陈健,曹喜滨,徐国栋,等. 航天器的在轨自主状态评估系统及其评估方法:中国,CN104794360A[P].2015-07-22.

[120] Kim H,Chang Y K. Mission Scheduling Optimization of SAR Satellite Constellation for Minimizing System Response Time[J]. Aerospace Science and Technology,2015,40:17-32.

[121] Pemberton J C,Galiber F. A Constraint - Based Approach to Satellite Scheduling[J]. DIMACS Series in Discrete Mathematics and Theoretical Computer Science,2001,57:101-114.

[122] Jang J,Choi J,Bae H J,et al. Image Collection Planning for Korea Multi - Purpose SATellite - 2[J]. European Journal of Operational Research,2013,230(1):190-199.

[123] Wolfe W J,Sorensen S E. Three Scheduling Algorithms Applied to the Earth Observing Systems Domain[J]. Management Science,2000,46(1):148-166.

[124] Sarkheyli A,Bagheri A,Ghorbani - Vaghei B,et al. Using an Effective Tabu Search in Interactive Resources Scheduling Problem for LEO Satellites Missions[J]. Aerospace Science and Technology,2013,29(1):287-295.

[125] 何磊,刘晓路,陈英武,等. 面向敏捷卫星任务规划的云层建模及处理方法[J]. 系统工程与电子技术,2016,38(4):852-858.

[126] 姚敏,赵敏. 基于模糊神经网络的小卫星任务自主调度设计[J]. 宇航学报,2007,28(2):385-388,426.

[127] 曹喜滨,王峰,陈健,等. 面向快速响应需求的卫星任务自主设计方法及系统:中国,CN2017103349443[P].2017-05-17.

[128] 苗悦. 编队飞行成像卫星的自主任务规划技术研究[D]. 哈尔滨:哈尔滨工业大学,2016:39-66.

[129] 王法瑞. 基于改进遗传算法的微小卫星自主任务规划方法研究[D]. 哈尔滨:哈尔滨工业大学,2017:28-45.

[130] 苗悦,王峰,张永强. 基于改进遗传算法的编队成像卫星自主任务规划[J]. 光学精密工程,2017,25(12z):168-179.

[131] 陈庆. 面向干涉SAR任务的集群航天器网络数据传输关键技术研究[D]. 哈尔滨:哈尔滨工业大学,2018:33-55.

[132] 路纲,周明天,牛新征,等. 无线网络邻近图综述[J]. 软件学报,2008,(04):888-908.

[133] Wang Y,Li F,Dahlberg T A. Energy - efficient topology control for three - dimensional sensor networks[J]. International Journal of Sensor Networks,2008,4(2):68-78.

[134] Yao A C. On Constructing Minimum Spanning Trees in k - Dimensional Spaces and Related

Problems[J]. SIAM Journal on Computing,1982,11(4):721-736.

[135] 唐应辉,唐小我. 排队论:基础与应用[M]. 成都:电子科技大学出版社,2000:14-50.

[136] 张志刚. 绳系 InSAR 系统构形展开与波束同步控制研究[D]. 哈尔滨:哈尔滨工业大学,2016.

[137] 周洋. 微小卫星全向天线设计[D]. 杭州:浙江大学,2014.

[138] Park B-C,Lee J-H. Omnidirectional Circularly Polarized Antenna Utilizing Zeroth-Order Resonance of Epsilon Negative Transmission Line[J]. IEEE Transactions on Antennas and Propagation,2011,59(7):2717-2721.

[139] 马林华,张嵩,茹乐,等. 航空高动态网络链路感知 OLSR 路由算法[J]. 北京航空航天大学学报,2016,42(7):1326-1334.

[140] 王顶,赵颐轩,马娟. 无人机网络环境下 AODV 协议的优化[J]. 计算机测量与控制,2013,21(6):1580-1583.

[141] 董思妤,张洪,王路. 无人机自组网 OLSR 路由协议的优化[J]. 军械工程学院学报,2017,29(2):67-70.

[142] 陈庆. 面向干涉 SAR 任务的集群航天器网络数据传输关键技术研究. 哈尔滨:哈尔滨工业大学,2018:57-92.

[143] 刘靖永. 多跳无线网络容量与资源优化技术研究[D]. 成都:电子科技大学,2010.

[144] Gupta P,Kumar P R. The capacity of wireless networks[J]. IEEE Transactions on Information Theory,2000,46(2):388-404.

[145] 赵蕴杰,曹迎春,张庆斌,等. 基于 Matlab 的三维动态弹道仿真研究[J]. 计算机仿真,2007,(06):57-61.

[146] Heinzelman W B,Chandrakasan A P,Balakrishnan H. An Application-Specific Protocol Architecture for Wireless Microsensor Networks[J]. IEEE Transactions on Wireless Communications,2002,1(4):660-670.

[147] Chung F R K,Graham R L. a New Bound for Euclidean Steiner Minimal Trees[J]. Annals of the New York Academy of Sciences,2010,440(1):328-346.

[148] Tanaphalan K. Autonomous Control System for Satellite Formation Flying[C]. Autonomous Agents in Control,2005:85-91.

[149] 李忠宝. 卫星应用战略发展思路[J]. 卫星应用,2013(5):4-6.

[150] 邹江南,张灿. 美军作战快速响应空间计划推动下的卫星发展概况[J]. 卫星与网络,2010(12):42-43.

[151] 任望. 成像卫星任务规划子系统的设计与实现[D]. 北京:北京交通大学,2012:1-2.

[152] Liu C,Sun Z,Ye D,et al. Robust Adaptive Variable Structure Tracking Control for Spacecraft Chaotic Attitude Motion[J]. IEEE Access,2018,6:3851-3857.

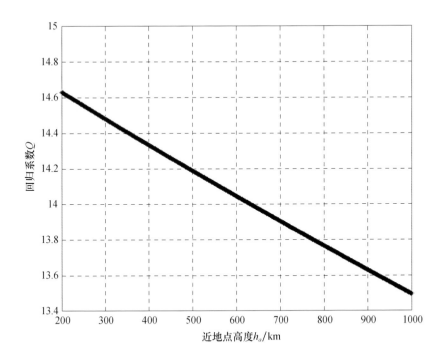

图 4-2 回归系数与轨道高度的关系($h_a = 1000 \text{km}$)

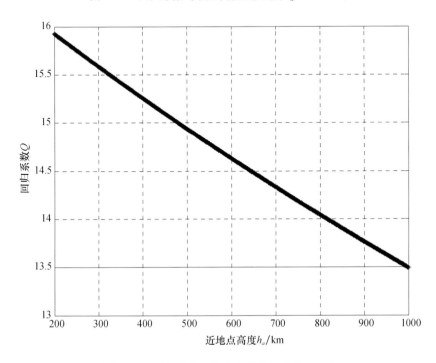

图 4-3 回归系数与轨道高度的关系($h_a = h_p$)

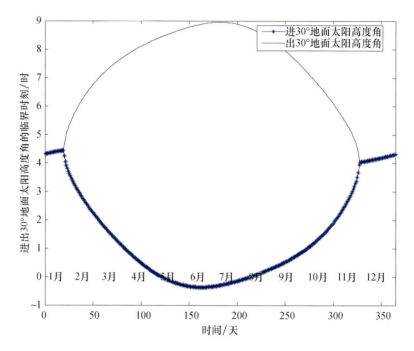

图 4-8 2015 年北京 30°地面太阳高度角的临界时刻

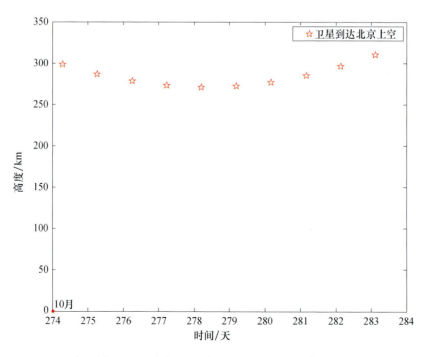

图 4-10 未来 10 天内卫星在北京上空的高度

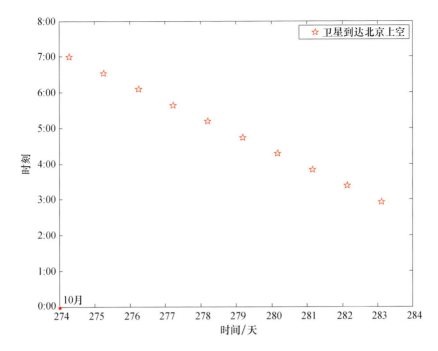

图 4-11 卫星前 10 次到达北京上空的时刻

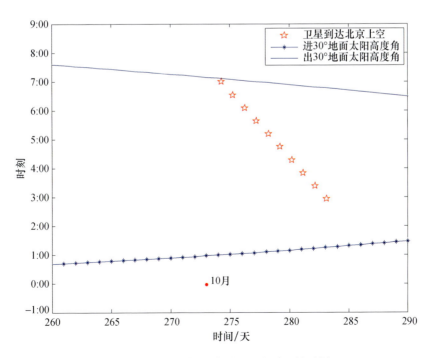

图 4-12 卫星前 10 次到达北京上空的时刻

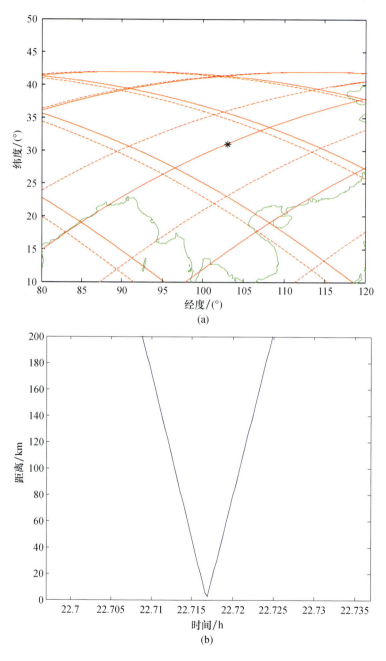

图 4-14 一天调整升轨段

(a) 星下点轨迹;(b) 星下点轨迹与目标距离变化曲线。

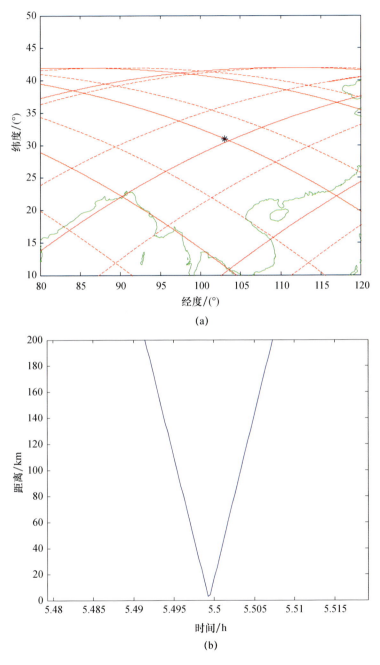

图 4-15 一天调整降轨段
(a) 星下点轨迹;(b) 星下点轨迹与目标距离变化曲线。

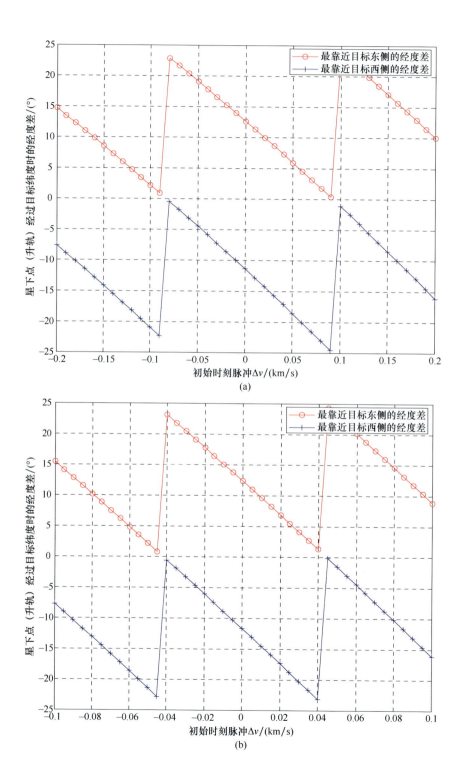

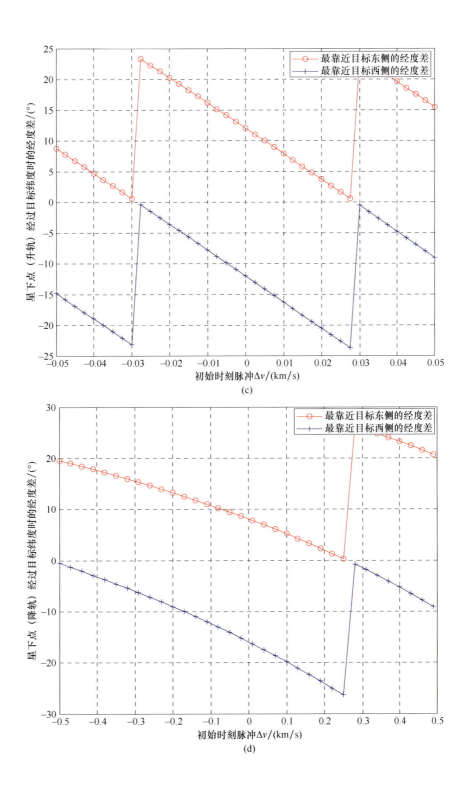

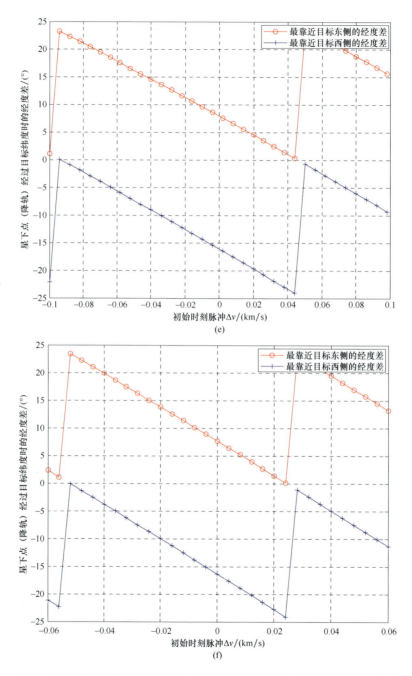

图4-17 不同初始脉冲情况下东西两侧星下点轨迹在目标纬度处的经度差
(a)1天调整升轨段;(b)2天调整升轨段;(c)3天调整升轨段;(d)1天调整降轨段;
(e)2天调整降轨段;(f)3天调整降轨段。

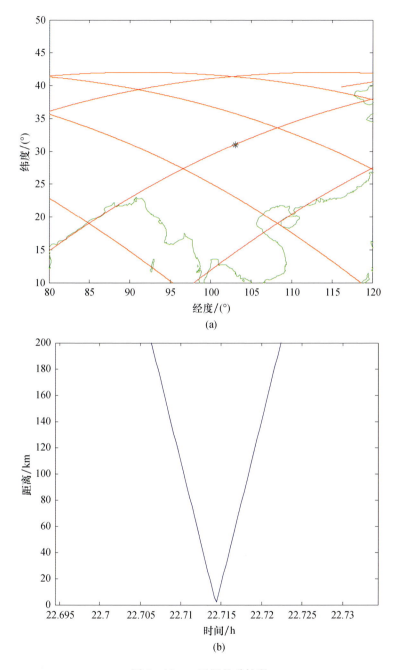

图 4-18 一天调整升轨段

(a)星下点轨迹;(b)星下点轨迹与目标距离变化曲线。

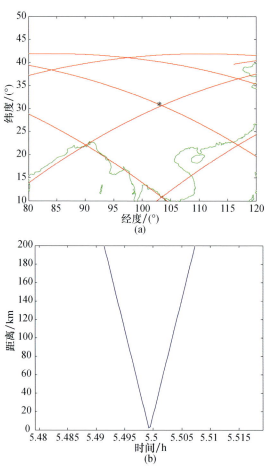

图 4-19 一天调整降轨段

(a) 星下点轨迹；(b) 星下点轨迹与目标距离变化曲线。

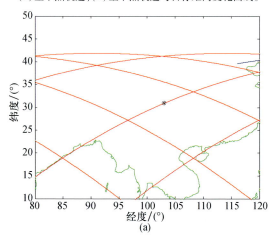

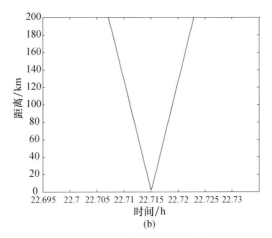

图 4-21 四脉冲一天调整升轨段

(a)星下点轨迹；(b)星下点轨迹与目标距离变化曲线。

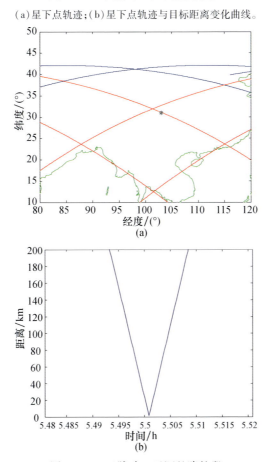

图 4-22 四脉冲一天调整降轨段

(a)星下点轨迹；(b)星下点轨迹与目标距离变化曲线。

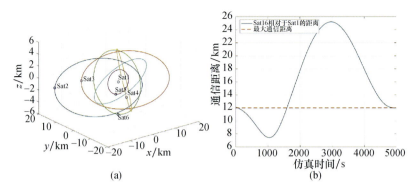

图 8-20 仿真场景中卫星 Sat2～Sat6 绕中心卫星 Sat1 的相对运动
(a)仿真集群相对运动;(b)仿真集群相对距离。

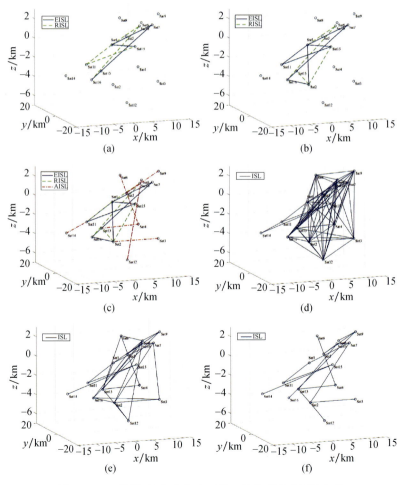

图 8-21 不同拓扑优化方法下的卫星集群编队网络拓扑